高等学校“十二五”规划教材

自动控制原理

（少学时）

主　编　文友先
副主编　熊利荣　祝志慧
参　编　张　融　王　伟
　　　　江晓明　吴兰兰　王妍玮

华中科技大学出版社
中国·武汉

内 容 简 介

本书介绍自动控制的基本理论及其在机械、机电工程中的应用。内容包括自动控制系统的一般概念、线性控制系统的数学模型、时域分析法、根轨迹法、频率特性法、控制系统的综合与校正，以及离散控制系统等。为了方便学习，在附录中，简略介绍了拉普拉斯变换等，并按教材章节内容，介绍了 MATLAB 在自动控制中的应用实例。

本书适合机械类包括机械设计制造及其自动化、机械电子工程、自动化控制等应用型本科专业的学生使用，也可作为专科学校、职业技术学院等相关专业的教材。

图书在版编目(CIP)数据

自动控制原理/文友先 主编. —武汉：华中科技大学出版社，2012.5(2024.7 重印)
ISBN 978-7-5609-7743-0

Ⅰ. 自… Ⅱ. 文… Ⅲ. 自动控制理论-高等学校-教材 Ⅳ. TP13

中国版本图书馆 CIP 数据核字(2012)第 040761 号

自动控制原理 文友先 主编

策划编辑：袁 冲
责任编辑：史永霞
责任校对：李 琴
封面设计：潘 群
责任监印：张正林
出版发行：华中科技大学出版社(中国·武汉) 电话：(027)81321913
武汉市东湖新技术开发区华工科技园 邮编：430223
录 排：华中科技大学惠友文印中心
印 刷：武汉邮科印务有限公司
开 本：787mm×1092mm 1/16
印 张：13
字 数：326 千字
版 次：2024 年 7 月第 1 版第 9 次印刷
定 价：28.00 元

前言

本书是为高等学校“自动控制原理”课程(40～60 学时)的教学而编写的。内容包括自动控制系统的一般概念、线性控制系统的数学模型、时域分析法、根轨迹法、频率特性法、控制系统的综合与校正,以及离散控制系统等。本书适合机械类包括机械设计制造及其自动化、机械电子工程、自动化控制等应用型本科专业的学生使用,也可作为专科学校、职业技术学院等相关专业的教材。

根据“培养综合素质高,知识结构合理,实践能力强的应用型人才”的基本原则,结合授课学时少的教学实际,本书的编写遵循以下特点。

(1) 从工程应用角度,通过实例来描述自动控制的基本概念、基本原理和基本分析方法,少用数学推导,力图简明扼要、易懂好学。

(2) 以“学”而不是以“教”为中心。在内容安排(包括附录)、实例引用及论述条理化上,都体现便于自学、有助于学生良好学习习惯的培养和学习能力的提高等特点。

(3) 加强创新意识,关注自动控制的应用与发展,介绍 MATLAB 软件的系统分析、设计和仿真方法。

本书由文友先教授任主编,熊利荣副教授、祝志慧副教授任副主编。参加编写的还有张融高级工程师、王伟老师、江晓明老师、吴兰兰博士和王妍玮老师。其中,文友先编写了第 1 章,江晓明编写了第 2 章,王伟编写了第 3 章,吴兰兰编写了第 4 章和第 6 章,熊利荣编写了第 5 章和附录 E,祝志慧编写了第 7 章,张融编写了附录 A、附录 B、附录 C 和附录 D,王妍玮和文友先制作了本书的电子课件。文友先教授对各章进行了修改,并对全书进行了统编工作。熊利荣、祝志慧、王妍玮协助主编做了校对工作。

本书在编写过程中吸收了很多优秀教材与著作的思想、经验和优点,引用了一些文献,编者谨向各位作者表示诚挚的谢意。

本书得到华中科技大学出版社的大力支持,出版社的编辑为此付出了辛勤的劳动,特此表示感谢。

本书不当之处,恳请读者批评指正。

编　者

2012 年 2 月

目录

第1章　自动控制系统的一般概念

随着现代生产和科学技术的发展，自动控制在各个行业的生产管理、生产过程控制中发挥了日益强大的作用。自动控制带动了生产力的发展和进步，现代技术和现代工程的要求又促进了自动控制理论的发展。本章结合机电工程控制的一些应用实例，介绍开环控制和闭环控制、自动控制系统的基本组成和原理、自动控制系统的分类以及对自动控制系统的性能要求。

1.1　自动控制系统概述

1.1.1　引例

在机电工程领域中，使用自动控制系统可以减轻工作者的劳动强度、提高工作效率和控制质量，以及完成由人工无法执行的工作任务。自动控制系统通过与现代信息技术的结合，完全由机器代替人工作，实现生产过程的自动化及生产设备的自动控制。现以图1-1所示的机床工作台液压位置伺服控制系统为例说明自动控制的概念。

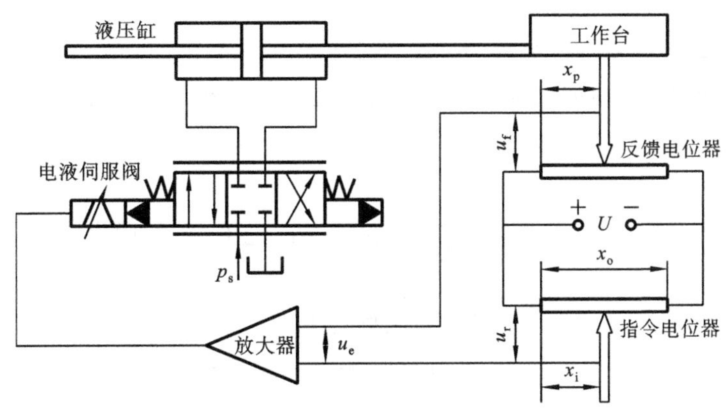

图1-1　机床工作台液压位置伺服控制系统

在机床工作台液压位置伺服控制系统中，当指令输入为零时，放大器的输入为零，电液伺服阀处于零位，工作台不动。若指令电位器中间抽头向左（或向右）移动，则转换为输入电压 u_r，经放大器放大后，驱动电液伺服阀，从而通过液压缸控制工作台按规定的动作运动。

如果工作台的运动偏离了要求的运动，则通过反馈电位器将工作台位置的变化转化成反馈电信号 u_f，在输入端与输入电信号比较后得到偏差信号 u_e，然后通过偏差 u_e 控制工作台按要求运动。机床工作台液压位置伺服控制系统的结构框图如图 1-2 所示。

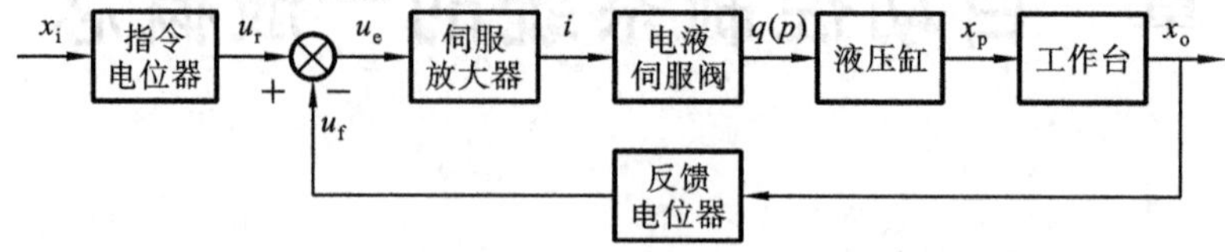

图 1-2　机床工作台液压位置伺服控制系统结构框图

由上例可知，自动控制是在没有人直接操作的情况下，通过控制器使被控对象（装置或过程）的一个或几个被控制量（如板厚、压力、电量、流量、温度、速度、位置等）自动地按照给定的规律运行。能够完成自动控制的系统就称为自动控制系统。

系统是由相互关联、相互作用的一些物体或元部件构成的且具有一定规律的整体。能够完成自动控制的系统就称为自动控制系统。自动控制系统的功能和组成是多种多样的，其结构可简可繁、可大可小。它可控制单一量，也可控制多个量甚至全部生产和管理的过程；它可以是具体的工程系统，也可以是社会系统、经济系统和生态系统等。

总的来说，自动控制原理研究系统及其输入、输出三者之间的动态关系问题。其内容可归纳为以下五个方面。

(1) 系统分析：当系统已定且输入已知时，求系统的输出。

(2) 最优控制：当系统已定时，确定使输出尽可能符合给定的最佳要求的输入。

(3) 最优设计：当输入已知时，确定使输出尽可能满足给定的最佳要求的系统。

(4) 滤波和预测：当输出已知时，确定能识别输入（或输入中的信息）的系统。

(5) 系统辨识：当输入和输出均已知时，求系统的结构与参数（数学模型）。

1.1.2　自动控制系统的组成

实际中的自动控制系统可抽象为图 1-3 所示的原理框图。图中，被控对象是自动控制系统控制和操作的对象，即被控制的机器、设备、过程或系统。被控对象接受控制量并输出被控制量。

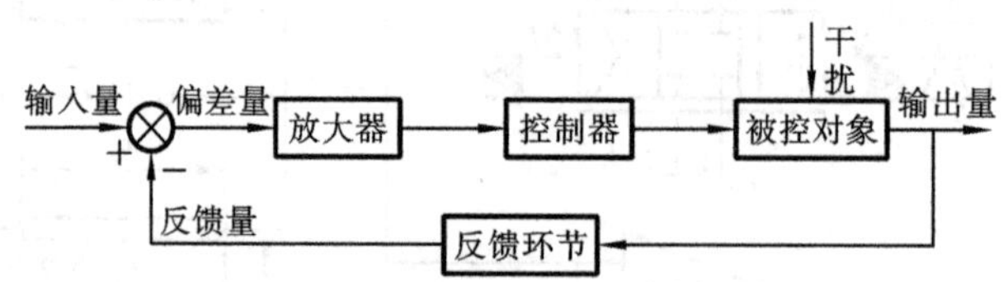

图 1-3　自动控制系统原理框图

控制系统中被控对象以外的元部件统称控制器。但依控制元件在系统中的作用不同可将控制元件分为以下几类。

(1) 控制器：直接驱动被控对象的装置。控制器接受放大后的偏差信号并将其转换为对被控对象进行操作的信号。

(2) 放大器:放大偏差信号,使之成为适合控制器执行的信号。

(3) 反馈环节:用来测量被控制量的实际值,并将其转换为与被控制量有对应关系且与输入量为同一物理量的信号的装置。反馈环节也称测量环节。

当上述三大类控制元件与控制对象所组成的系统不能满足要求的性能指标时,自动控制系统中还要加入一些元件或装置以提高系统的性能。这些元件或装置构成校正环节,它将在本书的第 6 章中详细描述。

自动控制系统中所涉及的信号如下。

(1) 输入量:输入到控制系统中的指令信号(参考输入或给定值)。

(2) 输出量:被控对象的输出量,即控制系统的被控制量。

(3) 反馈量:系统的输出量经过变换、处理后送到系统的输入端的信号。

(4) 控制量:偏差量是输入量与反馈量之差。被控对象的输入量,它是偏差量的函数,故可将偏差量看做控制量。

(5) 干扰量:除输入信号外,对系统产生不利影响的信号。干扰来自系统内部或外部。

1.2　自动控制系统的控制方式

自动控制系统的控制方式有开环控制、闭环控制和复合控制。

1.2.1　开环控制

开环控制是指没有被控制量反馈的控制,即控制装置与被控对象之间只有从输入到输出的顺向作用而无从输出到输入的反向联系。相应的控制系统称为开环控制系统。

图 1-4(a)所示为一加热炉温度控制装置。在该系统中,燃气通过控制阀门在燃烧器内燃烧使加热炉内物料升温,用温度传感器检测加热炉内的温度。人工控制阀门的开度以调节进气量,从而调节加热温度并使之按图 1-4(b)所示的生产要求进行。该系统的原理框图如图 1-5 所示。该系统的输出量(实际温度)没有反馈到系统的输入端,就不可能与输入量(预期温度)进行比较,即被控制量只受控于控制量,而对控制量不产生任何影响。

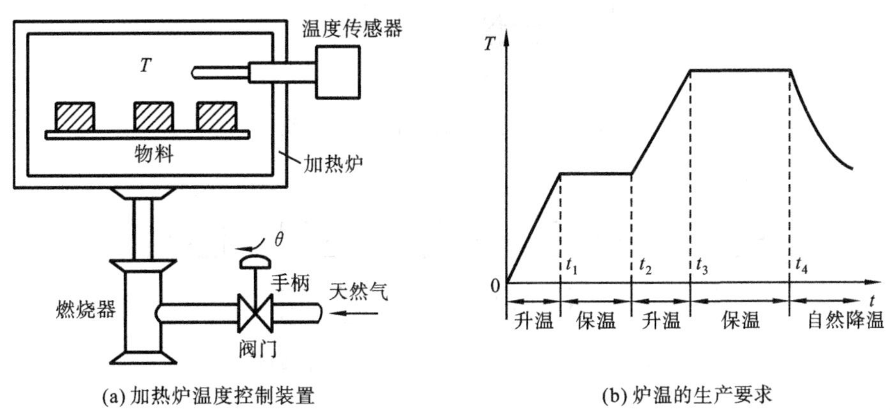

(a) 加热炉温度控制装置　　(b) 炉温的生产要求

图 1-4　加热炉温度开环控制系统

图 1-5　加热炉温度开环控制系统原理框图

开环控制系统的结构和控制过程较简单，但如果被控对象或控制装置受到干扰，或者控制过程中特性参数发生变化，则会直接影响被控量，而且无法自动补偿。因此，开环控制系统的抗干扰能力差，控制精度低，仅适用于对控制性能要求不高的场合。

1.2.2　闭环控制

闭环控制是指被控制量有反馈的控制，相应的控制系统称为闭环控制系统或反馈控制系统。闭环控制系统中，输入量通过控制器去控制被控制量，而被控制量又被反馈到输入端与输入量进行比较，比较的结果为偏差量，偏差量经由控制器进行适当的变换后控制被控制量。这样，整个控制系统就形成了一个闭合的环路。

图 1-6 所示是对图 1-4(a)所示的加热炉温度开环控制系统改进后的加热炉温度闭环控制系统。其控制要求如图 1-4(b)所示。该系统中，温度传感器检测加热炉温度并转换为与炉温成对应关系的电压信号，该电压信号经放大后与设定值比较，比较的结果经放大器放大后驱动电动机，电动机转动阀门控制转轴来改变加热炉的供气量，以调节炉温。其原理框图如图 1-7 所示。

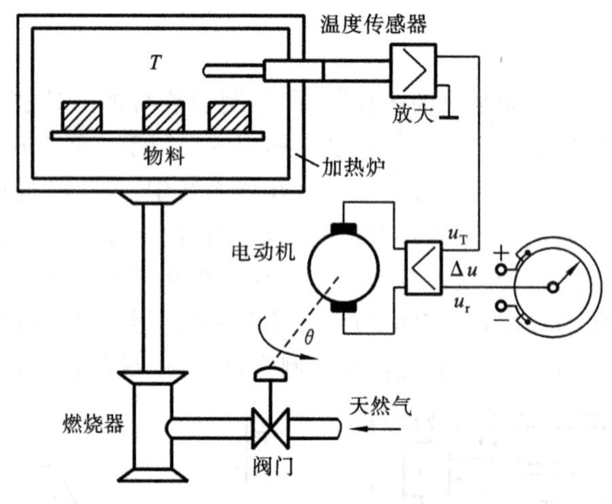

图 1-6　加热炉温度闭环控制系统

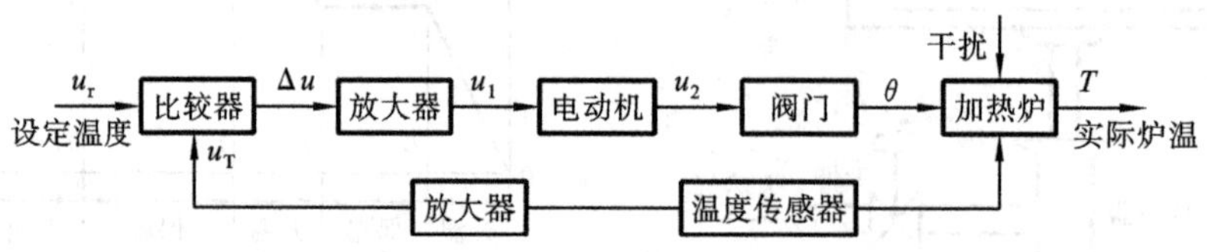

图 1-7　加热炉温度闭环控制系统原理框图

系统控制过程如下：

$$T\uparrow \rightarrow u_T\uparrow \rightarrow \Delta u\downarrow \rightarrow u_1\downarrow \rightarrow u_2\downarrow \rightarrow \theta\downarrow \rightarrow T\downarrow$$

由上述实例可知，闭环控制系统具有两条传输信息的通道，即前向通道和反馈通道。前向通道为输入量到输出量的通道；反馈通道则是由输出量到输入量的通道。闭环控制是利用给定值与反馈量的偏差来纠正被控制量出现的偏差，使系统达到较高的控制精度，故闭环控制称为反馈控制，也称按偏差控制。与开环控制系统相比，闭环控制系统的结构复杂，对其进行性能分析与设计也较为麻烦。但由于闭环控制系统精度高，故在控制系统中被广泛采用。自动控制原理中所讨论的系统主要是闭环控制系统。

1.2.3　复合控制

闭环控制系统是在外部信号（给定信号或干扰信号）作用下，系统的被控制量产生变化后才进行相应的调节的，即系统是通过误差来减少误差的。在工程实际中，既要求控制精度很高（即误差很小）又希望有良好的动态性能的系统是难以实现的。为此，在闭环控制系统中引入复合控制。

设闭环控制系统如图 1-8(a)所示。为了降低系统误差，在反馈控制系统中从输入引入顺馈补偿，如图 1-8(b)所示，顺馈补偿与反馈控制相结合，就构成复合控制。顺馈补偿与偏差信号一起对被控对象进行控制。

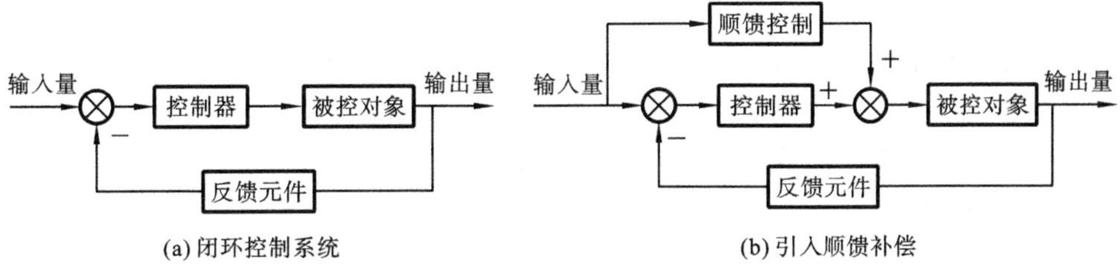

图 1-8　按输入顺馈补偿的复合控制

若扰动是可测量的，应用图 1-9 所示的复合控制可补偿扰动信号对系统输出的影响。这种复合控制是在可测扰动信号的不利影响产生之前，通过顺馈控制的通道对其进行补偿，以减小或抵消干扰对系统输出的影响。

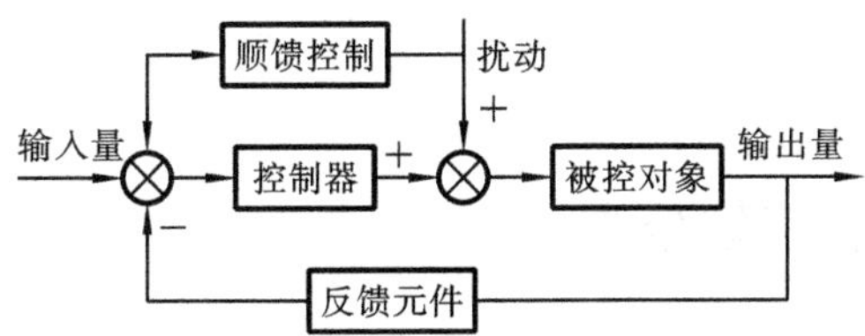

图 1-9　按扰动顺馈补偿的复合控制

1.3　自动控制系统的分类

自动控制系统依结构性能和完成任务的不同，可以有不同的分类方法，常见的分类有如下五种。

1.3.1 按信号流向分类

1. 开环控制系统

开环控制系统原理框图如图 1-10 所示。信号只有从输入端到输出端的单向传递。

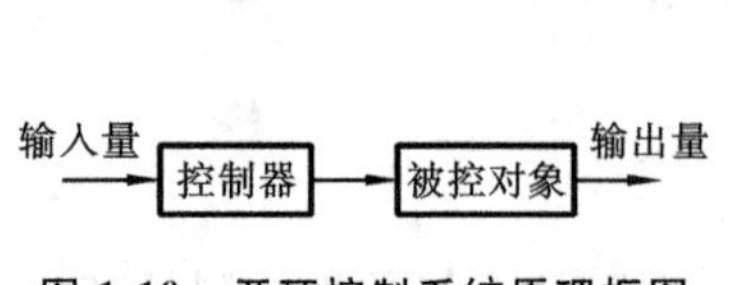

图 1-10 开环控制系统原理框图

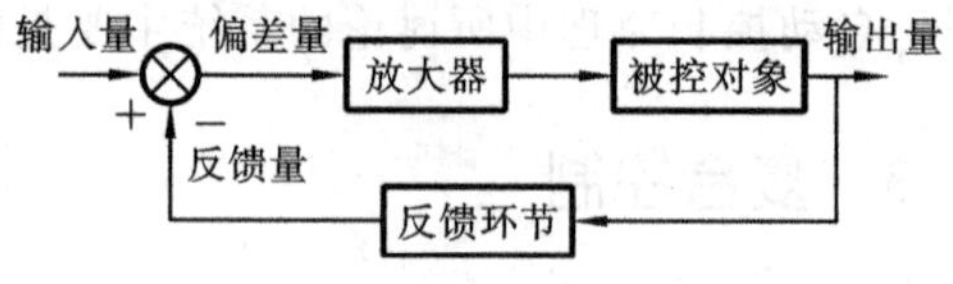

图 1-11 闭环控制系统原理框图

2. 闭环控制系统

闭环控制系统原理框图如图 1-11 所示。闭环控制系统中信号除了从输入端到输出端的顺向传递外，还有从输出端到输入端的反向传递。

1.3.2 按输入信号分类

1. 恒值控制系统

恒值控制系统的输入量为一给定值。其控制任务是克服扰动，使系统的输出也保持相对应的数值不变。如常用的环境的恒温（恒湿）控制系统、稳压电源装置中的恒压控制系统及交直流电机转速控制系统等均属于恒值控制系统。

2. 伺服控制系统

伺服控制系统又称随动系统、跟踪系统。伺服控制系统的输入量是变化规律未知的任意时间函数，控制的任务是使输出量能跟踪输入的变化。如采用电液位置伺服控制的机床工作台位置伺服控制系统、板带材轧机的板厚控制系统、带材跑偏控制系统等。

3. 程序控制系统

程序控制系统的输入量按已知的规律（实现确定的程序）变化，要求输出量也按相应的规律变化，如前述的加热炉温度控制系统。机床数控加工系统和仿形机床的控制系统就是典型的程序控制系统。

1.3.3 按系统的数学模型分类

由线性微分方程或差分方程所描述的系统称为线性系统。线性控制系统具有齐次性和叠加性。在初始条件为零时，几个输入信号同时作用在线性系统所产生的输出信号，等于各个信号单独作用时所产生的输出的总和。

只要有元器件的特性不能用线性微分方程来描述其输入和输出的关系的系统就是非线性的系统。分析和处理非线性系统的理论和方法是复杂的，但对非线性不太严重的系统或在某一范围内（或条件下）可视为线性系统的，可采用线性系统的理论和方法来分析和处理。

1.3.4　按系统方程系数分类

若系统微分方程中的各项系数都是与时间无关的常数，则称为定常系统；若系统既是线性的也是定常的，则称该系统为线性定常系统。本书主要讨论线性定常系统。如果描述系统特性的微分方程中有系数是时间的函数，则系统称为时变系统。

1.3.5　按系统时间变量特性分类

若系统中所有的信号都是随时间 t 连续变化，信号大小是可任意取值的模拟量，则这类系统称为连续系统；若系统中有一处或数处是时间 t 的离散函数（脉冲或数码信号），则系统称为离散系统。

1.4　对控制系统的性能要求

在控制过程中，对控制系统性能的基本要求有稳定性、快速性和准确性。

1.4.1　稳定性

稳定性是指系统受到外信号（给定值或干扰）作用后，其抵抗动态过程的振荡倾向和系统恢复平衡状态的能力。一个处于平衡状态的系统，在外作用下偏离了原来的平衡状态，当外作用消失后系统能回到平衡状态，则这样的系统是稳定的。否则，系统不稳定。稳定性要求是系统工作的必要条件。

1.4.2　快速性

在系统稳定的前提下，快速性表现为系统输出量对输入量响应的快速程度。用系统从一个稳态过渡到另一个稳态的动态过程所用时间的长短来表征系统的快速性。系统动态过程所用时间越短，其快速性就越好，反之就不好。

1.4.3　准确性

一般用系统的动态过程结束后，系统稳态输出值与其预期量之间的差值来表征准确性。准确性反映系统在一定外部信号作用下的稳态精度。

小结

1. 自动控制是在没有人直接操作的情况下，通过控制器使被控对象的被控制量自动地按照给定的规律运行。能够完成自动控制的系统就称为自动控制系统。

2. 自动控制系统的控制方式有开环控制、闭环控制和复合控制。

开环控制是指没有被控制量反馈的控制，开环控制系统的结构和控制过程较简单，但抗干扰能力差，控制精度低。

闭环控制是指被控制量有反馈的控制，它利用给定值与反馈量的偏差来纠正被控制量出现的偏差，使系统达到较高的控制精度，它是控制系统中主要的控制方式。

在闭环控制的基础上，引入顺馈补偿就构成复合控制，顺馈补偿与偏差信号一起对被控对象进行控制，使控制系统既有高的控制精度，又有良好的动态性能。

3. 自动控制系统依结构性能和完成任务的不同，可以有不同的分类方法。本书主要讨论线性定常控制系统。

4. 在控制过程中，对控制系统性能的基本要求是：在系统稳定的前提下，考虑系统的快速性和准确性。

习题

1. 机电工程控制所研究的对象及其任务是什么？

2. 试阐述下列术语的意义并举例说明：被控对象；控制器；输入量；输出量；控制量；反馈量；偏差量；干扰量。

3. 分别说明什么是开环控制和闭环控制，它们各有什么特点，并各举一例说明其控制原理。

4. 判断下列微分方程所描述的系统是属于哪一类系统（线性定常系统、线性时变系统或非线性系统）。式中，$x_i(t)$ 为输入信号，$x_o(t)$ 为输出信号。

(1) $4\dfrac{\mathrm{d}x_o(t)}{\mathrm{d}t}+6\int_0^t x_o(\tau)\mathrm{d}\tau+5x_o(t)=x_i(t)$；

(2) $\int_0^t x_o(t)=2x_i(t)+t\dfrac{\mathrm{d}^2x_i(t)}{\mathrm{d}t^2}$；

(3) $7\dfrac{\mathrm{d}x_o(t)}{\mathrm{d}t}+[x_o(t)]^2=x_i(t)$；

(4) $7\dfrac{\mathrm{d}x_o(t)}{\mathrm{d}t}+x_o(t)\sin\omega t=x_i(t)$。

5. 图 1-12 所示为一控制切削刀具位移的机床控制系统。试问它属于何种类型的控制系统？

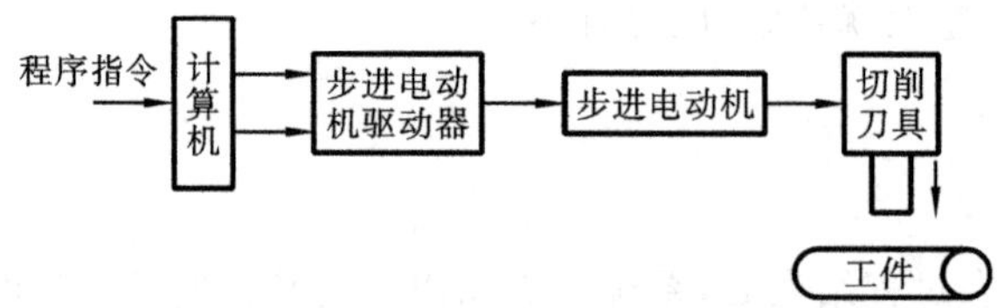

图 1-12　机床控制系统

6. 炉温控制系统如图 1-13 所示，要求：

(1) 画出系统结构框图，并指出系统中的给定输入量、被控制量、扰动量、被控对象和控制器；

(2) 说明系统的工作原理。

7. 速度伺服控制系统如图 1-14 所示，要求：

(1) 画出系统结构框图，并指出系统中的给定输入量、被控制量、扰动量、被控对象和控

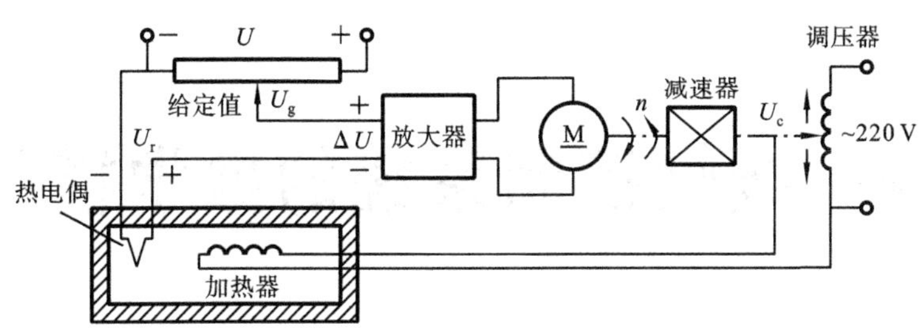

图 1-13　炉温控制系统原理图

制器；

（2）说明系统的工作原理。

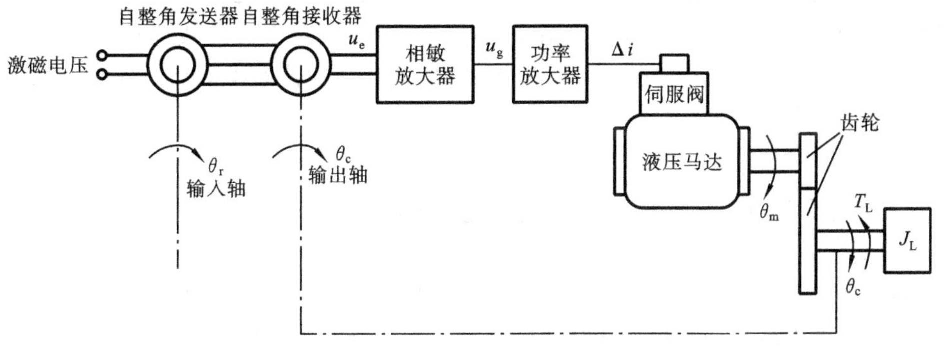

图 1-14　速度伺服控制系统原理图

8. 自行选择工程或生活中有关控制的实例，分析其控制原理并绘制系统结构框图。

第2章 线性控制系统的数学模型

为了定量地描述系统的性能，揭示系统的结构、参数与性能之间的关系，就需要建立系统的数学模型。本章首先讨论建立控制系统微分方程及其微分方程线性化的方法；然后介绍传递函数的概念、建立传递函数的方法和典型线性环节的传递函数及其特性；最后阐述传递函数的方框图及简化方法。

2.1 线性控制系统的微分方程

微分方程是在时域中描述系统(或元件)动态特性的数学模型。利用它还可以得到描述系统(或元件)动态特性的其他形式的数学模型。列写微分方程的一般步骤如下。

(1) 确定系统的输入量、输出量。

(2) 建立初始微分方程组。

按照信号的传递顺序，从系统的输入端开始，根据各个变量所遵循的物理规律，列写各个环节的动态微分方程，并由此建立初始微分方程组。

(3) 消除中间变量并将微分方程标准化。

由初始微分方程组消除中间变量并得到描述系统输入量、输出量之间关系的微分方程后，再将其标准化，即将与输出量有关的各项放在方程的左侧，与输入量有关的各项放在方程的右侧，且各阶导数项按降幂排列。

例 2-1 图 2-1 所示为 RC 电路，试写出以输出电压 u_c 和输入电压 u_i 为变量的系统微分方程。

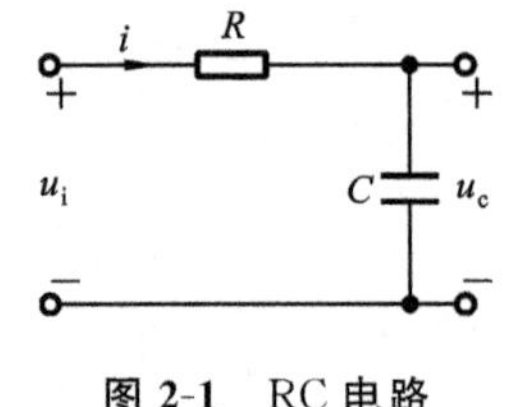

图 2-1 RC 电路

解 (1) 确定系统的输入量和输出量：输入量 u_i，输出量 u_c。

(2) 建立初始微分方程组：根据克希荷夫定律，可得

$$\begin{cases} iR + u_c = u_i \\ i = C\dfrac{\mathrm{d}u_c}{\mathrm{d}t} \end{cases}$$

(3) 消去中间变量并标准化微分方程：消去中间变量 i 后得到一阶线性微分方程

$$RC\frac{\mathrm{d}u_c}{\mathrm{d}t} + u_c = u_i \tag{2-1}$$

例 2-2 求图 2-2 所示的弹簧-质量-阻尼器位移系统的微分方程。系统中，m 为质量块

的质量，k 为弹簧刚度，c 为阻尼系数，$f(t)$ 为作用在质量块上的外力，$y(t)$ 为质量块的位移。

解　(1) 确定系统的输入量和输出量：输入量 $f(t)$，输出量 $y(t)$。

(2) 建立初始微分方程组：由牛顿运动定律、黏性阻尼定律及弹性定律分别得

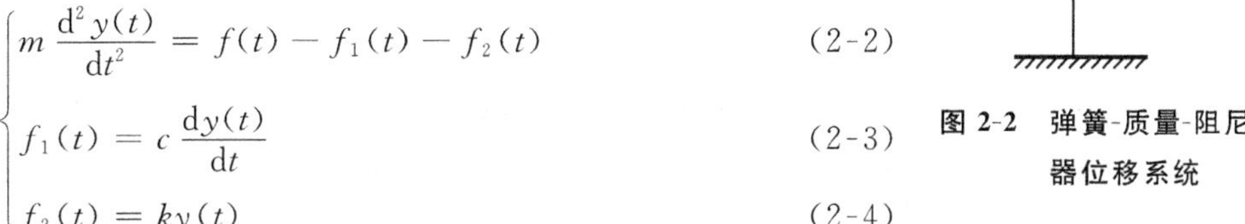

$$\begin{cases} m\dfrac{\mathrm{d}^2 y(t)}{\mathrm{d}t^2} = f(t) - f_1(t) - f_2(t) & (2\text{-}2) \\ f_1(t) = c\dfrac{\mathrm{d}y(t)}{\mathrm{d}t} & (2\text{-}3) \\ f_2(t) = ky(t) & (2\text{-}4) \end{cases}$$

图 2-2　弹簧-质量-阻尼器位移系统

其中：$f_1(t)$ 为阻尼器的阻尼力，其方向与运动方向相反，大小与运动速度成比例；$f_2(t)$ 为弹簧的弹性力，其方向与运动方向相反，大小与位移成比例。

(3) 消除中间变量并标准化微分方程：将式(2-3)和式(2-4)代入式(2-2)得到方程

$$m\frac{\mathrm{d}^2 y(t)}{\mathrm{d}t^2} + c\frac{\mathrm{d}y(t)}{\mathrm{d}t} + ky(t) = f(t) \tag{2-5}$$

式(2-5)是一个二阶常系数线性微分方程。

例 2-3　求图 2-3 所示的他励直流电动机原理图及等效电路的微分方程。其中，R、L 分别为电枢电阻和电感，i_f 为励磁电流。当励磁不变时，在电枢电压 u_a 作用下，电动机拖动负载并以 ω 的角速度旋转。系统中 e_d 为电枢的反电动势，i_a 为电动机的电枢电流，T 为电动机的电磁转矩，T_L 为折合到电动机轴上的总负载转矩。

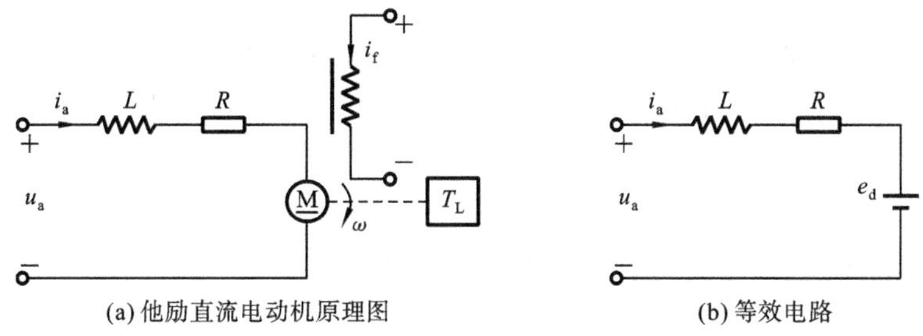

(a) 他励直流电动机原理图　　(b) 等效电路

图 2-3　他励直流电动机原理图及等效电路

解　(1) 确定系统的输入量和输出量：u_a 为给定输入量，ω 为输出量，T_L 为干扰量。

(2) 建立初始微分方程。电动机电枢回路的方程为

$$L\frac{\mathrm{d}i_a}{\mathrm{d}t} + i_a R + e_d = u_a \tag{2-6}$$

当磁通不变时，e_d 与角速度 ω 成正比，即

$$e_d = k_d\omega$$

其中，k_d 为反电势常数。将 $e_d = k_d\omega$ 代入式(2-6)，有

$$L\frac{\mathrm{d}i_a}{\mathrm{d}t} + i_a R + k_d\omega = u_a \tag{2-7}$$

电动机的动力学方程为

$$J\frac{d\omega}{dt}=T-T_L \tag{2-8}$$

其中，J 为转动部分折合到电动机轴上的总转动惯量。当励磁磁通固定不变时，电动机的电磁力矩 T 与电枢电流 i_a 成正比，即

$$T=k_m i_a \tag{2-9}$$

其中，k_m 为电动机电磁力矩常数。将式(2-9)代入式(2-8)得

$$J\frac{d\omega}{dt}=k_m i_a-T_L \tag{2-10}$$

(3) 消除中间变量并标准化微分方程。联合式(2-7)和式(2-10)，消去中间变量 i_a，可得

$$\frac{LJ}{k_d k_m}\frac{d^2\omega}{dt^2}+\frac{RJ}{k_d k_m}\frac{d\omega}{dt}+\omega=\frac{1}{k_d}u_a-\frac{L}{k_d k_m}\frac{dT_L}{dt}-\frac{R}{k_d k_m}T_L \tag{2-11}$$

令 $L/R=T_a, RJ/(k_d k_m)=T_m, 1/k_d=C_d, T_m/J=C_m$，则得到他励直流电动机的微分方程

$$T_a T_m\frac{d^2\omega}{dt^2}+T_m\frac{d\omega}{dt}+\omega=C_d u_a-C_m T_a\frac{dT_L}{dt}-C_m T_L \tag{2-12}$$

式(2-12)为二阶常系数线性微分方程，角速度 ω 既由 u_a 控制，又受干扰量 T_L 影响。

上面三例所涉及的系统的运动方程均为常系数线性微分方程，线性常微分方程具有叠加性和齐次性等重要性质。

叠加性：如果线性系统对输入信号的 $x_{i1}(t)$ 的响应为 $x_{o1}(t)$，对输入信号 $x_{i2}(t)$ 的响应为 $x_{o2}(t)$，则线性系统对输入 $x_{i1}(t)+x_{i2}(t)$ 的响应为 $x_{o1}(t)+x_{o2}(t)$。

齐次性(比例性)：如果线性系统对输入信号 $x_i(t)$ 的响应为 $x_o(t)$，a 为常数，则线性系统对输入信号 $ax_i(t)$ 的响应为 $ax_o(t)$。

线性系统的叠加性和齐次性表明：多个输入信号同时作用于系统产生的输出，等于各个输入单独作用时分别产生的输出之和；输入信号的数值增大若干倍时，其输出也相应增大相同的倍数。

2.2 非线性微分方程的线性化

例 2-4 设铁芯线圈电路如图 2-4(a)所示，试列写以 u_r 为输入量、i 为输出量的电路微分方程。

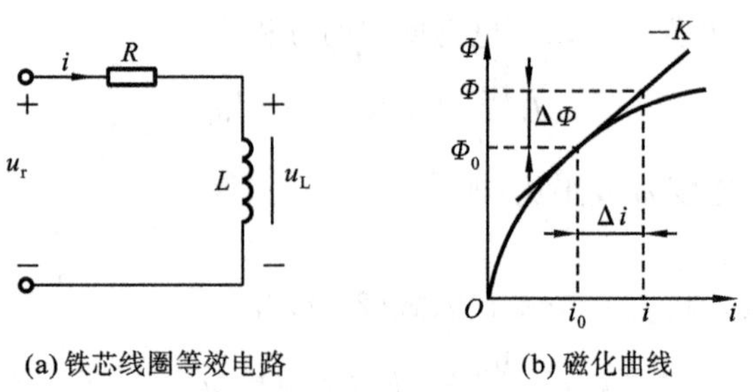

(a) 铁芯线圈等效电路　　(b) 磁化曲线

图 2-4　铁芯线圈

解　根据基尔霍夫定律列写电路方程为

$$u_r = u_L + Ri \tag{2-13}$$

式中，u_L 是与磁通 $\Phi(i)$ 的变化率相关的线圈感应电动势。设线圈匝数为 N，则有

$$u_L = N\frac{\mathrm{d}\Phi(i)}{\mathrm{d}t} \tag{2-14}$$

将式(2-14)代入式(2-13)有

$$u_r = N\frac{\mathrm{d}\Phi(i)}{\mathrm{d}t} + Ri \tag{2-15}$$

由磁化曲线知，磁通 Φ 是线圈中电流 i 的非线性函数，则式(2-15)可写成

$$u_r = N\frac{\mathrm{d}\Phi(i)}{\mathrm{d}i}\frac{\mathrm{d}i}{\mathrm{d}t} + Ri \tag{2-16}$$

式(2-16)是一个非线性微分方程。

事实上，实际系统都不同程度地存在非线性。非线性可分为非本质非线性和本质非线性。若非线性函数不仅连续，而且其各阶导数均存在，则称其是非本质非线性，如图 2-5 所示；若系统在平衡点处的特性不是连续的，而呈现出折线或跳跃现象，则称其为本质非线性，如图 2-6 所示。

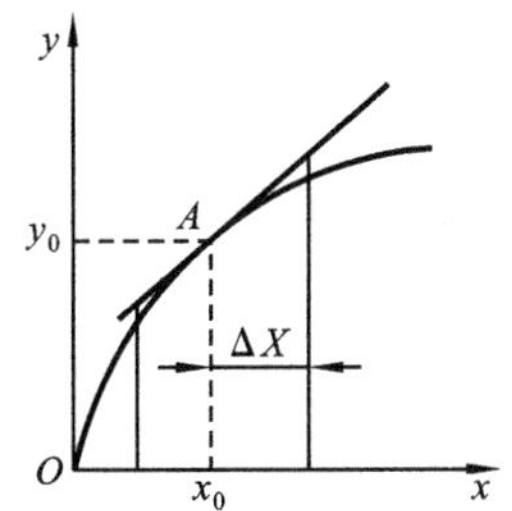

图 2-5　非本质非线性特性

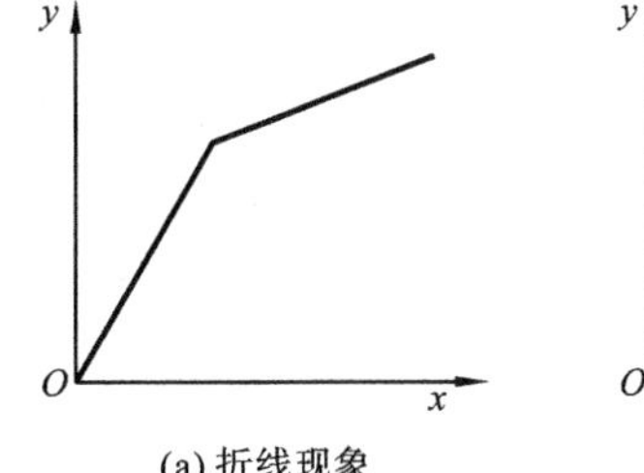

(a) 折线现象

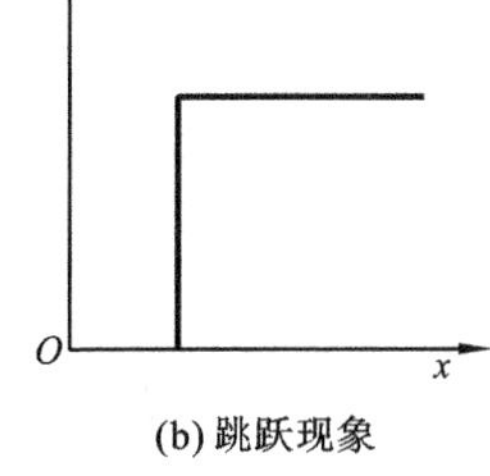

(b) 跳跃现象

图 2-6　本质非线性特性

非线性微分方程的求解一般较为困难，其分析方法远比线性系统要复杂。但在一定的条件下，可将非线性问题简化处理成线性问题，即所谓的线性化。

非线性函数的线性化，一般有两种方法：一种方法是在非线性因素对系统的影响很小时，直接忽略非线性因素；另一种方法称为切线法或微小偏差法。切线法基于这样一种假设：控制系统在整个调节过程中有一个平衡的工作状态及相应的工作点，所有的变量与该平衡点之间只产生微小的偏差。在偏差范围内，变量的偏差之间近似具有线性关系。在此平衡工作点附近，运动方程中的变量不再是绝对数量，而是其对平衡点的偏差，此时的运动方程称为线性化增量方程。

对于非本质非线性，由级数理论可知，可在给定工作点邻域将非线性函数展开为泰勒级数，并略去二阶及二阶以上的各项，用所得到的线性方程代替原有的非线性方程。对于图 2-6 所示的本质非线性不能应用微小偏差法。

以式(2-16)的非线性微分方程为例，讨论非线性微分方程线性化的方法。设电路的电压和电流在某平衡点 (u_{r0}, i_0) 附近有微小的变化，并设 $\Phi(i)$ 在 i_0 的邻域内连续可导，则 $\Phi(i)$ 可展开成泰勒级数：

$$\Phi(i) = \Phi(i_0) + \left.\frac{\mathrm{d}\Phi(i)}{\mathrm{d}i}\right|_{i=i_0}(i-i_0) + \frac{1}{2!}\left.\frac{\mathrm{d}^2\Phi(i)}{\mathrm{d}i^2}\right|_{i=i_0}(i-i_0)^2 + \cdots \tag{2-17}$$

若在平衡点 (u_{r0}, i_0) 附近增量 $i-i_0$ 变化很小，则可略去式(2-17)中的高阶导数项，从

而得

$$\Phi(i) = \Phi(i_0) + L(i - i_0) \tag{2-18}$$

或写为

$$\Delta\Phi = L\Delta i \tag{2-19}$$

式(2-19)就是磁通 Φ 和电流 i 的增量化线性方程。式中，$L = \left.\frac{\mathrm{d}\Phi(i)}{\mathrm{d}i}\right|_{i=i_0}$，$\Delta\Phi = \Phi(i) - \Phi(i_0)$，$\Delta i = i - i_0$。略去式(2-19)中的增量符号 Δ，就得到

$$\Phi(i) = Li \tag{2-20}$$

由式(2-20)求得 $\mathrm{d}\Phi(i)/\mathrm{d}i = L$，代入式(2-16)，有

$$u_r = NL\frac{\mathrm{d}i}{\mathrm{d}t} + Ri \tag{2-21}$$

式(2-21)便是铁芯线圈电路在工作点 (u_{r0}, i_0) 的增量线性化微分方程。若平衡点发生变动，则 L 也发生相应的变化。

线性化处理有如下特点：

(1) 线性化是对某一平衡点进行的，平衡点不同，得到的线性化方程的系数亦不相同；

(2) 若要使线性化有足够的精度，调节过程中变量偏离平衡点的偏差必须足够小；

(3) 线性化后的运动方程式是相对于平衡点来描述的，因此可认为其初始条件为零；

(4) 有一些非线性(如继电器特性)是不连续的，不能满足展开成泰勒级数的条件，就不能进行线性化，对于这类属于本质非线性问题要用非线性控制理论来解决。

2.3 传递函数

控制系统的微分方程是在时间域描述系统动态性能的数学模型。利用拉氏变换(拉普拉斯变换的简称)，可将线性微分方程转换为复数 s 域的数学模型——传递函数。传递函数是经典控制理论中对线性系统进行研究、分析与综合的基本数学工具。

2.3.1 传递函数的定义及特点

设线性定常系统方框图如图 2-7 所示。其中：$x_i(t)$ 为输入量，$X_i(s)$ 为系统输入量 $x_i(t)$ 的拉氏变换；$X_o(s)$ 为系统输出量 $x_o(t)$ 的拉氏变换。由此得传递函数的定义：

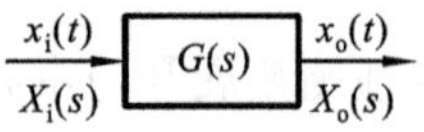

图 2-7 线性定常系统方框图

在零初始条件下，线性定常系统输出量的拉氏变换与系统输入量的拉氏变换之比称为系统的传递函数。传递函数用 $G(s)$ 表示，即

$$G(s) = \frac{X_o(s)}{X_i(s)}$$

例 2-5 求出图 2-8 所示的 RLC 串联电路的传递函数。

解 (1) 设输入量为 $u_r(t)$，输出量为 $u_c(t)$。

(2) 求电路的微分方程：由基尔霍夫定律和电容上电流电压关系得

$$u_r(t) = Ri(t) + L\frac{\mathrm{d}i(t)}{\mathrm{d}t} + u_c(t) \tag{2-22}$$

$$i(t) = C\frac{\mathrm{d}u_c(t)}{\mathrm{d}t} \tag{2-23}$$

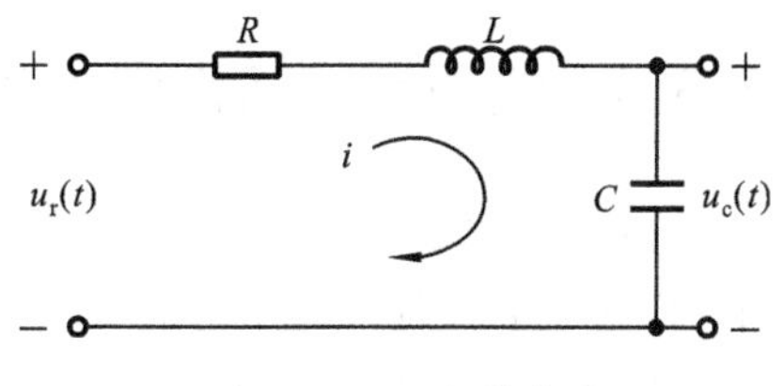

图 2-8　RLC 串联电路

将式(2-23)代入式(2-22)并标准化，有

$$LC\frac{\mathrm{d}^2u_c(t)}{\mathrm{d}t^2} + RC\frac{\mathrm{d}u_c(t)}{\mathrm{d}t} + u_c(t) = u_r(t)$$

(3) 在零初始条件下，对上式进行拉氏变换，求得传递函数

$$LCs^2U_c(s) + RCsU_c(s) + U_c(s) = U_r(s)$$

$$G(s) = \frac{U_c(s)}{U_r(s)} = \frac{1}{LCs^2 + RCs + 1} \tag{2-24}$$

推广到一般，设线性定常系统由下述 n 阶线性常微分方程来描述：

$$a_n\frac{\mathrm{d}^n x_o(t)}{\mathrm{d}t^n} + a_{n-1}\frac{\mathrm{d}^{n-1}x_o(t)}{\mathrm{d}t^{n-1}} + \cdots + a_0x_o(t) = b_m\frac{\mathrm{d}^m x_i(t)}{\mathrm{d}t^m} + b_{m-1}\frac{\mathrm{d}^{m-1}x_i(t)}{\mathrm{d}t^{m-1}} + \cdots + b_0x_i(t) \tag{2-25}$$

在零初始条件下，即当外界输入作用前，输入、输出的初始条件 $x_i(0_-)$，$x_i^{(1)}(0_-)$，…，$x_i^{(m-1)}(0_-)$ 和 $x_o(0_-)$，$x_o^{(1)}(0_-)$，…，$x_o^{(n-1)}(0_-)$ 均为零时，对式(2-25)进行拉氏变换可得到关于 s 的代数方程：

$$(a_ns^n + a_{n-1}s^{n-1} + \cdots + a_1s + a_0)X_o(s) = (b_ms^m + b_{m-1}s^{m-1} + \cdots + b_1s + b_0)X_i(s) \tag{2-26}$$

于是由传递函数的定义得线性定常系统的传递函数 $G(s)$ 为

$$G(s) = \frac{X_o(s)}{X_i(s)} = \frac{b_ms^m + b_{m-1}s^{m-1} + \cdots + b_1s + b_0}{a_ns^n + a_{n-1}s^{n-1} + \cdots + a_1s + a_0} \quad (n \geqslant m) \tag{2-27}$$

只能用于线性定常系统的传递函数是在零初始条件下定义的，所以仅反映零初始条件下的系统运动过程。传递函数有如下特点。

(1) 传递函数只与系统的结构和参数有关，与输入量的形式和大小无关，它反映系统的固有特性。

(2) 物理性质不同的系统，可以具有相同的传递函数。传递函数的量纲是根据实际系统的输入量和输出量来决定的。

(3) 传递函数分母中 s 的阶数 n 不小于分子中 s 的阶数 m 。这是因为实际系统或元件总具有惯性，而能量又是有限的。

(4) 传递函数的零点和极点。系统的传递函数 $G(s)$ 是以复变数 s 作为自变量的函数，经因式分解后，$G(s)$ 可以写成如下一般形式：

$$G(s) = \frac{k(s-z_1)(s-z_2)\cdots(s-z_m)}{(s-p_1)(s-p_2)\cdots(s-p_n)} \tag{2-28}$$

式(2-28)中，k 为常数，在零极点形式下，是系统的放大系数。当 $s = z_j(j = 1,2,\cdots,m)$ 时，$G(s) = 0$ ，故称 $z_1,z_2,\cdots,z_m$ 为 $G(s)$ 的零点；当 $s = p_i(i = 1,2,\cdots,n)$ 时，$G(s)$ 的分母为零，故称 $p_1,p_2,\cdots,p_n$ 为 $G(s)$ 的极点。系统传递函数的极点也就是系统微分方程的特征根。在后续的分析中我们会认识到：系统传递函数的零点、极点和放大系数决定着系统的瞬态性能和稳态性能。

2.3.2 典型环节的传递函数

由系统的数学模型可知，控制系统可看做是由比例环节、惯性环节、振荡环节、微分环节、积分环节及延迟环节等若干个典型环节组成的。熟悉典型环节的传递函数的特性有助于系统传递函数的推导和系统性能的分析。

1. 比例环节

凡输出量与输入量成正比、输出不失真也不延迟且按比例地反映输入信号的环节称为比例环节。其微分方程为

$$x_o(t) = Kx_i(t)$$

式中：$x_o(t)$ 为输出量；$x_i(t)$ 为输入量；K 为环节的放大系数或增益。其传递函数为

$$G(s) = \frac{X_o(s)}{X_i(s)} = K \tag{2-29}$$

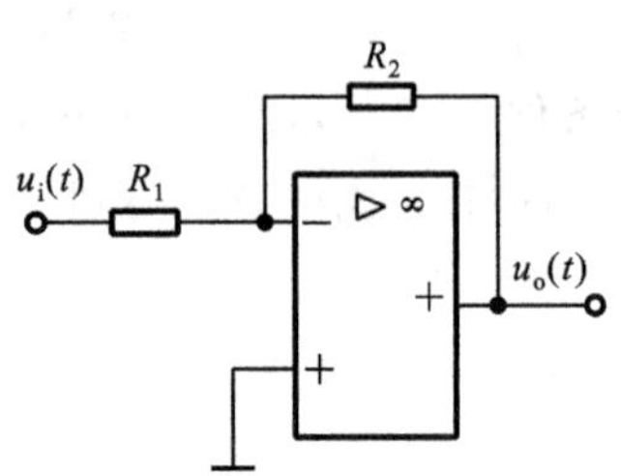

图 2-9 运算放大器

例 2-6 图 2-9 所示为运算放大器，其输出电压 $u_o(t)$ 与输入电压 $u_i(t)$ 之间有如下关系

$$u_o(t) = \frac{-R_2}{R_1}u_i(t)$$

式中，R_1、R_2 为电阻。拉氏变换后得其传递函数为

$$G(s) = \frac{U_o(s)}{U_i(s)} = -\frac{R_2}{R_1} = K$$

比例（放大）系数 K 为负值表示运算放大器输出与输入反相。但在控制系统中，K 为负值对系统稳定性的分析带来不便。因此在系统分析中，比例系数 K 及时间常数 T 等参数被视为正值，而表示反相关系的负号，可通过在电路中增加跟随器等方法来处理。

例 2-7 图 2-10 所示为齿轮传动副，x_i、x_o 分别为输入轴和输出轴的转速；z_1、z_2 分别为输入齿轮和输出齿轮的齿数；i 为传动比。假设齿轮无传动间隙、刚性无穷大，则输入 x_i 时就会产生输出 x_o，且 $x_i z_1 = x_o z_2$。此方程经拉氏变换后得其传递函数为

$$G(s) = \frac{X_o(s)}{X_i(s)} = \frac{z_1}{z_2} = i$$

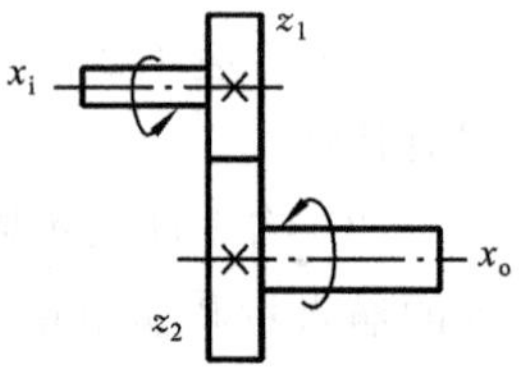

图 2-10 齿轮传动副

式中，$i = K$，也就是传动比等于齿轮传动副的放大系数或增益。

2. 惯性环节

惯性环节的微分方程为

$$T\frac{\mathrm{d}x_o(t)}{\mathrm{d}t} + x_o(t) = x_i(t)$$

对此微分方程进行拉氏变换，得

$$TsX_o(s) + X_o(s) = X_i(s)$$

因此，惯性环节的传递函数为

$$G(s) = \frac{X_o(s)}{X_i(s)} = \frac{1}{Ts+1} \tag{2-30}$$

式中，T 为惯性环节的时间常数。

例 2-8　求图 2-1 所示 RC 电路以 $u_i(t)$ 为输入量、$u_o(t)$ 为输出量的电路的传递函数。

解　例 2-1 已求得以 $u_i(t)$ 为输入量、$u_o(t)$ 为输出量的电路的微分方程

$$RC\frac{du_o(t)}{dt}+u_o(t)=u_i(t)$$

经拉氏变换后，得

$$RCsU_o(s)+U_o(s)=U_i(s)$$

故传递函数为

$$G(s)=\frac{U_o(s)}{U_i(s)}=\frac{1}{Ts+1}$$

式中，$T=RC$，为惯性环节的时间常数。

例 2-9　图 2-11 所示为弹簧-阻尼器系统，$x_i(t)$ 为输入位移，$x_o(t)$ 为输出位移，k 为弹簧刚度，c 为阻尼系数，求系统的传递函数。

解　根据牛顿定律，该系统的微分方程为

$$c\frac{dx_o(t)}{dt}+kx_o(t)=kx_i(t)$$

经拉氏变换后，得

$$scX_o(s)+kX_o(s)=kX_i(s)$$

故传递函数为

$$G(s)=\frac{X_o(s)}{X_i(s)}=\frac{1}{Ts+1}$$

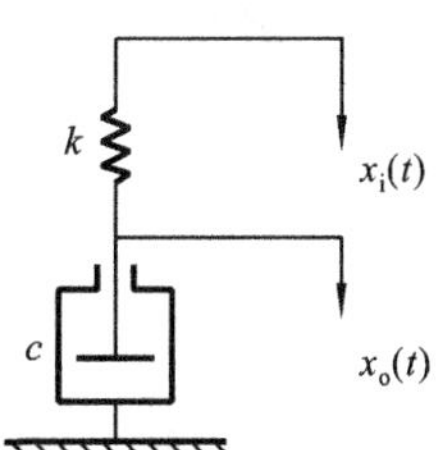

图 2-11　弹簧-阻尼器系统

式中，$T=c/k$，为惯性环节的时间常数。

由例 2-8 和例 2-9 可知，惯性环节一般包含一个储能元件和一个耗能元件。例 2-8 的系统之所以称为惯性环节，是由于系统含有电容性储能元件 C 和电阻性耗能元件 R；例 2-9 的系统之所以称为惯性环节，是由于系统含有弹性储能元件 k 和阻尼性耗能元件 c。

上述两例还表明，不同性质的物理系统可以具有相同的传递函数。

3. 振荡环节

振荡环节的微分方程是

$$T^2\frac{d^2x_o(t)}{dt^2}+2\xi T\frac{dx_o(t)}{dt}+x_o(t)=x_i(t)\quad(0<\xi<1)\tag{2-31}$$

式中：T 为时间常数；ξ 为阻尼比。振荡环节的传递函数为

$$G(s)=\frac{X_o(s)}{X_i(s)}=\frac{1}{T^2s^2+2\xi Ts+1}\tag{2-32}$$

令 $\omega_n=\frac{1}{T}$，则上式可写成

$$G(s)=\frac{\omega_n^2}{s^2+2\xi\omega_n s+\omega_n^2}\tag{2-33}$$

式中，ω_n为振荡环节的无阻尼自然振荡频率。

对于例 2-2 的弹簧-质量-阻尼器位移系统，已求得其微分方程式为

$$m\frac{d^2y(t)}{dt^2}+c\frac{dy(t)}{dt}+ky(t)=f(t)$$

拉氏变换后得

$$ms^2Y(s)+csY(s)+kY(s)=F(s)$$

则传递函数为

$$G(s)=\frac{Y(s)}{F(s)}=\frac{1}{ms^2+cs+k} \tag{2-34}$$

对于例 2-3 的电枢控制式直流电动机，已求得其微分方程为式(2-12)，即

$$T_aT_m\frac{d^2\omega}{dt^2}+T_m\frac{d\omega}{dt}+\omega=C_du_a-C_mT_a\frac{dT_L}{dt}-C_mT_L$$

当 $T_L=0$ 时，对上式实施拉氏变换得

$$T_aT_ms^2\Omega(s)+T_ms\Omega(s)+\Omega(s)=C_dU_a(s)$$

则传递函数为

$$G(s)=\frac{\Omega(s)}{U_a(s)}=\frac{C_d}{T_aT_ms^2+T_ms+1} \tag{2-35}$$

同样，例 2-5 的 RLC 串联电路的传递函数为

$$G(s)=\frac{U_c(s)}{U_r(s)}=\frac{1}{LCs^2+RCs+1} \tag{2-36}$$

式(2-34)、式(2-35)及式(2-36)均为二阶传递函数，当系统参数满足 $0<\xi<1$ 时，它们就构成振荡环节。

4. 微分环节

理想微分环节的微分方程为

$$x_o(t)=T\frac{dx_i(t)}{dt}$$

拉氏变换后，得其传递函数为

$$G(s)=\frac{X_o(s)}{X_i(s)}=Ts \tag{2-37}$$

式(2-37)为理想微分环节的传递函数，T 为微分环节的时间常数。

例 2-10 求图 2-12 所示集成运算电路的传递函数。其中，u_i 为输入电压，u_o 为输出电压。

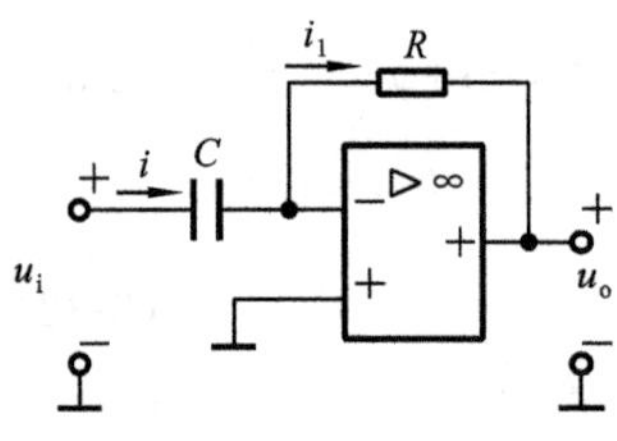

图 2-12 微分电路

解 设图 2-12 所示电路中的运算放大器为理想运放，则可列出电路的微分方程组

$$\begin{cases}i=C\dfrac{du_i}{dt}\\u_o=-Ri_1=-Ri\end{cases}$$

故电路的微分方程为

$$u_o=-RC\frac{du_i}{dt}$$

进行拉氏变换并求其传递函数，得

$$G(s)=\frac{U_o(s)}{U_i(s)}=-RCs$$

不考虑表示反相的负号，且设 $T=RC$，则传递函数为

$$G(s)=\frac{U_o(s)}{U_i(s)}=Ts$$

理想微分环节的输出反映输入的微分。如当输入为单位阶跃函数时，其输出为一面积为(强度) T、宽度为零、幅值无穷大的理想脉冲函数，如图 2-13 所示。

就物理装置而言，要使其为理想微分环节，就要求其在瞬间能提供无限大的能量，且还要求系统中不存在惯性。这在实际中是不可能实现的。

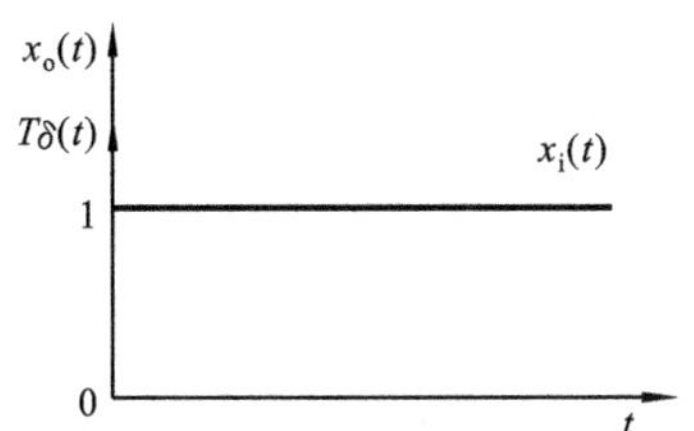

图 2-13　理想微分环节的单位阶跃响应曲线

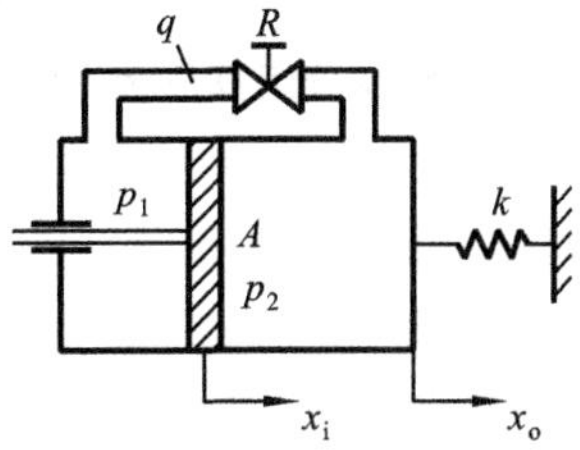

图 2-14　机械-液压阻尼器

例 2-11　图 2-14 所示为机械-液压阻尼器的原理图。其中：A 为活塞右边的面积；k 为弹簧刚度；R 为节流阀液压阻；p_1 和 p_2 分别为油缸左腔和右腔单位面积上的压力；x_i 为活塞位移；x_o 为油缸缸体位移。求其传递函数。

解　机械-液压阻尼器工作过程分析：设活塞在 $t=0$ 时产生向右位移 x_i，油缸瞬时位移 x_o 在 $t=0$ 时刻与 x_i 相等；弹簧力和油缸右腔油压 p_2 的增大，迫使油液以流量 q 通过节流阀反流到油缸左腔，从而使油缸缸体左移，弹簧反力最终使 x_o 减到零，油缸返回到初始位置。

机械-液压阻尼器传递函数的建立：选取活塞位移 x_i 为输入量，油缸缸体位移 x_o 为输出量。油缸的力平衡方程为

$$A(p_2-p_1)=kx_o$$

通过节流阀的流量为

$$q=A(\dot{x}_i-\dot{x}_o)=\frac{p_2-p_1}{R}$$

由上两式求得机械-液压阻尼器的微分方程为

$$(\dot{x}_i-\dot{x}_o)=\frac{k}{A^2R}x_o$$

拉氏变换后为

$$\frac{k}{A^2R}X_o(s)+sX_o(s)=sX_i(s)$$

故得传递函数为

$$G(s)=\frac{X_o(s)}{X_i(s)}=\frac{s}{s+\dfrac{k}{A^2R}}$$

设 $\dfrac{A^2R}{k}=T$，得

$$G(s)=\frac{Ts}{Ts+1}\tag{2-38}$$

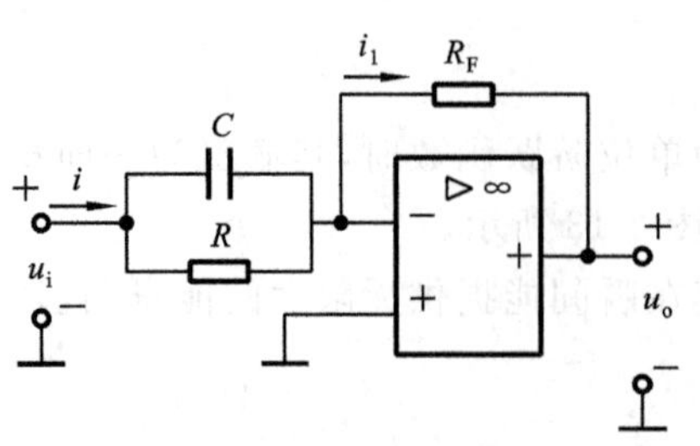

图 2-15　比例-微分运算放大器电路

具有传递函数如式(2-38)的环节为实用微分环节。它由惯性环节和理想微分环节串联而成。仅当 $Ts << 1$ 时，$G(s) \approx Ts$，近似称为理想微分环节。

例 2-12　求出图 2-15 所示运算放大器的传递函数。

解　根据图 2-15 所示的运算放大器电路，令

$$Z = \frac{\frac{1}{sC} \cdot R}{\frac{1}{sC} + R} = \frac{R}{sRC + 1}, \quad T = RC, \quad K = \frac{R_F}{R}$$

则

$$\frac{U_o(s)}{U_i(s)} = \frac{R_F}{Z} = \frac{R_F}{\frac{R}{sRC+1}} = \frac{R_F}{R}(Ts+1) = K(Ts+1) \tag{2-39}$$

当 $R = R_F$ 时，其传递函数为

$$G(s) = \frac{U_o(s)}{U_i(s)} = Ts + 1 \tag{2-40}$$

由式(2-40)可知，该电路是在比例环节上再并联了微分环节，就构成比例-微分环节。

5. 积分环节

积分环节的微分方程为

$$x_o(t) = \frac{1}{T}\int x_i(t)\mathrm{d}t$$

由此方程可知，积分环节的输出量与输入量对时间的积分成正比，其传递函数为

$$G(s) = \frac{X_o(s)}{X_i(s)} = \frac{1}{Ts} \tag{2-41}$$

式中，T 为积分环节的时间常数。

当 $X_i(s) = \frac{1}{s}$ 时，$X_o(s) = \frac{1}{Ts} \cdot \frac{1}{s} = \frac{1}{Ts^2}$，积分环节的阶跃输出为

$$x_o(t) = \frac{1}{T}t \tag{2-42}$$

积分环节的单位阶跃响应曲线如图 2-16 所示。在阶跃信号输入下，积分环节的输出量要在 $t = T$ 时才能等于输入量，故积分环节有滞后作用。经过一段时间的积累，当输入变为零时，输出量不再增加，但保持该值不变，具有记忆功能。

在系统中凡有储存或积累特点的元件，都有积分环节的特性。

例 2-13　图 2-17 所示为运算放大器构成的积分电路，u_i 为输入电压，u_o 为输出电压，R 为电阻，C 为电容。求其传递函数。

解　该积分电路的微分方程为

$$\frac{u_i(t)}{R} = -C\frac{\mathrm{d}u_o(t)}{\mathrm{d}t}$$

不考虑负号时，其传递函数为

$$G(s) = \frac{U_o(s)}{U_i(s)} = \frac{1}{RCs} = \frac{1}{Ts}$$

式中，$T = RC$ 。

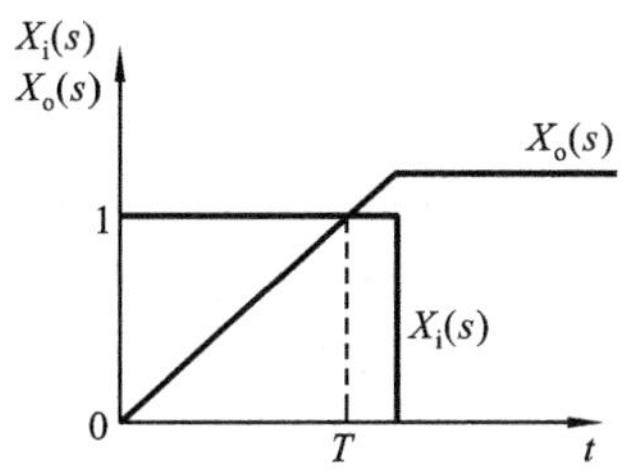

图 2-16　积分环节的单位阶跃响应曲线

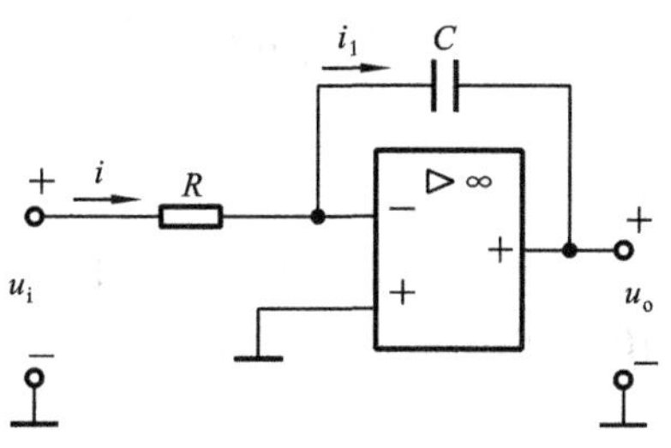

图 2-17　有源积分网络

6. 延迟环节

延迟环节的输入 $x_i(t)$ 与输出 $x_o(t)$ 之间有如下关系：

$$x_o(t) = x_i(t - \tau) \tag{2-43}$$

式中，τ 为延迟时间。延迟环节是输出滞后输入 τ 但不失真地反映输入的环节。具有延迟环节的系数称为延迟系统。

对式(2-43)进行拉氏变换，可求得其传递函数为

$$G(s) = \frac{X_o(s)}{X_i(s)} = e^{-\tau s} \tag{2-44}$$

延迟环节在输入开始时间 τ 内并无输出，而在 τ 后，输出就完全等于从一开始起的输入。也就是说，输出信号比输入信号延迟了 τ 的时间间隔。延迟环节的单位阶跃曲线如图 2-18 所示。

例 2-14　图 2-19 所示为基于机器视觉的禽蛋品质检测系统示意图。在检测点 A 经机器视觉系统检测的禽蛋，传送到距 A 点 L 处的 B 点由机械手按品质分级。设输送带速度为 v，从 A 点到 B 点存在传输的延迟，延迟时间 τ 等于 $\tau = \frac{L}{v}$ 。求其传递函数。

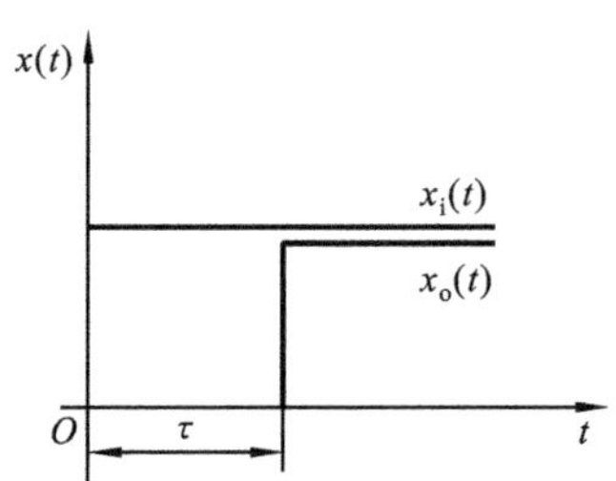

图 2-18　延迟环节的单位阶跃曲线

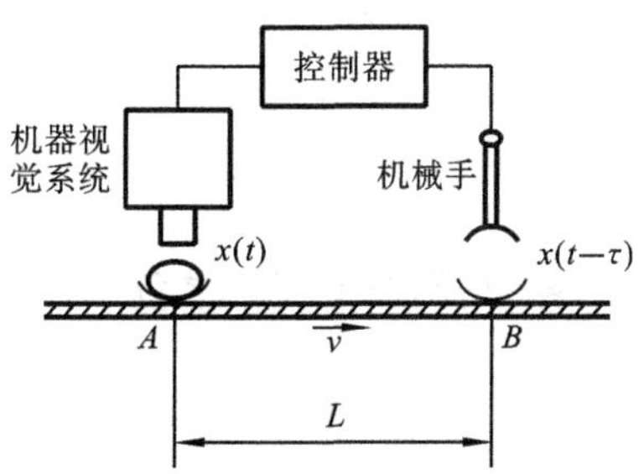

图 2-19　禽蛋品质检测系统示意图

设 A 处检测的某一枚蛋的品质信息为 $x(t)$，τ 秒后，这一信息被 B 点处的机械手用于该枚蛋的分级，其值为 $x(t-\tau)$ 。设：$x(t)$ 为输入，将其拉氏变换得 $X(s)$ ；$x(t-\tau)$ 为输出，将其拉氏变换得 $X(s)e^{-\tau s}$ 。则系统的传递函数为

$$G(s) = \frac{X(s)e^{-\tau s}}{X(s)} = e^{-\tau s}$$

控制系统中，单纯的延时环节是很少的，延时环节往往与其他环节一起出现。

2.4 系统传递函数方框图

线性控制系统的微分方程和传递函数是系统数学模型的两种形式。建立这两种模型时，都要进行繁杂的消去中间变量的工作。控制系统的传递函数方框图（又称动态结构图，简称框图）是以图形表示的数学模型。框图能清楚地表示出输入信号在系统各元件之间的传递过程，提供系统动态性能的有关信息并揭示和评价组成系统的每个环节对系统的影响。根据方框图，通过等效变换可求出系统的传递函数。

2.4.1 系统方框图的基本构成

系统方框图包括函数方框、信号流线、相加点及分支点等图形符号，如图 2-20 所示。

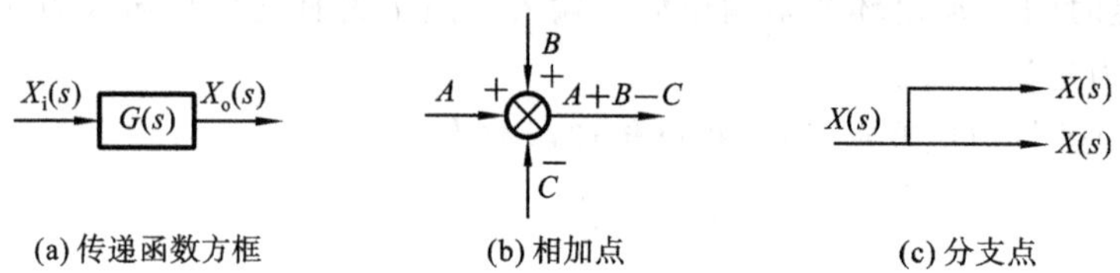

图 2-20 系统方框图的结构

函数方框是将一个环节的传递函数写在一个方框里面所组成的图形，如图 2-20(a)所示。图中箭头指向方框的线段表示输入信号 $X_i(s)$，箭头离开方框的线段表示输出信号 $X_o(s)$。带箭头的线也称为信号流线。由方框图可知

$$X_o(s) = G(s)X_i(s)$$

相加点是信号之间代数求和运算的图解表示，如图 2-20(b)所示。在相加点处，输出信号（用离开相加点的箭头表示）等于各输入信号（用指向相加点的箭头表示）的代数和，每一个指向相加点的箭头前方的"＋"号或"－"号表示该输入信号在代数运算中的符号。分支点表示同一信号向不同方向的传递，如图 2-20(c)所示。

2.4.2 系统方框图的建立

下面以实例说明建立系统方框图的方法。

例 2-15 设 RL 电路如图 2-21 所示，画出以 i 为输出、u_i 为输入的传递函数方框图。

(1) 建立系统初始微分方程组：

$$\begin{cases} iR + u_L = u_i & (2\text{-}45) \\ u_L = L\dfrac{\mathrm{d}i}{\mathrm{d}t} & (2\text{-}46) \end{cases}$$

(2) 绘制各环节的方框图。

先对初始微分方程进行零初始条件下的拉氏变换，再根据拉氏变换式中的因果关系，绘出相应的子方框图。由式(2-45)得

$$I(s)R + U_L(s) = U_i(s)$$

即

$$U_i(s) - I(s)R = U_L(s) \tag{2-47}$$

用方框图表示式(2-47)中各变量之间的关系如图 2-22(a)所示。

由式(2-46)得

$$U_L(s) = LsI(s)$$

即

$$\frac{U_L(s)}{Ls} = I(s) \tag{2-48}$$

用方框图表示式(2-48)中各变量之间的关系如图 2-22(b)所示。

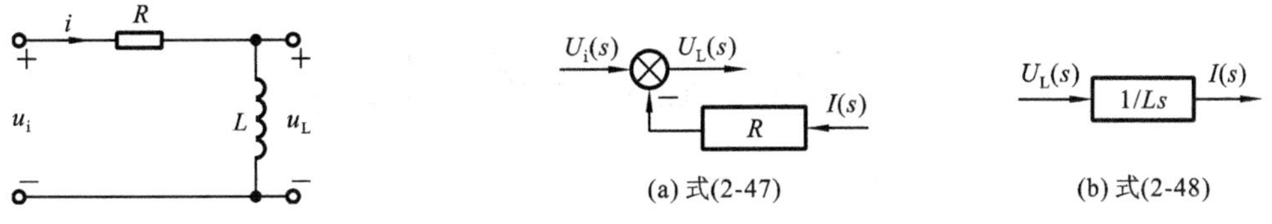

图 2-21　RL 电路

图 2-22　用方框图表示方程各变量间关系

(3) 绘制系统方框图。

按照信号在系统中的流向，依次将各方框图连接起来(同一变量的信号通路连接在一起)，系统输入量置于左端而输出量置于右端，便得到系统的传递函数方框图，如图 2-23 所示。

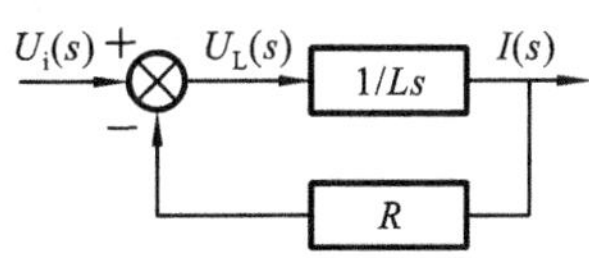

图 2-23　RL 电路的传递函数方框图

例 2-16　绘制例 2-3 的电枢控制式直流电动机以电枢电压 u_a 为输入量、角速度 ω 为输出量的传递函数方框图。

解　例 2-3 已推导出该直流电动机的原始微分方程，列写如下

$$\begin{cases} L\dfrac{\mathrm{d}i_a}{\mathrm{d}t} + i_aR + e_d = u_a \\ e_d = k_d\omega \\ J\dfrac{\mathrm{d}\omega}{\mathrm{d}t} = T - T_L \\ T = k_m i_a \end{cases}$$

对上述各式在零初始条件下分别进行拉氏变换，得

$$\begin{aligned} &(Ls + R)I_a(s) + E_d(s) = U_a(s) \\ &E_d(s) = k_d\Omega(s) \\ &Js\Omega(s) = T(s) - T_L(s) \\ &T(s) = k_m I_a(s) \end{aligned}$$

按各变量的因果关系，分别绘出上述各式的传递函数方框图，如图 2-24 所示。

最后将图 2-24 各方框图按信号的流向连接起来，就得到图 2-25 所示的直流电动机的传递函数方框图。

由例 2-15 和例 2-16 可知，传递函数方框图反映了系统的输入、输出及其他变量之间的数学关系。

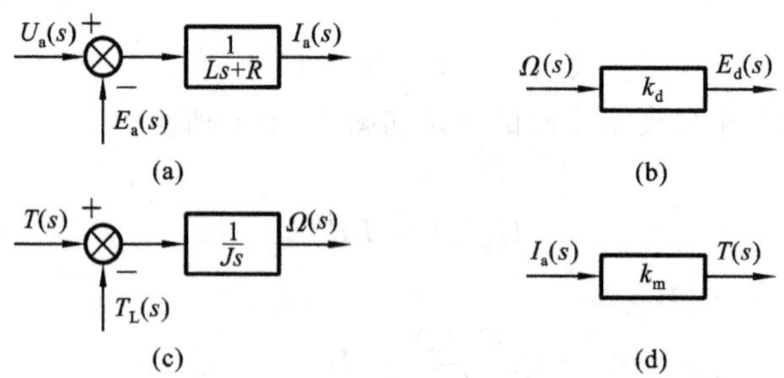

图 2-24 用方框图表示电机各变量间关系

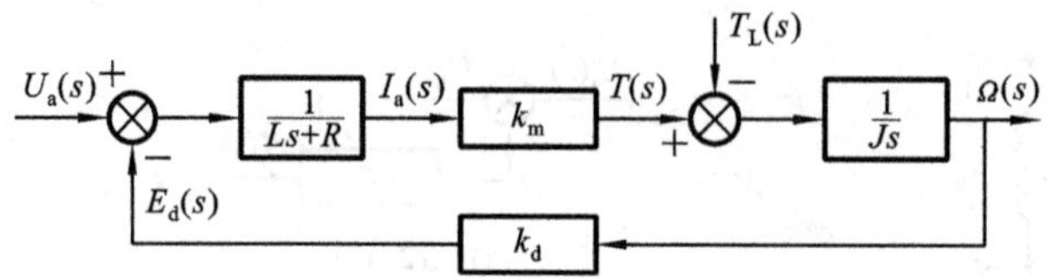

图 2-25 电枢控制式直流电动机传递函数图框

2.4.3 传递函数方框图的等效变换与化简

传递函数方框图直观地展示出系统内部各变量之间的动态关系，但对于实际的自动控制系统，方框图的连接往往很复杂。为了便于系统的分析与计算，常常需要对复杂的方框图运用等效变换进行化简。所谓等效变换是指被变换部分的输入量和输出量之间的数学关系在变换前后保持不变。

1. 串联环节的等效

传递函数为 $G_1(s)$ 和 $G_2(s)$ 的两个方框，前一方框的输出为后一方框的输入，称这种连接方式为环节的串联，如图 2-26 所示。(注意：应考虑环节之间存在的负载效应。)

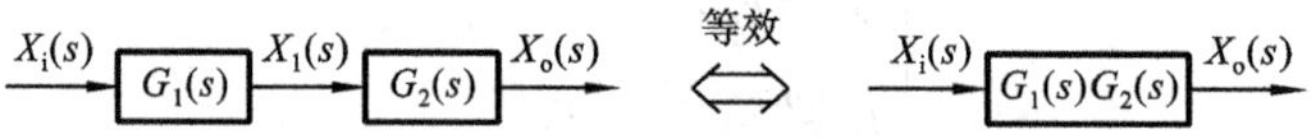

图 2-26 串联环节等效

两环节串联时的等效传递函数等于各串联环节的传递函数之积，即

$$G(s)=\frac{X_o(s)}{X_i(s)}=\frac{X_1(s)}{X_i(s)}\cdot\frac{X_o(s)}{X_1(s)}=G_1(s)G_2(s) \tag{2-49}$$

推广到一般，n 个环节串联的等效传递函数等于各串联环节的传递函数之积，即

$$G(s)=\prod_{i=1}^{n}G_i(s) \tag{2-50}$$

2. 并联环节的等效

各环节的输入相同，输出为各环节输出的代数和，这种连接方式称为环节的并联，如图 2-27 所示。并联环节有

$$G(s)=\frac{X_o(s)}{X_i(s)}=\frac{X_{o1}(s)}{X_i(s)}\pm\frac{X_{o2}(s)}{X_i(s)}=G_1(s)\pm G_2(s) \tag{2-51}$$

即环节并联时等效传递函数等于各并联环节的传递函数之和。

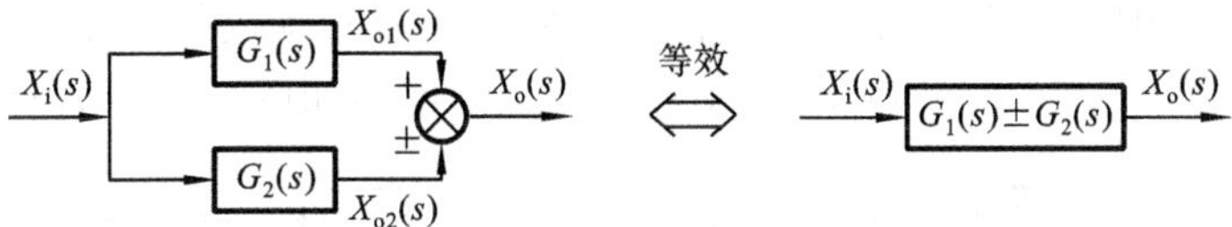

图 2-27　并联环节等效

推广到 n 个环节并联有

$$G(s)=\sum_{i=1}^{n}\pm G_i(s) \tag{2-52}$$

3. 反馈环节的等效

图 2-28 所示为反馈环节的一般形式。其中，$G(s)$ 称为前向通道传递函数，它是输出 $X_o(s)$ 与偏差 $E(s)$ 之比，即

$$G(s)=\frac{X_o(s)}{E(s)} \tag{2-53}$$

$H(s)$ 称为反馈回路传递函数，即

$$H(s)=\frac{B(s)}{X_o(s)} \tag{2-54}$$

前向通道传递函数 $G(s)$ 与反馈回路传递函数 $H(s)$ 的乘积称为系统的开环传递函数 $G_k(s)$，它也是反馈信号 $B(s)$ 与偏差 $E(s)$ 之比，即

$$G_k(s)=\frac{B(s)}{E(s)}=G(s)H(s) \tag{2-55}$$

图 2-28　反馈环节等效变换

输出信号 $X_o(s)$ 与输入信号 $X_i(s)$ 之比称为系统的闭环传递函数 $G_b(s)$，即

$$G_b(s)=\frac{X_o(s)}{X_i(s)}$$

由图 2-28 可知

$$E(s)=X_i(s)\mp B(s)=X_i(s)\mp X_o(s)H(s)$$

$$X_o(s)=G(s)E(s)=G(s)[X_i(s)\mp X_o(s)H(s)]=G(s)X_i(s)\mp G(s)X_o(s)H(s)$$

由此可得

$$G_b(s)=\frac{X_o(s)}{X_i(s)}=\frac{G(s)}{1\pm G(s)H(s)} \tag{2-56}$$

式(2-56)中，“+”对应负反馈，“−”对应正反馈。若反馈回路的传递函数 $H(s)=1$，则为单位反馈。单位负反馈系统的传递函数为

$$G_b(s)=\frac{X_o(s)}{X_i(s)}=\frac{G(s)}{1+G(s)} \tag{2-57}$$

4. 分支点移动规则

根据等效变换的原则，分支点相对方框移动后应在被移动支路中加入适当的函数。分支点相对方框后移如图 2-29(a)所示，分支点相对方框前移如图 2-29(b)所示。

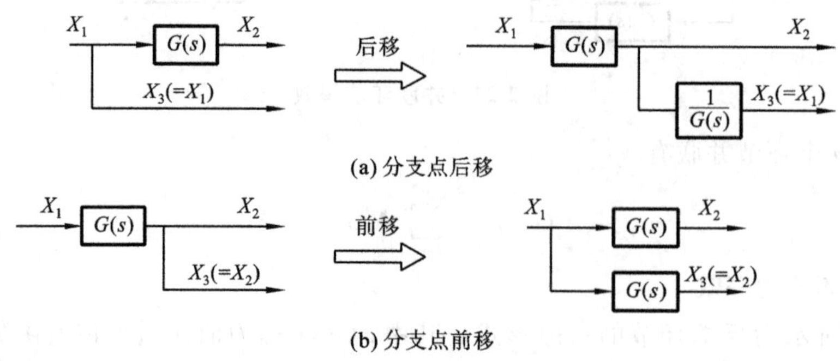

(a) 分支点后移

(b) 分支点前移

图 2-29　分支点相对方框的移动

5. 相加点移动规则

根据等效变换的原则，相加点相对方框移动后应在被移动支路中加入适当的函数。相加点相对方框后移如图 2-30(a)所示，相加点相对方框前移如图 2-30(b)所示。

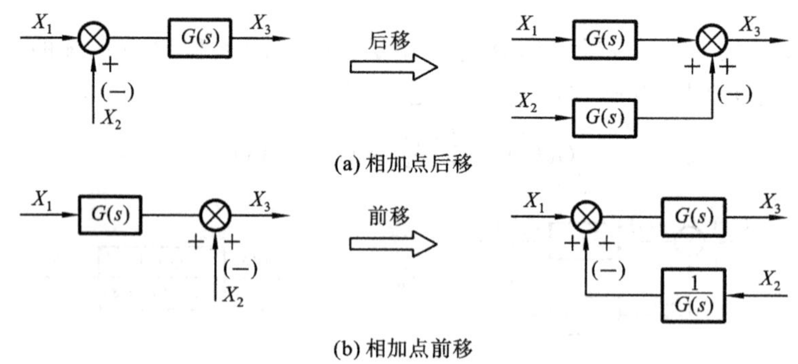

(a) 相加点后移

(b) 相加点前移

图 2-30　相加点相对方框的移动

6. 分支点之间或相加点之间相互移动规则

分支点之间或相加点之间相互移动规则如下：

(1) 相加点与相加点之间如果没有分支点，则可任意交换位置，并不改变原有的数学关系，如图 2-31(a)所示；

(2) 分支点与分支点之间如果没有相加点，则可任意交换位置，并不改变原有的数学关系，如图 2-31(b)所示；

(3) 分支点与相加点之间不能相互移动。

下面举例说明系统传递函数方框图的等效变换。

例 2-17　化简图 2-32 所示的方框图，并求传递函数。

解　化简时，先通过移动分支点和相加点，消除交叉连接，使其成为独立的小回路；然后进行串联、并联及反馈环节的等效；再化简内回路，并逐步向外回路简化；最后求得系统的闭环传递函数。

在图 2-32 中，首先将 a 相加点前移并与 b 相加点交换位置后等效为图 2-24 所示的方框

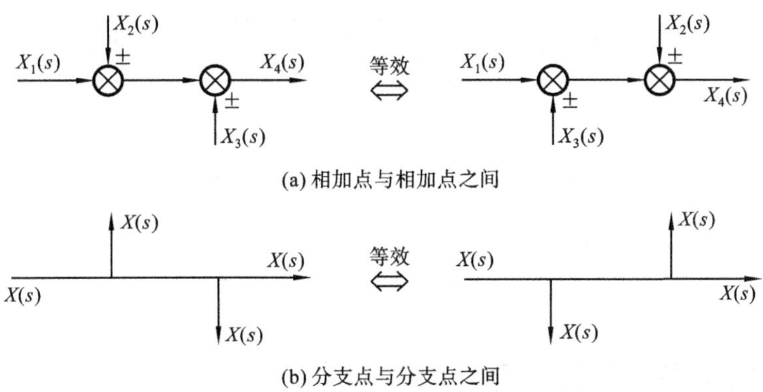

图 2-31　相加点之间、分支点之间的移动

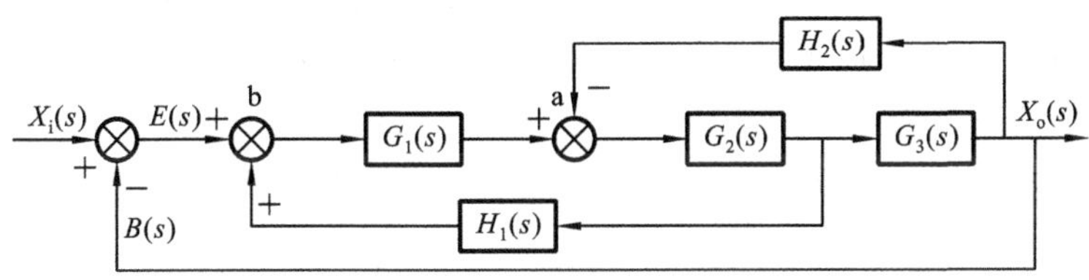

图 2-32　系统传递函数方框图

图。

然后对图 2-33 中 G_1 和 G_2 串联等效后又与 H_1 构成的局部反馈进行等效变换得到图 2-34所示的方框图。

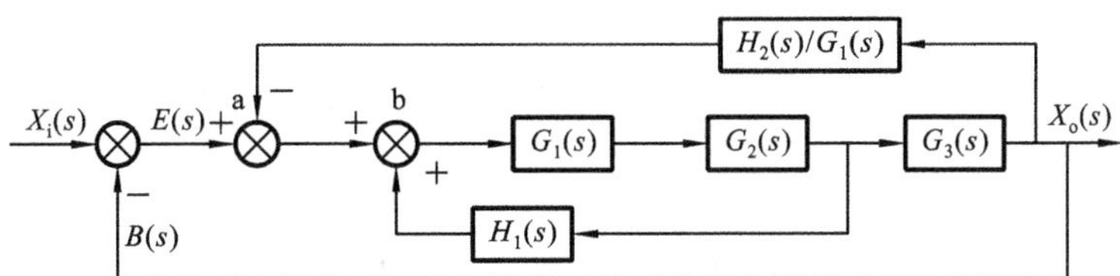

图 2-33　相加点移动后的系统传递函数方框图

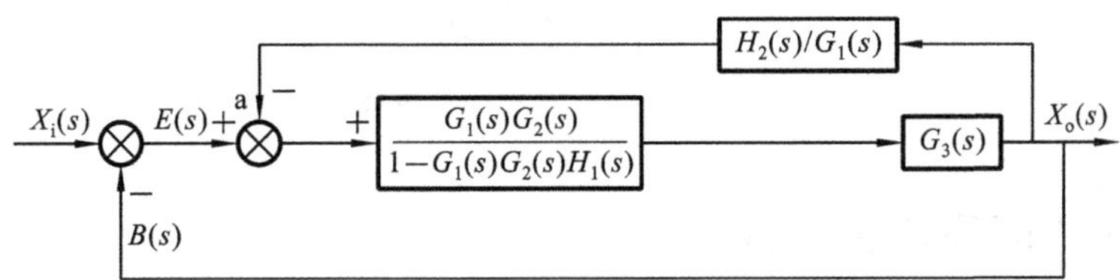

图 2-34　G_1 、G_2 和 H_1 构成的局部反馈等效变换后的方框图

对图 2-34 所形成的局部反馈中的前向通道串联等效后，再利用反馈连接的等效变换得到图 2-35 所示的方框图，此系统构成一个单位负反馈连接。

最后，由图 2-35 可求得系统的传递函数

$$\frac{X_o(s)}{X_i(s)}=\frac{G_1(s)G_2(s)G_3(s)}{1-G_1(s)G_2(s)H_1(s)+G_2(s)G_3(s)H_2(s)+G_1(s)G_2(s)G_3(s)}$$

需要说明的是，方框图的化简途径并不是唯一的。本例系统的传递函数方框图也可以

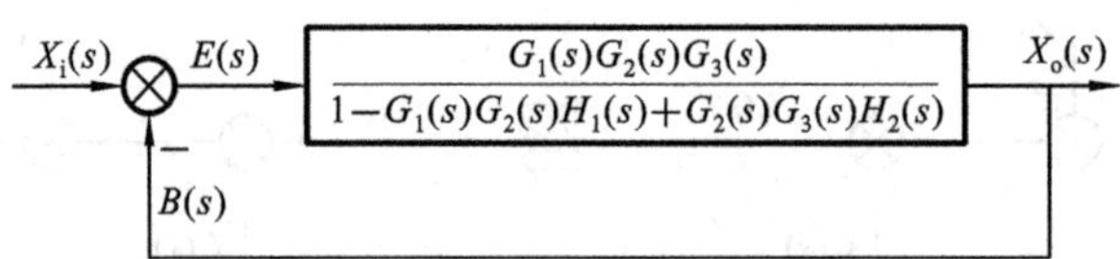

图 2-35　方框中的局部反馈等效变换后的方框图

先移动分支点消除交叉连接,使其成为独立小回路后,再使用串联、并联或反馈连接的等效规则进一步化简,最后求得系统的传递函数。这里不再赘述。

2.5　反馈控制系统的传递函数

分析控制系统输出量的变化规律,就要考虑系统的输入作用。系统输入有两类:一类是给定输入信号 $X_i(s)$,通常加于系统的输入端;另一类则是干扰信号,一般作用在被控对象上。为了尽可能消除干扰对系统输出的影响,一般采用负反馈控制的方式,将系统设计成负反馈控制(闭环)系统。一个考虑扰动的反馈控制系统的方框图如图 2-36 所示。下面介绍反馈控制系统的一般概念。

2.5.1　系统的开环传递函数

闭环控制系统的开环传递函数是前向通道传递函数与反馈回路传递函数的乘积。在图 2-36 中,将 $H(s)$的输出通道断开,得到的反馈信号 $B(s)$ 与偏差信号 $E(s)$ 之比即为系统开环传递函数。

$$G_k(s)=\frac{B(s)}{E(s)}=G_1(s)G_2(s)H(s) \tag{2-58}$$

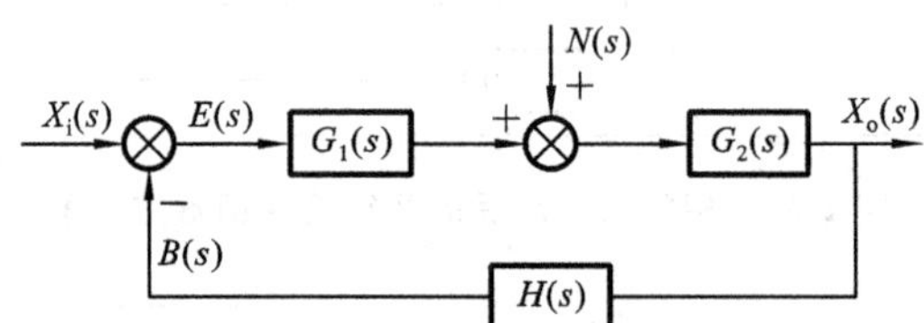

图 2-36　闭环控制系统典型结构

2.5.2　系统的闭环传递函数

系统的闭环传递函数分为给定信号 $x_i(t)$ 作用下的闭环传递函数和干扰信号 $n(t)$ 作用下的闭环传递函数。

1. $X_i(s)$ 作用下系统的闭环传递函数

设 $N(s)=0$,图 2-36 可简化为图 2-37。图中 $X_{oi}(s)$ 为 $X_i(s)$ 作用下的系统输出。

输出 $X_{oi}(s)$ 对输入 $X_i(s)$ 的传递函数为

$$G_{bi}(s)=\frac{X_{oi}(s)}{X_i(s)}=\frac{G_1(s)G_2(s)}{1+G_1(s)G_2(s)H(s)} \tag{2-59}$$

在输入信号 $X_i(s)$ 作用下的系统输出为

$$X_{oi}(s)=\frac{G_1(s)G_2(s)}{1+G_1(s)G_2(s)H(s)}X_i(s) \tag{2-60}$$

由式(2-60)可知，当系统中只有 $X_i(s)$ 作用时，系统的输出完全取决于在输入信号 $X_i(s)$ 作用下系统的闭环传递函数 $G_{bi}(s)$ 及 $X_i(s)$ 的形式。

2. $N(s)$ 作用下系统的闭环传递函数

设 $X_i(s)=0$，图 2-36 简化为图 2-38。图中，$X_{on}(s)$ 表示由扰动作用引起的系统输出。扰动作用下的闭环传递函数为

$$G_{bn}(s)=\frac{X_{on}(s)}{N(s)}=\frac{G_2(s)}{1+G_1(s)G_2(s)H(s)} \tag{2-61}$$

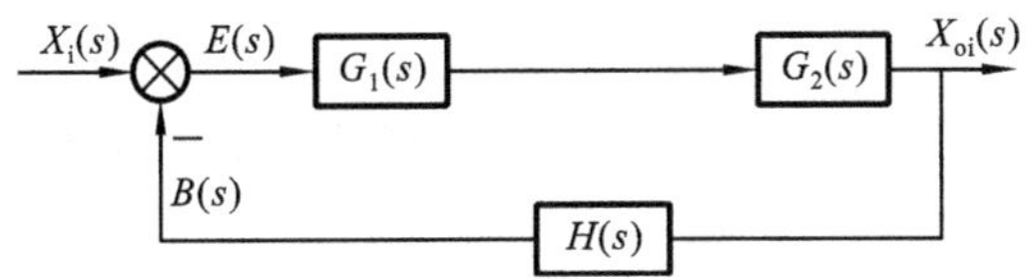

图 2-37　$X_i(s)$ 作用下系统的传递函数方框图

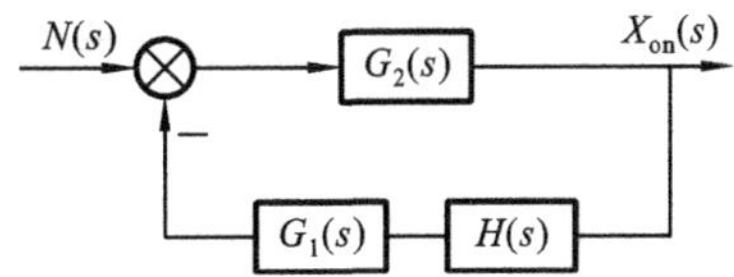

图 2-38　$N(s)$ 作用下系统的传递函数方框图

扰动信号 $N(s)$ 作用下得到的系统输出为

$$X_{on}(s)=\frac{G_2(s)}{1+G_1(s)G_2(s)H(s)}N(s) \tag{2-62}$$

当系统同时受到 $X_i(s)$ 和 $N(s)$ 作用时，由叠加原理可得，系统总输出为各个输入单独作用于系统时的输出之和，即

$$X_o(s)=X_{oi}(s)+X_{on}(s)$$

亦即

$$X_o(s)=\frac{G_1(s)G_2(s)}{1+G_1(s)G_2(s)H(s)}X_i(s)+\frac{G_2(s)}{1+G_1(s)G_2(s)H(s)}N(s) \tag{2-63}$$

若系统中控制装置的参数设置能满足 $|G_1(s)H(s)|\gg 1$ 及 $|G_1(s)G_2(s)H(s)|\gg 1$，则系统的总输出可近似表达为

$$\begin{aligned}X_o(s)&\approx\frac{G_1(s)G_2(s)}{G_1(s)G_2(s)H(s)}X_i(s)+\frac{G_2(s)}{G_1(s)G_2(s)H(s)}N(s)\\&=\frac{1}{H(s)}X_i(s)+\frac{1}{G_1(s)H(s)}N(s)\approx\frac{1}{H(s)}X_i(s)\end{aligned}$$

即有

$$E(s)=X_i(s)-B(s)=X_i(s)-H(s)X_o(s)\approx 0$$

上式表明，采用反馈控制的系统，适当的配置元部件的结构参数，可获得较高的控制精度和很强的抑制干扰的能力，同时又具备理想的复现、跟随指令输入的性能。

2.5.3　系统的误差传递函数

在图 2-36 中，$E(s)$ 为误差信号。下面分别分析在给定信号 $X_i(s)$ 作用下和在干扰信号 $N(s)$ 作用下的误差传递函数。

1. $X_i(s)$ 作用下系统的误差传递函数

设 $N(s)=0$，图 2-36 所示的系统可简化为图 2-39 所示的系统。据此可求得在 $X_i(s)$ 作用下的误差传递函数 $G_{ei}(s)$。

$$G_{ei}(s)=\frac{E_i(s)}{X_i(s)}=\frac{1}{1+G_1(s)G_2(s)H(s)} \tag{2-64}$$

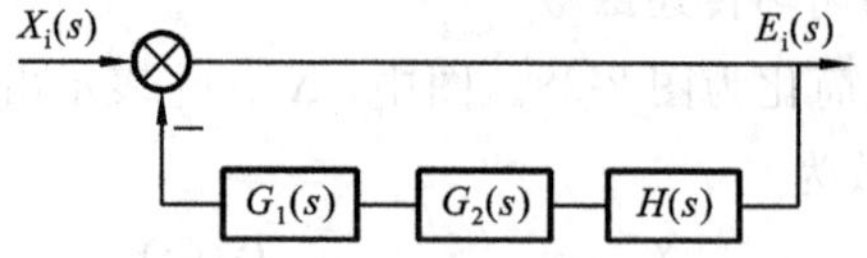

图 2-39　$X_i(s)$ 作用下系统的误差传递函数方框图

2. $N(s)$ 作用下系统的误差传递函数

设 $X_i(s)=0$，图 2-36 所示的系统可简化为图 2-40 所示的系统。据此可求得在 $N(s)$ 作用下的误差传递函数 $G_{en}(s)$。

$$G_{en}(s)=\frac{E_n(s)}{N(s)}=\frac{-G_2(s)H(s)}{1+G_1(s)G_2(s)H(s)} \tag{2-65}$$

由式(2-59)、式(2-61)、式(2-64)和式(2-65)可知，它们的传递函数虽各不相同，但却具有相同的分母。

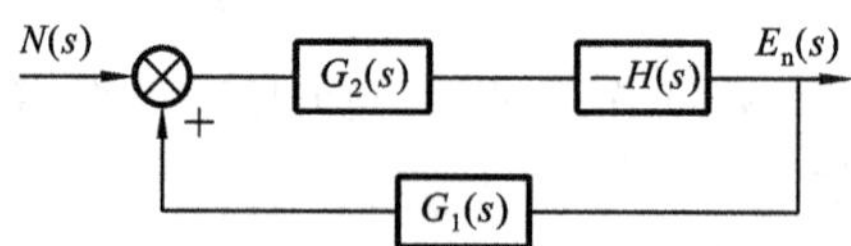

图 2-40　$N(s)$ 作用下系统的误差传递函数方框图

例 2-18　确定图 2-41 所示系统的输出 $X_o(s)$。

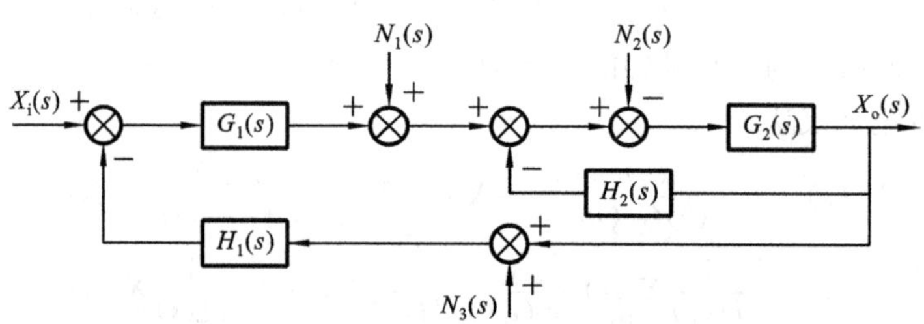

图 2-41　系统传递函数方框图

解　(1) 当仅考虑输入 $X_i(s)$ 作用于系统时，系统传递函数方框图如图 2-42 所示。

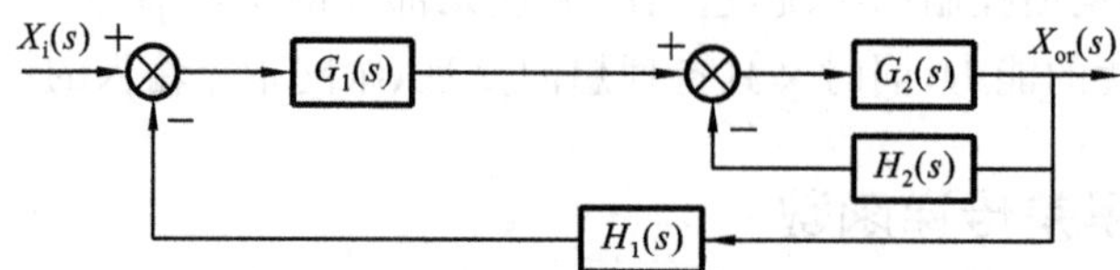

图 2-42　仅考虑输入信号 $X_i(s)$ 作用时系统传递函数方框图

由图 2-42 求得仅输入 $X_i(s)$ 作用时系统的传递函数为

$$G_{br}(s)=\frac{X_{or}(s)}{X_i(s)}=\frac{G_1(s)\dfrac{G_2(s)}{1+G_2(s)H_2(s)}}{1+G_1(s)H_1(s)\dfrac{G_2(s)}{1+G_2(s)H_2(s)}}$$

$$=\frac{G_1(s)G_2(s)}{1+G_2(s)H_2(s)+G_1(s)G_2(s)H_1(s)}$$

(2) 仅考虑 $N_1(s)$ 作用于系统时，系统传递函数方框图如图 2-43 所示。

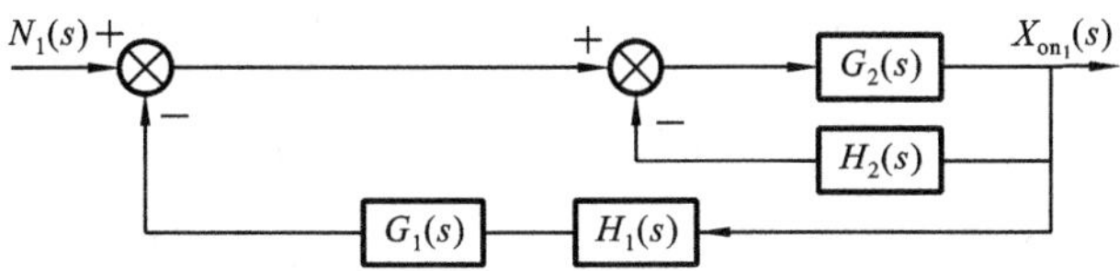

图 2-43　仅考虑 $N_1(s)$ 作用时系统传递函数方框图

由图 2-43 求得仅考虑 $N_1(s)$ 作用时系统的传递函数为

$$G_{bn_1}(s)=\frac{X_{on_1}(s)}{N_1(s)}=\frac{\dfrac{G_2(s)}{1+G_2(s)H_2(s)}}{1+G_1(s)H_1(s)\dfrac{G_2(s)}{1+G_2(s)H_2(s)}}$$

$$=\frac{G_2(s)}{1+G_2(s)H_2(s)+G_1(s)G_2(s)H_1(s)}$$

(3) 仅考虑 $N_2(s)$ 作用于系统时，系统传递函数方框图如图 2-44 所示。

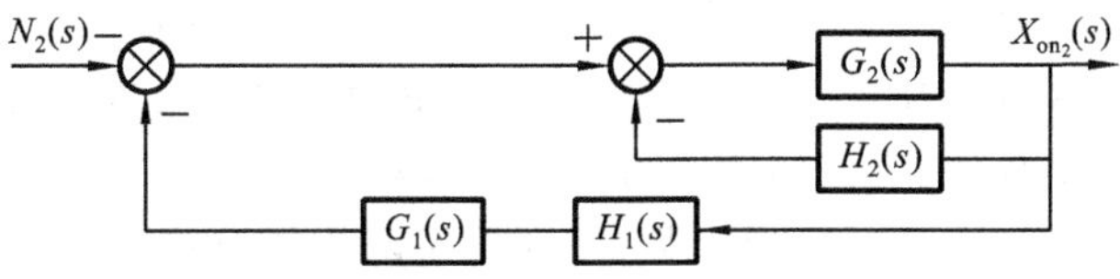

图 2-44　仅考虑 $N_2(s)$ 作用时系统传递函数方框图

由图 2-44 求得仅 $N_2(s)$ 作用时系统的传递函数为

$$G_{bn_2}(s)=\frac{X_{on_2}(s)}{-N_2(s)}=-\frac{\dfrac{G_2(s)}{1+G_2(s)H_2(s)}}{1+G_1(s)H_1(s)\dfrac{G_2(s)}{1+G_2(s)H_2(s)}}$$

$$=\frac{-G_2(s)}{1+G_2(s)H_2(s)+G_1(s)G_2(s)H_1(s)}$$

(4) 仅考虑 $N_3(s)$ 作用于系统时，系统传递函数方框图如图 2-45 所示。

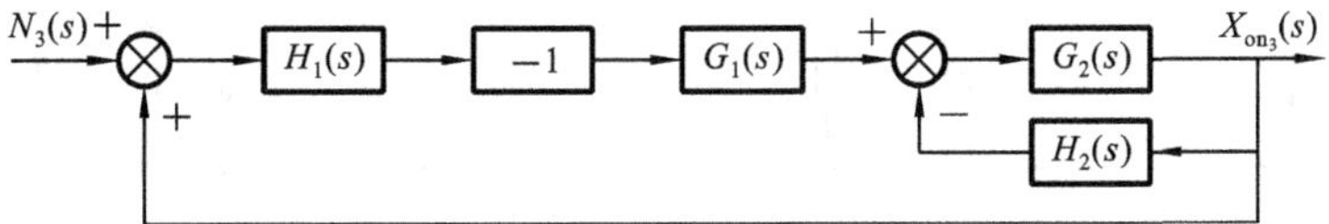

图 2-45　仅考虑 $N_3(s)$ 作用时系统传递函数方框图

由图 2-45 求得仅 $N_3(s)$ 作用时系统的传递函数为

$$G_{bn_3}(s)=\frac{X_{on_3}(s)}{N_3(s)}=\frac{-H_1(s)G_1(s)\dfrac{G_2(s)}{1+G_2(s)H_2(s)}}{1-\left[-G_1(s)H_1(s)\dfrac{G_2(s)}{1+G_2(s)H_2(s)}\right]}$$

$$=\frac{-G_1(s)G_2(s)H_1(s)}{1+G_2(s)H_2(s)+G_1(s)G_2(s)H_1(s)}$$

(5) 系统的总输出为

$$X_o(s)=G_{br}(s)X_i(s)+G_{bn_1}(s)N_1(s)+G_{bn_2}(s)N_2(s)+G_{bn_3}(s)N_3(s)$$

$$=\frac{G_1(s)G_2(s)}{1+G_2(s)H_2(s)+G_1(s)G_2(s)H_1(s)}X_i(s)+\frac{G_2(s)}{1+G_2(s)H_2(s)+G_1(s)G_2(s)H_1(s)}N_1(s)$$

$$-\frac{G_2(s)}{1+G_2(s)H_2(s)+G_1(s)G_2(s)H_1(s)}N_2(s)-\frac{G_1(s)G_2(s)H_1(s)}{1+G_2(s)H_2(s)+G_1(s)G_2(s)H_1(s)}N_3(s)$$

小结

1. 控制系统的数学模型是描述系统内部变量之间关系的数学表达式。控制系统的数学模型有多种形式，本书用到的系统数学模型有微分方程、传递函数、传递函数方框图和频率特性。

2. 微分方程是在时域中描述系统动态特性的数学模型。建立微分方程的基本步骤是：确定系统的输入量、输出量；建立初始微分方程组；消除中间变量并将微分方程标准化。

3. 传递函数是在零初始条件下，线性定常系统输出量的拉氏变换与输入量的拉氏变换之比。传递函数是在复数域中表征控制系统动态特性的数学模型。

利用拉氏变换法求解线性系统微分方程可得到传递函数，也可通过绘制线性系统传递函数方框图来求传递函数，还可以用实验方法求传递函数。

系统的传递函数可分为开环传递函数、闭环传递函数和误差传递函数。

4. 控制系统的传递函数方框图是描述系统各元部件之间信号传递关系的数学图形。传递函数方框图由信号线、相加点、分支点和方框四种基本单元组成。绘制传递函数方框图时，首先考虑负载效应，分别列出各元部件的传递函数，并用方框图表示；然后根据各元部件信号的流向，用信号线依次将各方框图连接起来就得到系统传递函数方框图。

习题

1. 求图 2-46 所示无源电路的传递函数 $U_o(s)/U_r(s)$ 。

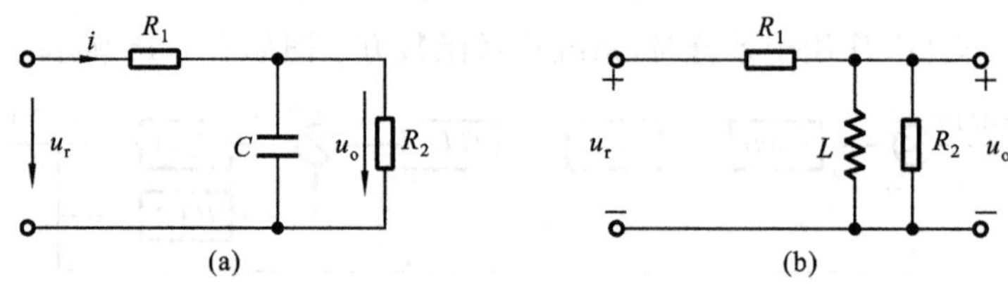

图 2-46 无源电路

2. 求图 2-47 所示有源网络的传递函数 $U_o(s)/U_r(s)$ 。

3. 求图 2-48 所示系统的传递函数 $Y_2(s)/F(s)$ 。

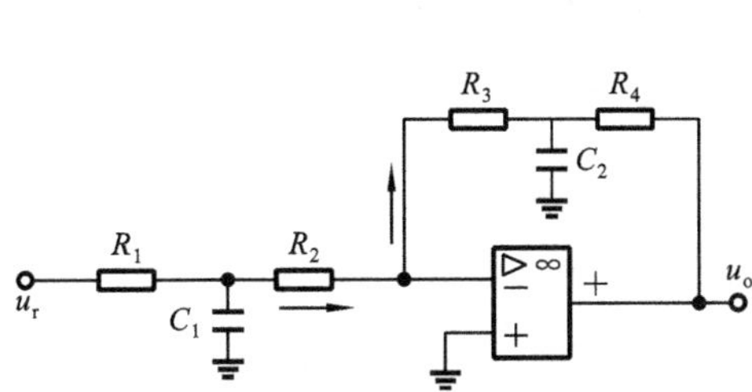

图 2-47　有源网络

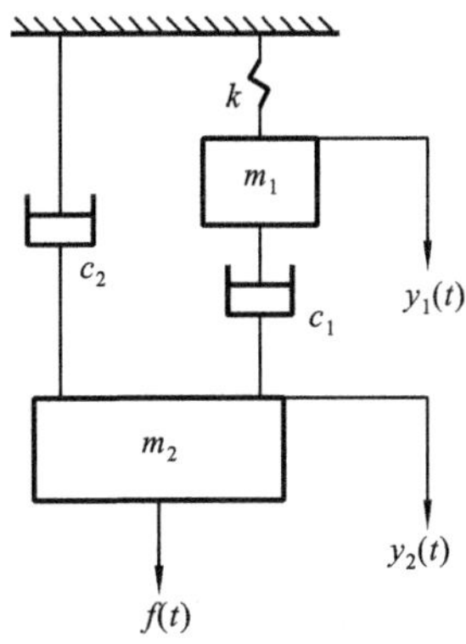

图 2-48　机械平移系统

4. 图 2-49 所示为齿轮传动系统，其中 M_i 为主动轴上的外作用力矩，J_1、J_2 为齿轮和轴的转动惯量（J_2 中包含负载），z_1、z_2 为齿轮的齿数，θ_1、θ_2 为齿轮轴的角位移。求在忽略各级黏性摩擦条件下系统的传递函数 $\Theta_2(s)/M_i(s)$。

5. 系统传递函数方框图如图 2-50 所示，求 $X_o(s)$。

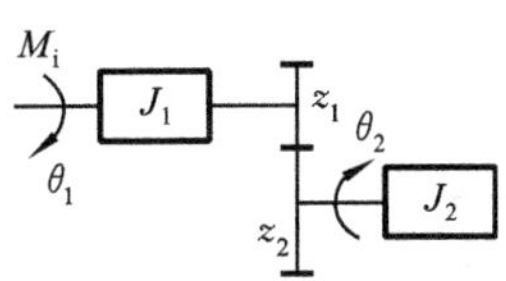

图 2-49　齿轮传动系统

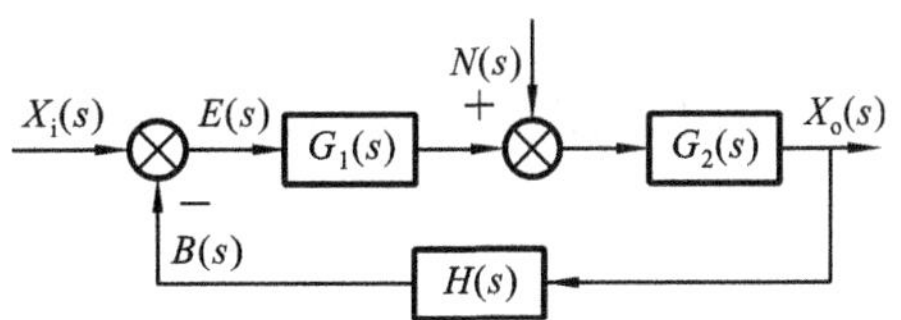

图 2-50　系统传递函数方框图

6. 图 2-50 中，已知 $X_i(s)$ 为输入，$X_o(s)$ 为输出，$N(s)$ 为干扰。问在何种条件下系统可以消除干扰影响？

7. 已知描述某控制系统的运动方程如下：

$$x_1(t)=r(t)-c(t)-f_1(t),\quad x_2(t)=K_1x_1(t),\quad x_3(t)=x_2(t)-x_5(t),$$

$$T\frac{\mathrm{d}x_4(t)}{\mathrm{d}t}=x_3(t),\quad x_5(t)=x_4(t)-K_2f_2(t),\quad K_0x_5(t)=\frac{\mathrm{d}^2c(t)}{\mathrm{d}t^2}+\frac{\mathrm{d}c(t)}{\mathrm{d}t}$$

式中：$r(t)$ 为系统的给定输入信号；$f_1(t)$，$f_2(t)$ 为系统的扰动信号；$c(t)$ 为系统的被控制信号；$x_1(t)$，$x_2(t)$，$x_3(t)$，$x_4(t)$ 为中间变量；K_0，K_1，K_2 为放大系数；T 为时间常数。试绘制该系统的传递函数方框图，并由方框图求闭环传递函数、$C(s)/F_1(s)$ 及 $C(s)/F_2(s)$。

8. 绘制图 2-51 所示电路的传递函数方框图，并由方框图求系统的传递函数 $U_2(s)/U_1(s)$。

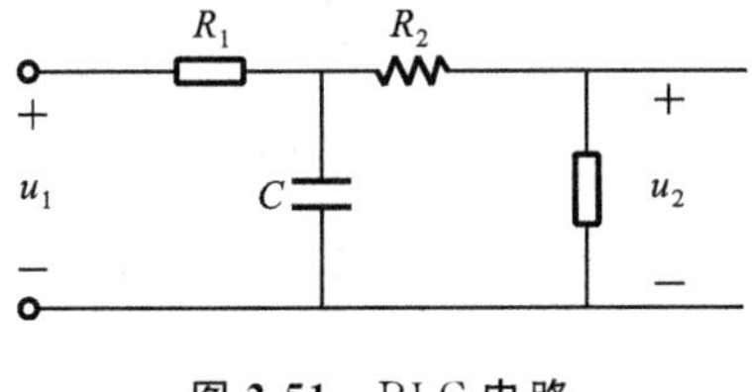

图 2-51　RLC 电路

9. 求图 2-52 所示系统的传递函数 $X_o(s)/X_i(s)$。

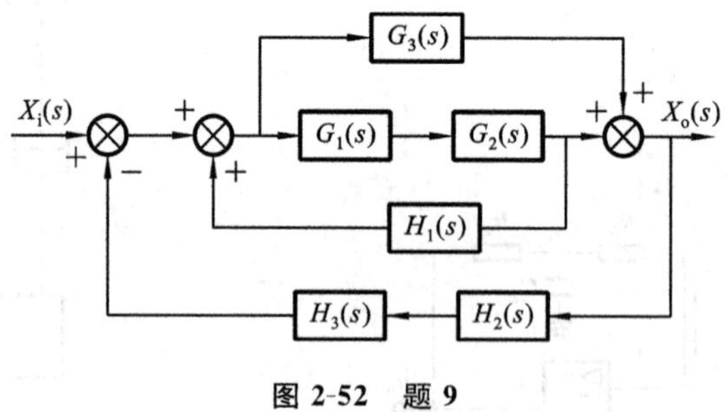

图 2-52　题 9

10. 求图 2-53 所示系统的传递函数 $X_o(s)/X_i(s)$ 。

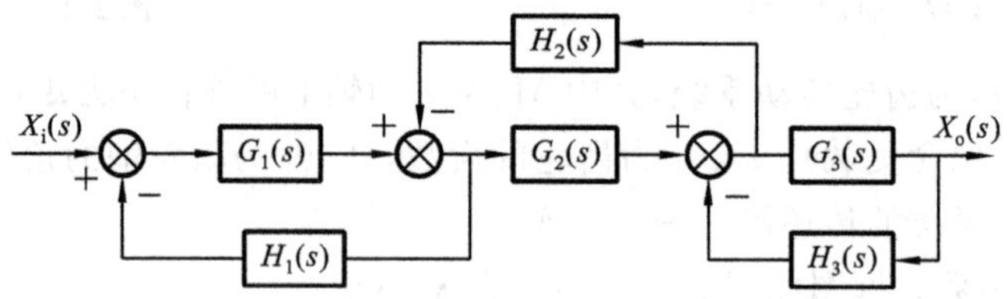

图 2-53　题 10

11. 求图 2-54 所示系统的传递函数 $X_o(s)/X_i(s)$ 。

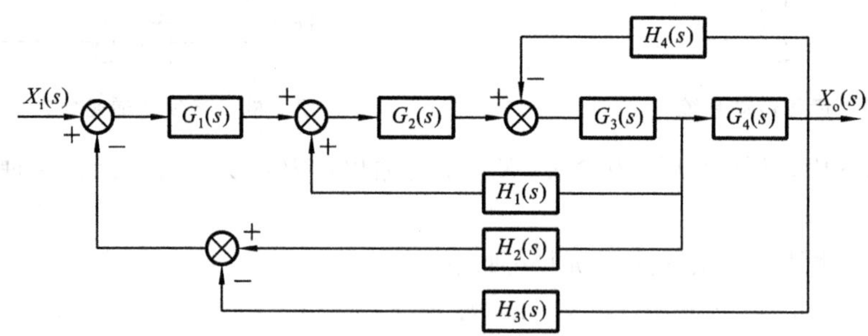

图 2-54　题 11

12. 求图 2-55 所示系统的传递函数 $X_o(s)/X_i(s)$ 。

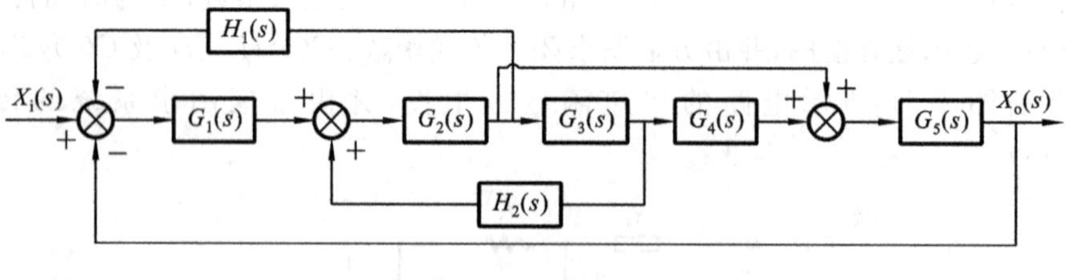

图 2-55　题 12

13. 直流调速系统如图 2-56 所示，试绘制系统传递函数方框图并求传递函数。

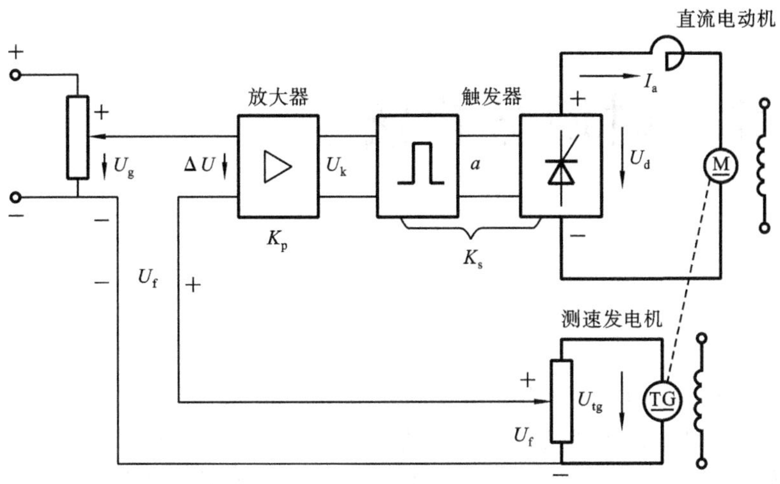

图 2-56　直流调速系统

第3章 时域分析法

根据系统的数学模型就可以分析系统的动态性能和稳态性能。对于线性定常系统，常用的分析方法有时域分析法、频域分析法和根轨迹法。本章讨论时域分析法。时域分析法用时间 t 作为自变量，研究输出量随时间变化的规律，并由此确定系统的动态性能和稳态性能。

3.1 典型输入信号

时域法分析系统特性是通过对系统的动态响应过程来评价的。系统的动态响应不仅取决于系统本身的结构参数，还与系统的初始状态及输入信号有关。对系统进行分析时，假定系统为零初始状态，即输入信号作用于系统的瞬时 $(t=0)$ 之前，系统相对静止。输入信号取下述五种典型信号。

3.1.1 阶跃信号

阶跃信号如图 3-1(a)所示。它的数学表达式为

$$x_i(t)=\begin{cases}0 & t<0\\ K & t\geqslant 0\end{cases} \tag{3-1}$$

对应的拉氏变换为

$$X_i(s)=\frac{K}{s} \tag{3-2}$$

其中 K 为常量。当 $K=1$ 时，为单位阶跃函数，记为 $u(t)$ 。阶跃信号是瞬时突变然后保持的信号。在工程实际中，温度的突变、负载的突变等均可视为阶跃信号。

3.1.2 斜坡信号(恒速度信号)

斜坡信号表示由零开始随时间 t 线性增长的信号，如图 3-1(b)所示。它的数学表达式为

$$x_i(t)=\begin{cases}0 & t<0\\ v_0 t & t\geqslant 0\end{cases} \tag{3-3}$$

对应的拉氏变换为

$$X_i(s) = \frac{v_0}{s^2} \tag{3-4}$$

其中 v_0 为常量。当 $v_0 = 1$ 时，为单位斜坡函数，记为 $r(t)$ 。随动系统中恒速变化的位置指令信号和数控机床中直线进给位置信号都是随时间逐渐变化的斜坡信号实例。

3.1.3　抛物线信号(恒加速度信号)

抛物线信号也称恒定加速度信号，它表示随时间以等加速度增长的信号，如图 3-1(c)所示。其数学表达式为

$$x_i(t) = \begin{cases} 0 & t < 0 \\ \dfrac{1}{2}a_0 t^2 & t \geqslant 0 \end{cases} \tag{3-5}$$

对应的拉氏变换为

$$X_i(s) = \frac{a_0}{s^3} \tag{3-6}$$

其中，a_0 为常量。当 $a_0 = 1$ 时，为单位抛物线函数。等加速度变化的位置指令信号就是抛物线信号的一个实例。

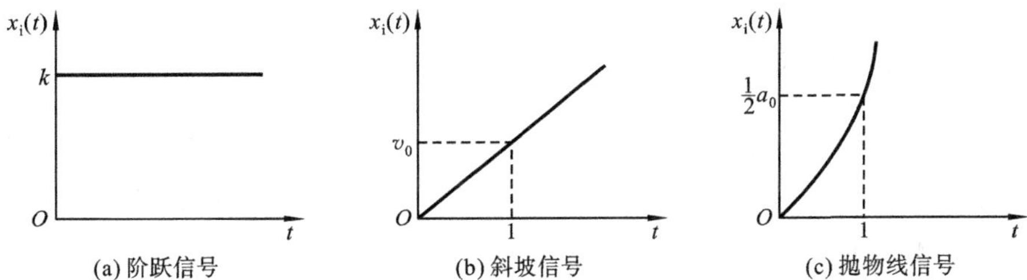

图 3-1　阶跃信号、斜坡信号和抛物线信号

3.1.4　脉冲信号

脉冲信号是持续时间 ε 极短的信号，如图 3-2(a)所示。它的数学表达式为

$$x_i(t) = \begin{cases} 0 & t < 0, t > \varepsilon \\ H/\varepsilon & 0 \leqslant t \leqslant \varepsilon \end{cases} \tag{3-7}$$

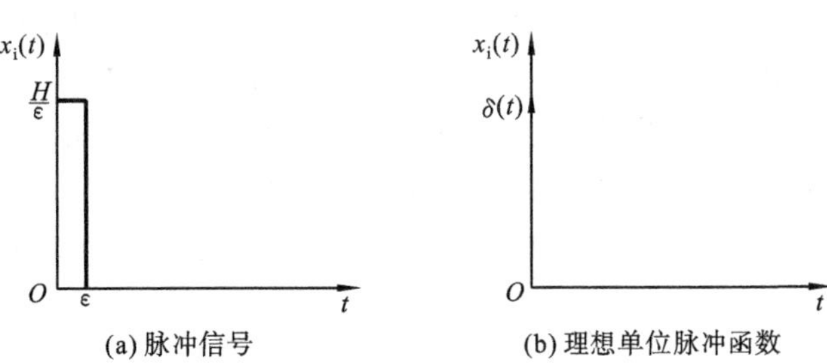

图 3-2　脉冲信号

当 $H=1$ 且 $\varepsilon \to 0$ 时，称其为理想单位脉冲函数，记为 $\delta(t)$，如图 3-2(b)所示。理想单位脉冲函数的拉氏变换为

$$L[\delta(t)]=1 \tag{3-8}$$

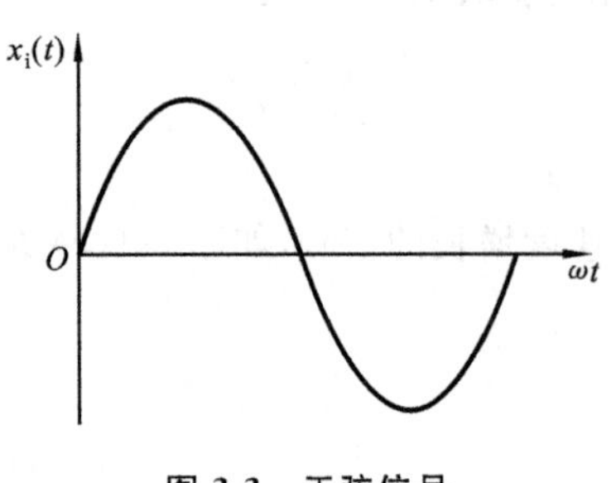

图 3-3　正弦信号

3.1.5　正弦信号

正弦信号如图 3-3 所示，它的数学表达式为

$$x(t)=\begin{cases}0 & t<0\\ A\sin\omega t & t\geqslant 0\end{cases} \tag{3-9}$$

其对应的拉氏变换为

$$X(s)=\frac{A\omega}{s^2+\omega^2} \tag{3-10}$$

3.2　时域响应的性能指标

在工程控制中，控制系统所需要的性能指标常以时域量值的形式给出。其时域性能指标包含两大部分——稳态性能指标和动态性能指标。

3.2.1　稳态性能指标

稳态误差是描述控制系统稳态性能的一种性能指标。系统在阶跃信号、斜坡信号或抛物线信号的作用下，其希望的输出与实际稳态输出之间的差值即为稳态误差 e_{ss}。稳态误差 e_{ss} 小，说明系统稳态精度高。

3.2.2　动态性能指标

在单位阶跃信号作用下，系统动态过程随时间变化状况的指标称为动态性能指标。动态性能指标通常用图 3-4 所示的二阶欠阻尼控制系统单位阶跃响应曲线来描述。

(1) 上升时间 t_r：系统输出响应从零开始，第一次达到输出稳态值所需的时间定义为上升时间。而对于过阻尼系统，上升时间一般指响应曲线从稳态值的 10%上升到 90%所需的时间。上升时间越短，表明系统初始响应越快。

(2) 峰值时间 t_p：系统响应从零开始第一次达到峰值所需要的时间。

(3) 调整时间 t_s：在响应曲线的稳态线上，用稳态值的百分数(通常取 5%或 2%)作一个允许误差范围，系统响应从零开始，响应曲线达到并保持在这一允许误差范围内所需的时间。调整时间短，表明系统动态响应过程短，快速性就好。

(4) 超调量 $\sigma\%$：响应曲线的最大偏离量 $x_o(t_p)$ 与终值 $x_o(\infty)$ 之差的百分比，即

$$\sigma\%=\frac{x_o(t_p)-x_o(\infty)}{x_o(\infty)} \tag{3-11}$$

超调量 $\sigma\%$ 小，说明系统动态响应比较平稳，相对稳定性好。

(5) 振荡次数 N：在调整时间内，系统输出量穿越稳态值次数的一半定义为振荡次数。

振荡次数少，表明系统稳定性好。

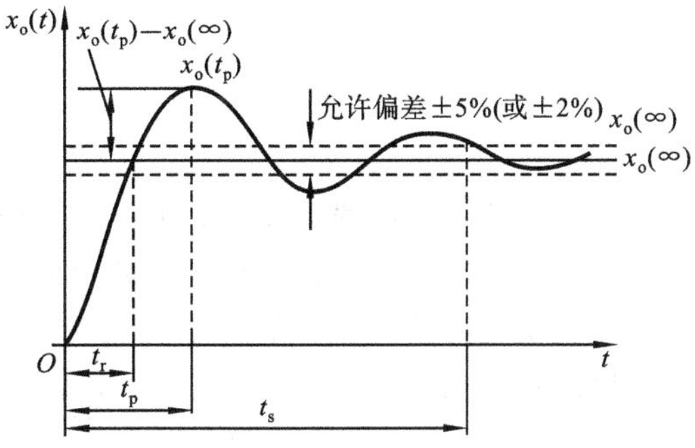

图 3-4　二阶欠阻尼控制系统单位阶跃响应曲线

3.3　一阶系统的时域响应

3.3.1　一阶系统的数学模型

一阶系统的数学模型为一阶微分方程。一阶系统的典型控制框图如图 3-5 所示。

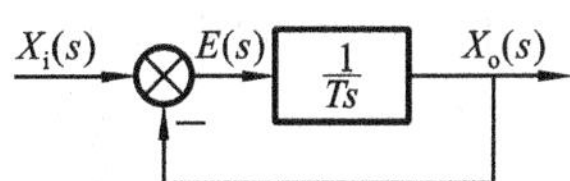

图 3-5　一阶系统的典型控制框图

系统的闭环传递函数为

$$G_b(s)=\frac{X_o(s)}{X_i(s)}=\frac{1}{Ts+1} \tag{3-12}$$

其中 T 为时间常数。式(3-12)称为一阶系统的标准式。

3.3.2　一阶系统的时域响应及性能分析

1. 一阶系统的单位脉冲响应

系统在单位脉冲信号作用下的输出响应称为单位脉冲响应。设输入 $x_i(t)=\delta(t)$，其拉氏变换为 $X_i(s)=1$，则输出量的拉氏变换为

$$X_o(s)=G_b(s)X_i(s)=\frac{1}{1+Ts}=\frac{\frac{1}{T}}{s+\frac{1}{T}} \tag{3-13}$$

单位脉冲响应为

$$x_o(t)=\frac{1}{T}e^{-\frac{t}{T}} \tag{3-14}$$

其响应曲线如图 3-6 所示。

2. 一阶系统的单位阶跃响应

控制系统在单位阶跃信号 $u(t)$ 作用下的输出称为单位阶跃响应 $x_{ou}(t)$。设输入信号为 $x_i(t)=u(t)$，其拉氏变换为 $X_i(s)=\frac{1}{s}$，其输出量的拉氏变换为

$$X_o(s)=G_b(s)X_i(s)=\frac{1}{1+Ts}\cdot\frac{1}{s}=\frac{1}{s}-\frac{1}{s+\frac{1}{T}} \tag{3-15}$$

则单位阶跃响应为

$$x_o(t)=1-e^{-\frac{t}{T}} \tag{3-16}$$

式(3-16)所对应的一阶系统单位阶跃响应曲线如图 3-7 所示。系统输出量不能瞬时完成与输入量完全一致的变化。输出响应从零开始按指数规律单调上升,稳态值 $x_o(\infty)=1$ 。当 $t=T$ 时, $x_o(T)=0.632$,这表明响应达到稳态值的 63.2%所需的时间,就是一阶系统的时间常数。减小时间常数可提高响应的速度。此外,输出响应无振荡,无超调。

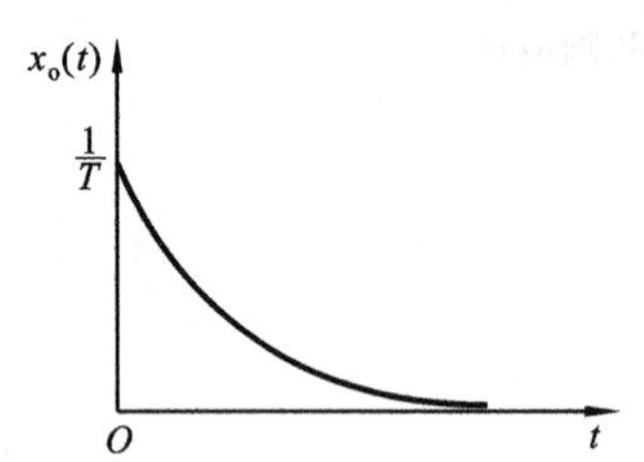

图 3-6 一阶系统单位脉冲响应曲线

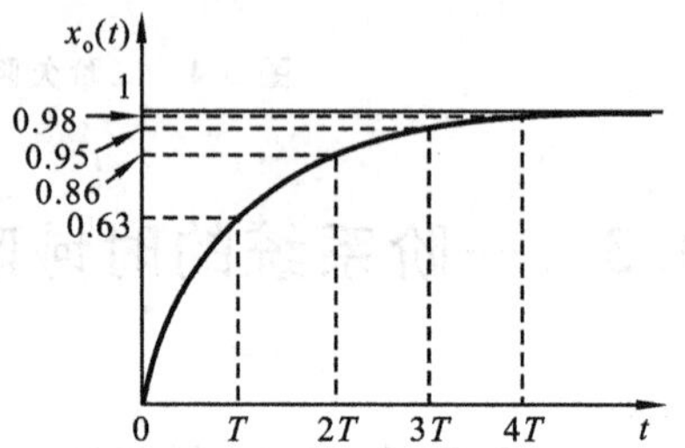

图 3-7 一阶系统单位阶跃响应曲线

由单位脉冲响应和单位阶跃响应可知,输入 $X_i(s)$ 的极点对应形成系统响应的稳态分量,而传递函数 $G(s)$ 的极点则产生系统响应的瞬态分量。这一结论不仅适用于一阶线性定常系统,而且适用于任何阶次的线性定常系统。

一阶系统没有超调,系统的动态性能指标主要是调节时间 t_s,从图 3-7 所示的响应曲线可知:

$t=3T$ 时, $x_{ou}(t)=0.95$,故 $t_s=3T$ (按±5%误差带);

$t=4T$ 时, $x_{ou}(t)=0.98$,故 $t_s=4T$ (按±2%误差带)。

可见,一阶系统的性能主要由时间常数 T 确定。

另外,在单位阶跃信号作用下,系统响应的最终稳态值 $x_{ou}(\infty)=1$,而理想输出值也为1,故稳态误差 $e_{ss}=0$ 。

3. 一阶系统的单位斜坡响应

控制系统在单位斜坡信号 $x_i(t)=t$ 作用下的输出响应称为单位斜坡响应。单位斜坡信号的拉氏变换为 $X_i(s)=\frac{1}{s^2}$,则输出量的拉氏变换为

$$X_o(s)=G_b(s)X_i(s)=\frac{1}{1+Ts}\cdot\frac{1}{s^2}=\frac{1}{s^2}-\frac{T}{s}+\frac{T}{s+\frac{1}{T}} \tag{3-17}$$

单位斜坡响应为

$$x_o(t)=t-T+Te^{-\frac{t}{T}} \tag{3-18}$$

一阶系统的单位斜坡响应曲线如图 3-8 所示。期望输出与实际输出间的误差为

$$e(t)=x_i(t)-x_o(t)=t-(t-T+Te^{-\frac{t}{T}})=T(1-e^{-\frac{t}{T}})$$

稳态误差为

$$e_{ss} = \lim_{t \to \infty} e(t) = T$$

一阶系统的单位斜坡响应存在稳态误差，其大小与时间常数 T 成正比。

由上述分析可知：从输入信号看，单位斜坡信号的一阶导数为单位阶跃信号，而单位阶跃信号的一阶导数为单位脉冲信号；从输出信号看，单位斜坡响应的导数为单位阶跃响应，而单位阶跃响应的导数为单位脉冲响应。

由此得出线性定常系统的一个重要性质：若两输入信号存在积分或微分关系，则它们对应的响应也存在积分或微分关系。因此，对于线性定常系统而言，分析出一种典型信号的响应，就可推知其他。

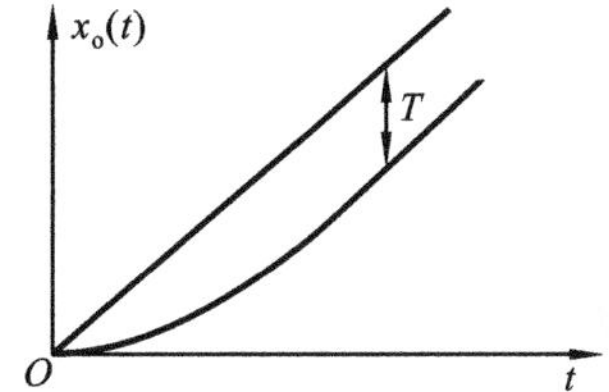

图 3-8　一阶系统单位斜坡响应

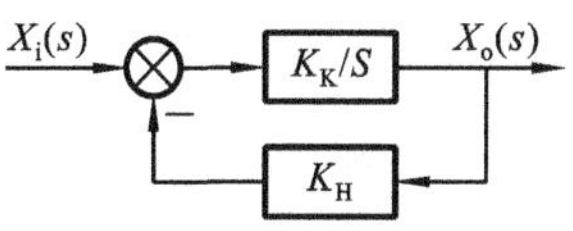

图 3-9　例 3-1 系统的结构图

例 3-1　一阶系统的结构如图 3-9 所示，其中 K_K 为前向通道放大倍数，K_H 为反馈系数。

(1) 设 $K_K=10$，$K_H=1$，求系统的调节时间 t_s(按±2%误差带)。

(2) 设 $K_K=10$，如果要求 $t_s=0.1$，求反馈系数 K_H。

解　由结构图得到系统的闭环传递函数为

$$G_b(s) = \frac{X_o(s)}{X_i(s)} = \frac{\frac{1}{K_H}}{\frac{1}{K_K K_H}s + 1}$$

系统的时间常数为

$$T = \frac{1}{K_K K_H}$$

(1) 将 $K_K=10$，$K_H=1$ 代入上式可得 $T = 0.1$，系统的调节时间为

$$t_s = 4T = 0.4\ \text{s} \quad (按\pm 2\%误差带)$$

(2)
$$t_s = 4T = \frac{4}{K_K K_H} \quad (按\pm 2\%误差带)$$

将 $t_s=0.1$ s，$K_K=10$ 代入得 $K_H=4$。

3.4　二阶系统的时域响应

3.4.1　二阶系统的数学模型

数学模型为二阶微分方程式的系统称为二阶系统。二阶系统的典型控制框图如图3-10所示。

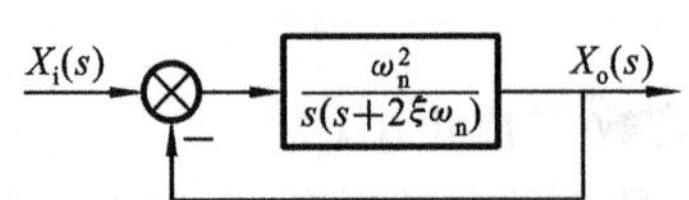

图 3-10　二阶系统的典型控制框图

由图 3-10 求出二阶系统闭环传递函数的标准式为

$$G_b(s)=\frac{X_o(s)}{X_i(s)}=\frac{\omega_n^2}{s^2+2\xi\omega_n s+\omega_n^2}\tag{3-19}$$

其中，ξ 为阻尼比，ω_n 为无阻尼固有振荡频率。如例 2-5 所示 RLC 串联电路，其传递函数为

$$G(s)=\frac{U_o(s)}{U_i(s)}=\frac{1}{LCs^2+RCs+1}=\frac{\frac{1}{LC}}{s^2+\frac{R}{L}s+\frac{1}{LC}}$$

对照二阶系统传递函数的标准式，有

$$\omega_n^2=\frac{1}{LC},\quad 即\quad \omega_n=\frac{1}{\sqrt{LC}}$$

$$2\xi\omega_n=\frac{R}{L},\quad 即\quad \xi=\frac{R}{2}\sqrt{\frac{C}{L}}$$

所以

$$G(s)=\frac{U_o(s)}{U_i(s)}=\frac{\omega_n^2}{s^2+2\xi\omega_n s+\omega_n^2}$$

又如例 2-2 弹簧-质量-阻尼器位移系统的传递函数

$$G(s)=\frac{Y(s)}{F(s)}=\frac{1}{ms^2+cs+k}$$

将上式标准化并乘以 $\frac{1}{k}$，有

$$G_1(s)=\frac{\omega_n^2}{s^2+2\xi\omega_n s+\omega_n^2},\quad 或\quad G_1(s)=\frac{1}{T^2s^2+2\xi Ts+1}$$

式中：固有频率 $\omega_n=\sqrt{\frac{k}{m}}$；阻尼比 $\xi=\frac{c}{2\sqrt{mk}}$；时间常数 $T=\frac{1}{\omega_n}$。

由上述两例可知，在不同的物理系统中，系统参数所代表的物理意义是不同的，但系统参数与标准式(3-19)的参数 ξ、ω_n 之间有着对应的关系，这样，只要分析出二阶系统标准式的动态性能指标与其参数 ξ、ω_n 间的关系，便可据此求得任何二阶系统的动态性能指标。

3.4.2　二阶系统的单位阶跃响应

二阶系统在单位阶跃输入信号 $\delta(t)$ 作用下的拉氏变换为

$$X_o(s)=G(s)X_i(s)=\frac{\omega_n^2}{s^2+2\xi\omega_n s+\omega_n^2}\cdot\frac{1}{s}$$

其中，由 $s^2+2\xi\omega_n s+\omega_n^2=0$ 可以求出两个特征根，即

$$s_{1,2}=-\xi\omega_n\pm\omega_n\sqrt{\xi^2-1}\tag{3-20}$$

对于不同的阻尼比，s_1，s_2 可能为实数根、复数根或重根，则相应的单位阶跃响应的形式也不相同。

1. $\xi>1$，过阻尼

过阻尼（$\xi>1$）时，$s_{1,2}=-\xi\omega_n\pm\omega_n\sqrt{\xi^2-1}$，为两个不相等的负实数根，系统输出的拉氏变换为

$$X_o(s)=\frac{A_1}{s}+\frac{A_2}{s-s_1}+\frac{A_3}{s-s_2}$$

其中 A_1, A_2, A_3 为待定系数。二阶系统在过阻尼时的单位阶跃响应为

$$x_o(t)=A_1+A_2e^{s_1 t}+A_3e^{s_2 t} \quad (t\geqslant 0) \tag{3-21}$$

由于 s_1, s_2 为两个不相等的负实数根，则系统的响应随时间 t 单调上升，无振荡和超调，其单位阶跃响应曲线如图 3-11 所示。由于响应中含有负指数项，因而随着时间的推移，对应的分量逐渐趋于零，输出响应最终趋于稳态值。

2. $\xi=1$，临界阻尼

临界阻尼（$\xi=1$）时，$s_{1,2}=-\omega_n$，为一对相等的负实根。系统输出的拉氏变换为

$$X_o(s)=\frac{\omega_n^2}{(s+\omega_n)^2\cdot s}=\frac{1}{s}-\frac{1}{s+\omega_n}-\frac{\omega_n}{(s+\omega_n)^2}$$

二阶系统在临界阻尼时的单位阶跃响应为

$$x_o(t)=1-e^{-\omega_n t}(1+\omega_n t) \quad (t\geqslant 0) \tag{3-22}$$

由图 3-11 可知，二阶系统在临界阻尼时的单位阶跃响应曲线无振荡和超调。系统的响应速度在 $\xi=1$ 时比 $\xi>1$ 时快。

3. $0<\xi<1$，欠阻尼

欠阻尼（$0<\xi<1$）时，

$$s_{1,2}=-\xi\omega_n\pm\omega_n\sqrt{\xi^2-1}=-\xi\omega_n\pm j\omega_n\sqrt{1-\xi^2}$$

令 $\omega_d=\omega_n\sqrt{1-\xi^2}$，称 ω_d 为二阶系统有阻尼固有频率。$s_{1,2}=-\xi\omega_n\pm j\omega_d$，为一对复数根。系统输出的拉氏变换为

$$X_o(s)=\frac{\omega_n^2}{s^2+2\xi\omega_n s+\omega_n^2}\cdot\frac{1}{s}=\frac{\omega_n^2}{(s+\xi\omega_n)^2+\omega_d^2}\cdot\frac{1}{s}=\frac{1}{s}-\frac{s+2\xi\omega_n}{(s+\xi\omega_n)^2+\omega_d^2}$$

$$=\frac{1}{s}-\frac{s+\xi\omega_n}{(s+\xi\omega_n)^2+\omega_d^2}-\frac{\frac{\xi\omega_n}{\omega_d}\omega_d}{(s+\xi\omega_n)^2+\omega_d^2}$$

二阶系统在欠阻尼时的单位阶跃响应为

$$x_o(t)=1-e^{-\xi\omega_n t}\cos\omega_d t-\frac{\xi\omega_n}{\omega_d}e^{-\xi\omega_n t}\sin\omega_d t \quad (t\geqslant 0)$$

将上式整理得

$$x_o(t)=1-\frac{e^{-\xi\omega_n t}}{\sqrt{1-\xi^2}}(\sqrt{1-\xi^2}\cos\omega_d t+\xi\sin\omega_d t)=1-\frac{e^{-\xi\omega_n t}}{\sqrt{1-\xi^2}}\sin\left(\omega_d t+\arctan\frac{\sqrt{1-\xi^2}}{\xi}\right) \tag{3-23}$$

由图 3-11 可见，二阶系统在欠阻尼时的单位阶跃响应为衰减振荡波形，必然产生超调。

4. $\xi=0$，无阻尼

无阻尼（$\xi=0$）时，$s_{1,2}=\pm j\omega_n$，是一对纯虚根。系统输出的拉氏变换为

$$X_o(s)=\frac{\omega_n^2}{s^2+\omega_n^2}\cdot\frac{1}{s}=\frac{1}{s}-\frac{s}{s^2+\omega_n^2}$$

则二阶系统在无阻尼时的单位阶跃响应为

$$x_o(t)=1-\cos\omega_n t \quad (t\geqslant 0) \tag{3-24}$$

由图 3-11 可知，二阶系统在无阻尼时的单位阶跃响应为等幅振荡波形。

在图 3-11 中，绘出不同 ξ 值时对应的单位阶跃响应曲线，从中可以看到：ξ 值越大，系统的平稳性越好，超调越小；ξ 值越小，输出响应振荡越强，振荡频率越高。当 $\xi=0$ 时，系统输出为等幅振荡，不能正常工作，属不稳定状态。

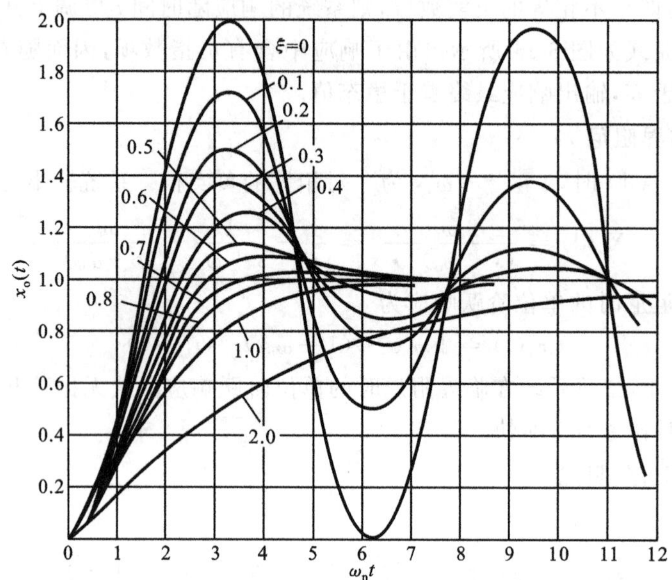

图 3-11　二阶系统在不同 ξ 值下的单位阶跃响应曲线

3.4.3　二阶系统的动态性能指标

系统的性能指标是根据欠阻尼二阶系统的单位阶跃响应来描述的。二阶欠阻尼控制系统的单位阶跃响应曲线如图 3-4 及图 3-11（$0<\xi<1$）所示。

1. 上升时间 t_r

根据 t_r 的定义，当 $t=t_r$ 时，$x_o(t_r)=1$。由式(3-23)，令 $\beta=\arctan\dfrac{\sqrt{1-\xi^2}}{\xi}$，得

$$1=1-\frac{e^{-\xi\omega_n t_r}}{\sqrt{1-\xi^2}}\sin(\omega_d t_r+\beta)$$

从而

$$\frac{e^{-\xi\omega_n t_r}}{\sqrt{1-\xi^2}}\sin(\omega_d t_r+\beta)=0$$

即

$$\sin(\omega_d t_r+\beta)=0$$

得

$$\omega_d t_r+\beta=0,\pi,2\pi,3\pi,\cdots$$

由于上升时间 t_r 是响应曲线第一次达到输出稳态值的时间，故取 $\omega_d t_r=\pi-\beta$，即

$$t_r=\frac{\pi-\beta}{\omega_d}\tag{3-25}$$

2. 峰值时间 t_p

根据 t_p 的定义，将式(3-23)对时间 t 求导数，并令其为零，即

$$\left.\frac{\mathrm{d}x_o(t)}{\mathrm{d}t}\right|_{t=t_p}=0$$

从而得

$$\frac{-1}{\sqrt{1-\xi^2}}\left[-\xi\omega_n e^{-\xi\omega_n t_p}\sin(\omega_d t_p+\beta)+\omega_d e^{-\xi\omega_n t_p}\cos(\omega_d t_p+\beta)\right]=0$$

$$\frac{-\omega_n e^{-\xi\omega_n t_p}}{\sqrt{1-\xi^2}}\left[\sqrt{1-\xi^2}\cos(\omega_d t_p+\beta)-\xi\sin(\omega_d t_p+\beta)\right]=0$$

$$\frac{\sin(\omega_d t_p+\beta)}{\cos(\omega_d t_p+\beta)}=\frac{\sqrt{1-\xi^2}}{\xi}$$

$$\tan(\omega_d t_p+\beta)=\tan\beta$$

$$\omega_d t_p=0,\pi,2\pi,3\pi,\cdots$$

由于峰值时间 t_p 是响应曲线达到第一个峰值所需的时间，故应取 $\omega_d t_p=\pi$，于是

$$t_p=\frac{\pi}{\omega_d} \tag{3-26}$$

3. 超调量 $\sigma\%$

将 $t_p=\pi/\omega_d$ 代入式(3-23)中，求得 $x_o(t_p)=1+e^{-\xi\pi/\sqrt{1-\xi^2}}$；而 $x_o(\infty)=1$，所以有

$$\sigma\%=\frac{x_o(t_p)-x_o(\infty)}{x_o(\infty)}\times100\%=\frac{x_o(t_p)-1}{1}\times100\%$$

整理得

$$\sigma\%=e^{-\xi\pi/\sqrt{1-\xi^2}}\times100\% \tag{3-27}$$

4. 调整时间 t_s

求取调整时间 t_s，采用下列近似公式：

选取误差带±5%时，
$$t_s\approx\frac{3}{\xi\omega_n}\quad(\xi<0.68) \tag{3-28}$$

选取误差带±2%时，
$$t_s\approx\frac{4}{\xi\omega_n}\quad(\xi<0.76) \tag{3-29}$$

5. 振荡次数 N

由式(3-23)可知，系统的振荡周期是 $2\pi/\omega_d$，所以该系统的振荡次数

$$N=\frac{t_s}{2\pi/\omega_d} \tag{3-30}$$

将调整时间 t_s 代入式(3-30)得：

选取误差带±5%时，
$$N=\frac{1.5\sqrt{1-\xi^2}}{\pi\xi}\quad(\xi<0.68) \tag{3-31}$$

选取误差带±2%时，
$$N=\frac{2\sqrt{1-\xi^2}}{\pi\xi}\quad(\xi<0.76) \tag{3-32}$$

由上述分析可得出下述结论。

(1) 动态性能指标中，上升时间 t_r、峰值时间 t_p、调整时间 t_s 都是反映系统快速性的指标。t_r、t_p 反映输入初始时系统反应的快速性，t_r(或 t_p)值小，表明系统在信号输入初始时响

应快；t_s 反映系统整体上反应输入信号的快速性，t_s 值小，表明动态过程短，系统反应快。超调量 $\sigma\%$ 和振荡次数 N 表明系统的阻尼特性，是表示系统平稳性的指标。

（2）阻尼比 ξ 和无阻尼固有频率 ω_n 是影响系统动态性能的系统参数。$\sigma\%$ 和 N 只与阻尼比 ξ 有关，t_r、t_p 和 t_s 与 ξ 和 ω_n 两者都有关。由上述性能指标的计算式可知，系统性能对系统结构和参数的要求往往是相互制约的。例如，在例 2-2 质量-弹簧-阻尼器的二阶系统及例 2-5RLC 电路中，加大 ω_n，可提高系统的响应速度，但同时减小了 ξ，而阻尼程度减小，系统的平稳性就差。

（3）要使二阶系统有良好的性能，必须选择合理的阻尼比 ξ 和系统的无阻尼固有频率 ω_n。设计二阶系统时，可先根据对 $\sigma\%$ 的要求确定出 ξ，再根据对 t_s 等指标的要求确定 ω_n。综合考虑系统的平稳性和快速性，一般将 $\xi=0.707$ 称为最佳阻尼比。此时，系统不仅响应速度快，而且超调量较小，对应的二阶系统称为最佳二阶系统。

例 3-2 已知单位反馈控制系统的开环传递函数 $G(s)=\dfrac{K}{s(s+3)}$，求系统参数 $K=2$、$K=4$ 时，系统的单位阶跃响应和性能指标 $\sigma\%$、t_s。

解 由 $\dfrac{\omega_n^2}{s(s+2\xi\omega_n)}=\dfrac{K}{s(s+3)}$，得 $\omega_n=\sqrt{K}$，$2\xi\omega_n=3$。

（1）当 $K=2$ 时，代入上式得

$$\omega_n=\sqrt{2},\quad \xi\approx 1.06$$

$\xi>1$，系统为过阻尼，其输出响应无超调，无振荡，$\sigma\%=0$。

系统的闭环传递函数为 $G_b(s)=\dfrac{2}{s^2+3s+2}$，则其单位阶跃输出为

$$X_o(s)=G_b(s)X_i(s)=\frac{2}{s(s+1)(s+2)}=\frac{1}{s}-\frac{2}{s+1}+\frac{1}{s+2}$$

系统的单位阶跃响应为

$$x_o(t)=1-2e^{-t}+e^{-2t}$$

系统由一个比例环节和两个惯性环节串联而成，$T_1=1\ \mathrm{s}$、$T_1=0.5\ \mathrm{s}$，系统的调整时间为

$$t_s=3T_1=3\ \mathrm{s}\quad（误差带\pm 5\%）$$

（2）当 $K=4$ 时，有

$$\omega_n=2,\quad \xi=0.75<1$$

系统为欠阻尼状态，其性能指标为

$$\sigma\%=e^{-\xi\pi/\sqrt{1-\xi^2}}\times 100\%=2.8\%$$

$$t_s=\frac{3}{\xi\omega_n}=2\ \mathrm{s}\quad（误差带\pm 5\%）$$

系统的单位阶跃响应为

$$x_o(t)=1-\frac{e^{-\xi\omega_n t}}{\sqrt{1-\xi^2}}\sin(\omega_d t+\beta)$$

$$=1-1.51\sin(1.32t+41.4^\circ)$$

系统在 $K=2$ 和 $K=4$ 时的单位阶跃响应曲线如图 3-12所示。

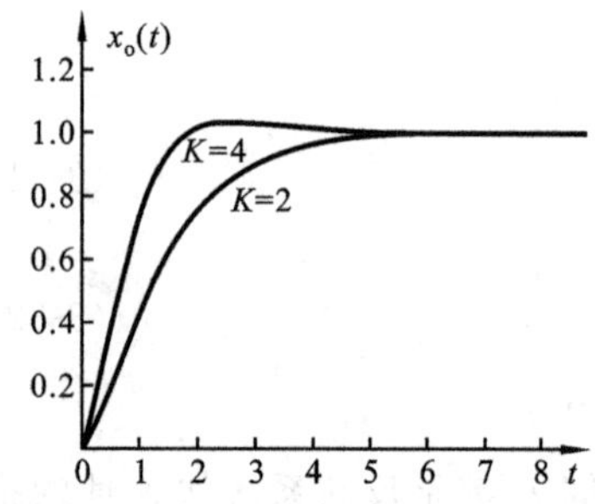

图 3-12 系统的单位阶跃响应曲线

3.4.4　二阶系统性能的改善

为了改善二阶系统的动态性能，常采用微分反馈控制和比例-微分控制的方法。下面举例说明这两种方法。

例 3-3　控制系统如图 3-13(a)所示，当输入阶跃信号时，要求 $\sigma\%\leqslant16.3\%$。

(1) 试问：校核系统参数是否满足超调量的要求？

(2) 若在原系统中增加微分反馈控制，如图 3-13(b)所示，求微分反馈的 τ 值。

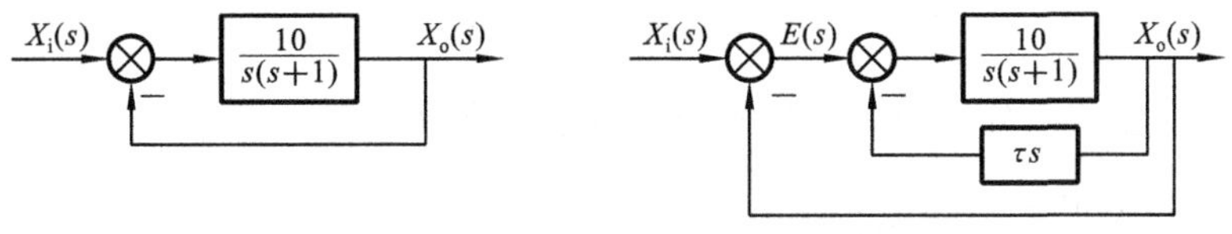

(a) 原控制系统　　(b) 增加微分反馈控制的控制系统

图 3-13　例 3-3 系统框图

解　(1) 图 3-13(a)所示的控制系统的闭环传递函数为

$$G_{\mathrm{b}}(s)=\frac{10}{s^2+s+10}$$

由此求得：$\omega_{\mathrm{n}}=\sqrt{10}\approx3.16\ \mathrm{rad/s}$；$2\xi\omega_{\mathrm{n}}=1,\xi=0.16$。在单位阶跃信号的作用下，系统的超调量 $\sigma\%=60.4\%$，不满足要求。其他性能参数为

$$t_{\mathrm{r}}=0.55\ \mathrm{s},\quad t_{\mathrm{p}}=1.01\ \mathrm{s},\quad t_{\mathrm{s}}=7\ \mathrm{s}$$

(2) 原系统加入微分反馈控制后，所构成的新系统如图 3-13(b)所示，其闭环传递函数为

$$G_{\mathrm{b}}(s)=\frac{10}{s^2+(1+10\tau)s+10}$$

为了满足条件 $\sigma\%\leqslant16.3\%$，由 $\sigma\%=\mathrm{e}^{-\xi\pi/\sqrt{1-\xi^2}}\times100\%$计算得 $\xi_\tau=0.5$，$\omega_{\mathrm{n}}=3.16\ \mathrm{rad/s}$ 不变；由 $(1+10\tau)=2\xi_\tau\omega_{\mathrm{n}}$ 计算得 $\tau=0.22\ \mathrm{s}$。其他性能参数为

$$t_{\mathrm{r}}=0.77\ \mathrm{s},\quad t_{\mathrm{p}}=1.15\ \mathrm{s},\quad t_{\mathrm{s}}=2.22\ \mathrm{s}$$

本例表明，加入微分反馈控制后，系统的动态性能改善了。在后续稳态误差分析的例题 3-12 中我们将看到，加入微分反馈控制后稳态误差也增大了。

例 3-4　控制系统如图 3-14(a)所示。

(1) 已知 $\omega_{\mathrm{n}}=3\ \mathrm{rad/s}$，$\xi=1/6$，计算系统的性能指标 t_{r}，t_{s} 和 $\sigma\%$。

(2) 在原系统中增加比例-微分控制如图 3-14(b)所示，其中 $\tau=0.2$。求此时系统的阻尼比和固有频率，并分析系统的单位阶跃响应。

解　(1) 图 3-14(a)所示系统的闭环传递函数为

$$G_{\mathrm{b}}(s)=\frac{9}{s^2+s+9}$$

由于 $\xi=1/6$，故系统是一个二阶欠阻尼系统，由此得

$$\omega_{\mathrm{d}}=\omega_{\mathrm{n}}\sqrt{1-\xi^2}=2.958$$

$$\beta=\arctan\left(\frac{\omega_{\mathrm{d}}}{\xi\omega_{\mathrm{n}}}\right)=1.403$$

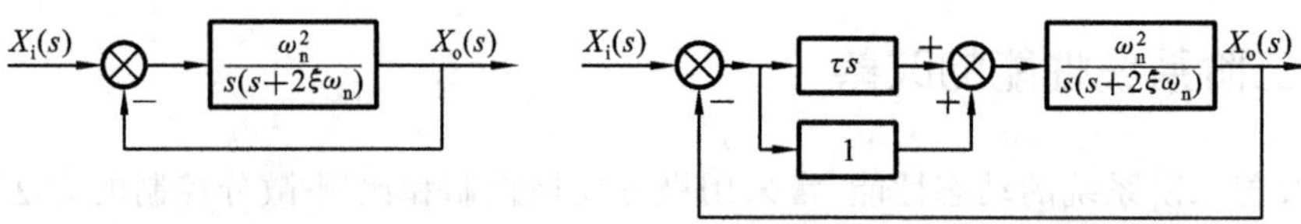

图 3-14　例 3-4 系统框图

$$\sigma\% = e^{-\xi\pi/\sqrt{1-\xi^2}} \times 100\% = 59\%$$

$$t_r = \frac{\pi-\beta}{\omega_d} = 0.588\ \text{s},\quad t_s = 6\ \text{s}\quad (\Delta = 5\%)$$

(2) 增加了比例-微分控制后系统的开环传递函数为

$$G_k(s) = \frac{\omega_n^2(\tau s+1)}{s(s+2\xi\omega_n)} = \frac{\omega_n^2(\tau s+1)}{2\xi\omega_n s(s/2\xi\omega_n+1)} = \frac{K(\tau s+1)}{s(s/2\xi\omega_n+1)}$$

其中开环增益 $K=\omega_n/2\xi$。闭环传递函数为

$$G_b(s) = \frac{\omega_n^2}{z}\left(\frac{s+z}{s^2+2\xi_d\omega_n s+\omega_n^2}\right)$$

式中 $z=1/\tau, \xi_d = \xi+\omega_n/2z$。

由上可知,加入比例-微分控制后的系统是带闭环零点的二阶系统,固有频率不变,$\omega_n=3$,而阻尼比 $\xi_d = \xi+\omega_n/2z \approx 0.47$,较原系统高,但仍为欠阻尼状态。

本例闭环传递函数可表达成如下形式:

$$G_b(s) = \frac{X_o(s)}{X_i(s)} = \frac{\omega_n^2}{s^2+2\xi_d\omega_n s+\omega_n^2} + \frac{1}{z}\frac{s\omega_n^2}{s^2+2\xi_d\omega_n s+\omega_n^2}$$

系统输出:

$$X_o(s) = \frac{\omega_n^2}{s^2+2\xi_d\omega_n s+\omega_n^2}X_i(s) + \frac{1}{z}\frac{s\omega_n^2}{s^2+2\xi_d\omega_n s+\omega_n^2}X_i(s) = X_{o1}(s) + \frac{1}{z}sX_{o1}(s)$$

$$x_o(t) = x_{o1}(t) + \frac{1}{z}\frac{\mathrm{d}x_{o1}(t)}{\mathrm{d}t}$$

系统输入单位阶跃信号,则

$$x_{o1}(t) = L^{-1}\left[\frac{\omega_n^2}{s(s^2+2\xi_d\omega_n s+\omega_n^2)}\right] = 1 - \frac{e^{-j\omega_n t}}{\sqrt{1-\xi^2}}(\sin\omega_d t+\beta)$$

$$\frac{\mathrm{d}x_{o1}(t)}{\mathrm{d}t} = \frac{e^{-j\omega_n t}}{\sqrt{1-\xi^2}}[\xi_d\omega_n\sin(\omega_d t+\beta) - \omega_d\cos(\omega_d t+\beta)]$$

综合上述表达式并整理后,就得到加入比例-微分控制后的二阶系统的单位阶跃响应,即

$$x_o(t) = x_{o1}(t) + \frac{1}{z}\frac{\mathrm{d}x_{o1}(t)}{\mathrm{d}t} = 1 - \frac{e^{-j\omega_n t}}{\sqrt{1-\xi^2}}\frac{l}{z}(\sin\omega_d t+\varphi+\beta)$$

其中:l 为极点和零点之间的距离;$\varphi = \arcsin\omega_d/l$。

参照前述二阶系统求性能指标的方法,也可求出加入比例-微分控制的二阶系统的性能指标:$\sigma\% = \frac{l}{z}e\frac{-\xi(\pi-\varphi)}{\sqrt{1-\xi^2}}\times 100 = 18.8\%$,$t_s = \left[3+\ln\left(\frac{l}{z}\right)\right]\frac{1}{\xi\omega_n} = 2.1\ \text{s}$　($\Delta=\pm 5\%$)。

由本例及相关文献对二阶系统性能指标的分析表明:加入比例-微分控制后固有频率不

变，系统的阻尼增大，单位阶跃响应的超调量下降，调整时间变短，所以系统的动态性能得到改善且不影响稳态误差(后面例3-11将详细分析)。但由于零点的存在，系统的振荡有增加的趋势，z 越小，l 越大，系统的超调量就越大，振荡越强烈。此外，在系统前向通道中加入的微分控制对于高频噪声有很强的放大作用，所以系统输入端有较强的噪声输入时，不要采用比例-微分控制。

3.5　高阶系统的时域响应

三阶及三阶以上的系统称为高阶系统。其传递函数的一般表达式为

$$G(s)=\frac{b_m s^m+b_{m-1}s^{m-1}+\cdots+b_0}{a_n s^n+a_{n-1}s^{n-1}+\cdots+a_0}\quad (n\geqslant m)$$

系统的特征方程为

$$a_n s^n+a_{n-1}s^{n-1}+\cdots+a_0=0$$

特征方程有 n 个特征根，设其中实数根有 n_1 个，共轭虚根有 n_2 对，应有 $n=n_1+2n_2$ 。因此，特征方程可以分解为 n_1 个一次因式 $s-p_j(j=1,2,\cdots,n_1)$ 与 n_2 个二次因式 $s^2+2\xi_k\omega_{nk}s+\omega_{nk}^2(k=1,2,\cdots,n_2)$ 的乘积，也就是系统有 n_1 个实极点 p_j 与 n_2 对共轭复数极点 $-\xi_k\omega_{nk}\pm j\omega_{nk}\cdot\sqrt{1-\xi_k^2}$。

系统的传递函数有 m 个零点，$s=z_i(i=1,2,\cdots,m)$，则系统的传递函数可写成

$$G(s)=\frac{K\prod_{i=1}^{m}(s-z_i)}{\prod_{j=1}^{n_1}(s-p_j)\prod_{k=1}^{n_2}(s^2+2\xi_k\omega_{nk}s+\omega_{nk}^2)}\tag{3-33}$$

在单位阶跃信号的作用下，系统的输出为

$$X_o(s)=G(s)\cdot\frac{1}{s}=\frac{K\prod_{i=1}^{m}(s-z_i)}{s\prod_{j=1}^{n_1}(s-p_j)\prod_{k=1}^{n_2}(s^2+2\xi_k\omega_{nk}s+\omega_{nk}^2)}$$

上式按部分分式展开得

$$X_o(s)=\frac{A_0}{s}+\sum_{j=1}^{n_1}\frac{A_j}{s-p_j}+\sum_{k=1}^{n_2}\frac{B_k s+C_k}{s^2+2\xi_k\omega_{nk}s+\omega_{nk}^2}$$

式中，A_0,A_j,B_k,C_k 为待定系数。对上式进行拉氏逆变换，可得系统的单位阶跃响应

$$x_o(t)=A_0+\sum_{j=1}^{n_1}A_j e^{-p_j t}+\sum_{k=1}^{n_2}D_k e^{-\xi_k\omega_{nk}t}\sin(\omega_{dk}t+\beta_k)\quad (t\geqslant 0)\tag{3-34}$$

式中，

$$\beta_k=\arctan\frac{B_k\omega_{nk}}{C_k-\xi_k\omega_{nk}B_k}$$

$$D_k=\sqrt{B_k^2+\left(\frac{C_k-\xi_k\omega_{nk}B_k}{\omega_{dk}}\right)^2}$$

对高阶系统进行分析，可得如下结论。

(1) 高阶系统的单位阶跃响应是由多个惯性环节和二阶振荡环节的响应函数叠加而成的。其中，A_0 表示输出响应的稳态分量，由输入信号和系统传递函数所决定；其他各项表示输出响应的瞬态分量，其形式取决于传递函数的极点，其衰减的快慢取决于各项所对应极点的负实部值。闭环极点必须全部位于 s 左半平面上系统才能稳定。

(2) 极点的实部越负，其相应的瞬态分量衰减越快；离虚轴很近的极点，其对应的瞬态分量衰减就很慢，它在总的瞬态分量中占据主导地位。如果系统中有离虚轴最近的极点，其他极点离虚轴的距离比该极点离虚轴的距离大 5 倍以上，且该极点附近没有零点，则称该极点为主导极点。系统的响应主要由主导极点决定。

(3) 一对靠得很近的闭环零点、极点(称为偶极子对)在系统动态响应中所占分量很小，可以忽略不计。

(4) 实际控制系统一般都是高阶的系统。在一定条件下，将高阶系统近似处理成一阶或二阶系统后再进行系统性能分析。如果不能用一阶或二阶系统近似，则采用主导极点的概念对系统进行近似分析，或者使用 MATLAB 软件进行高阶系统分析。

3.6 控制系统的稳定性(劳斯稳定性判据)

稳定是对控制系统最基本的要求，也是系统正常运行的首要条件。本节介绍稳定性的概念、线性定常系统稳定的充要条件和劳斯稳定性判据。

3.6.1 稳定性的概念

系统的稳定性是指处于某平衡状态的线性定常系统，受扰动影响偏离了原平衡状态，而当扰动消失后，经过自身调节，系统又恢复到原平衡状态的性能。如图 3-15(a)所示，当系统受到扰动后偏离了原来的平衡状态，且这种偏离不断扩大，即使扰动消失，系统也不能回到平衡状态，这种系统就是不稳定的；而如图 3-15(b)所示，系统通过自身的调节作用，能使扰动产生的偏差逐渐减小，最后恢复到原平衡状态，这种系统便是稳定的。

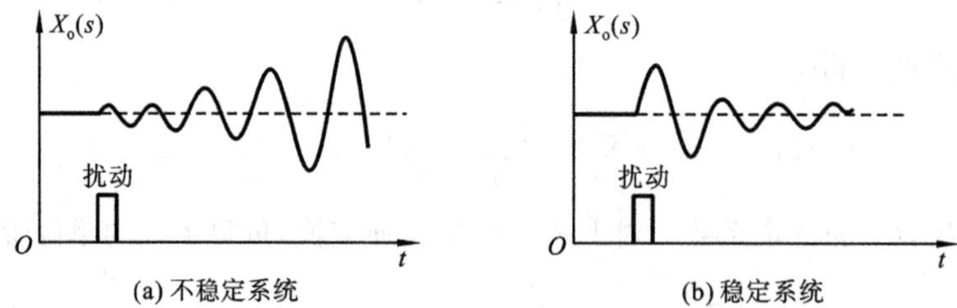

(a) 不稳定系统 (b) 稳定系统

图 3-15 稳定系统与不稳定系统

3.6.2 线性定常系统稳定的充分必要条件

稳定性是去除扰动作用后系统本身的一种恢复能力，所以稳定性是系统自身的固有特性，它只取决于系统的结构与参数，与外作用及初始条件无关。

设线性定常系统的传递函数表达式为

$$G(s)=\frac{b_m s^m+b_{m-1}s^{m-1}+\cdots+b_0}{a_n s^n+a_{n-1}s^{n-1}+\cdots+a_0}=\frac{K(s-z_1)(s-z_2)\cdots(s-z_m)}{(s-p_1)(s-p_2)\cdots(s-p_n)}\quad(n\geqslant m)$$

当初始条件为零时，作用一个单位脉冲 $\delta(t)$，系统的单位脉冲响应为 $h(t)$，这相当于图 3-15 所示的系统在扰动作用下，输出信号偏离原平衡点的问题。因 $L[\delta(t)]=1$，所以

$$X_o(s)=G(s)=\frac{K(s-z_1)(s-z_2)\cdots(s-z_m)}{(s-p_1)(s-p_2)\cdots(s-p_n)}$$

假设系统无重极点，$X_o(s)$ 可写成部分分式，即

$$X_o(s)=\frac{A_1}{s-p_1}+\frac{A_2}{s-p_2}+\cdots+\frac{A_n}{s-p_n}$$

对上式进行拉氏逆变换，得单位脉冲响应 $h(t)$ 为

$$h(t)=A_1\mathrm{e}^{p_1t}+A_2\mathrm{e}^{p_2t}+\cdots+A_n\mathrm{e}^{p_nt}$$

显然，若系统稳定，必有 $\lim\limits_{t\to\infty}h(t)=0$，即上式中各瞬态分量均为零（$\lim\limits_{t\to\infty}\mathrm{e}^{p_it}\to 0$）。

线性定常系统稳定的充分必要条件是：系统所有特征根的实部小于零，即闭环特征方程的根都在 s 左半平面上。

3.6.3　劳斯稳定判据

应用上述系统稳定的充分必要条件判别系统稳定性时需求解系统特征方程的根，但对于高阶系统，求解方程的根比较困难。劳斯稳定判据不用求解方程，它是根据闭环特征方程式的各项系数，按照一定的规则列出劳斯表，然后依劳斯表中第一列系数的正、负符号的变化情况来判别系统闭环稳定性的。

设系统的特征方程为

$$D(s)=a_n s^n+a_{n-1}s^{n-1}+\cdots+a_1 s+a_0=0$$

根据特征方程的各项系数排列成如下劳斯表：

$$\begin{array}{c|cccc}
s^n & a_n & a_{n-2} & a_{n-4} & \cdots \\
s^{n-1} & a_{n-1} & a_{n-3} & a_{n-5} & \cdots \\
s^{n-2} & A_1 & A_2 & A_3 & \cdots \\
s^{n-3} & B_1 & B_2 & B_3 & \cdots \\
\vdots & \vdots & \vdots & \vdots & \vdots \\
s^0 & D_1 & & &
\end{array}$$

劳斯表中第一行与第二行由特征方程的系数直接得到，从第三行开始，各元素由下式计算：

$$A_1=\frac{a_{n-1}a_{n-2}-a_na_{n-3}}{a_{n-1}}$$

$$A_2=\frac{a_{n-1}a_{n-4}-a_na_{n-5}}{a_{n-1}}$$

$$\vdots$$

注意，此计算一直进行到其余的 A_i 全部等于零为止，以后各行皆计算到剩余各项全部等于零为止。

$$B_1 = \frac{A_1 a_{n-3} - a_{n-1} A_2}{A_1}$$

$$B_2 = \frac{A_1 a_{n-5} - a_{n-1} A_3}{A_1}$$

$$\vdots$$

依此类推，直到求出第 $n+1$ 行（s^0 行）的元素 D_1。

劳斯稳定判据：

(1) 如果特征方程式的各项系数都大于零，且劳斯表中第一列的系数均为正值，则系统稳定；

(2) 如果劳斯表中第一列系数的符号有变化，则系统不稳定；

(3) 第一列元素符号变化的次数等于该特征方程的正实部根的个数。

例 3-5 已知系统的特征方程 $D(s) = 5s^4 + 4s^3 + 3s^2 + 2s + 1 = 0$，试判断该系统的稳定性。

解 劳斯表如下：

$$\begin{array}{c|ccc}
s^4 & 5 & 3 & 1 \\
s^3 & 4 & 2 & 0 \\
s^2 & \dfrac{3\times4-5\times2}{4} = \dfrac{1}{2} & 1 & 0 \\
s^1 & \dfrac{(1/2)\times2-4}{1/2} = -6 & 0 & 0 \\
s^0 & 1 & 0 & 0
\end{array}$$

由劳斯表可知，第一列元素的符号改变了两次，由劳斯判据可知系统不稳定，而且系统有两个正实部根。

例 3-6 当 K 为何值时，图 3-16 所示的控制系统稳定？

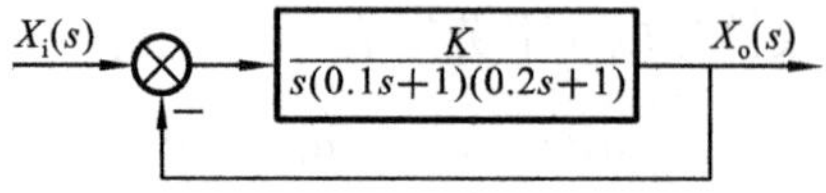

图 3-16 例 3-6 系统控制框图

解 系统的闭环传递函数为

$$G(s) = \frac{X_o(s)}{X_i(s)} = \frac{K}{s(0.1s+1)(0.2s+1)+K}$$

系统的特征方程为

$$D(s) = s^3 + 15s^2 + 50s + 50K = 0$$

列出劳斯表：

$$\begin{array}{c|cc}
s^3 & 1 & 50 \\
s^2 & 15 & 50K \\
s^1 & (750-50K)/15 & 0 \\
s^0 & 50K & 0
\end{array}$$

系统稳定的条件为

$$\begin{cases} 750 - 50K > 0 & K < 15 \\ 50K > 0 & K > 0 \end{cases}$$

所以使系统稳定的 K 的取值范围为 $0 < K < 15$ 。

3.6.4　劳斯稳定判据的特殊情况

如果劳斯表中某行的第一个元素为零，而该行中其余各元素不等于零或没有其他元素，那么劳斯表将不能往下排列。为了解决此问题，可用一个接近于零的很小的正数 ε 来代替零，完成劳斯表的排列。

例 3-7　已知系统的特征方程 $D(s) = s^3 + 3s^2 + 4s + 12 = 0$，试判断系统的稳定性。

解　劳斯表为

$$\begin{array}{c|cc} s^3 & 1 & 4 \\ s^2 & 3 & 12 \\ s^1 & 0(\varepsilon) & \\ s^0 & 12 & \end{array}$$

劳斯表第一列中 ε 上方的元素与其下方的元素符号相同，表示该方程有一对纯虚根存在，相应的系统不稳定。

对于这个简单的方程，可通过因式分解来验证，即

$$(s^2+4)(s+3)=0$$

据此求得 $s_{1,2}=-2\mathrm{j}, s_3=-3$。这与用劳斯稳定判据所得的结论是一致的。

例 3-8　设系统的特征方程为 $D(s) = s^3 - 12s + 16 = 0$，试用劳斯稳定判据确定该方程的根在 s 平面上的分布。

解　方程中 s^2 项的系数为 0，s 项的系数为负值，不符合系统稳定的必要条件，由此可知，该方程中至少有一个根在 s 右半平面，相应的系统不稳定。为了确定方程式的根在 s 平面上的具体分布，现用劳斯稳定判据进行判别。

劳斯表为

$$\begin{array}{c|cc} s^3 & 1 & -12 \\ s^2 & 0(\varepsilon) & 16 \\ s^1 & (-12\varepsilon - 16)/\varepsilon & \\ s^0 & 16 & \end{array}$$

可见，表中第一列元素的符号变化了两次。由劳斯稳定判据可知，该方程有两个根在 s 右半平面上。

上述结论也可用因式分解的方法来验证。把原方程改写为

$$s^3 - 12s + 16 = (s-2)^2(s+4) = 0$$

即 $s_{1,2} = 2, s_3 = -4$，从而验证了劳斯稳定判据所得结论的正确性。

如果劳斯表中某一行的元素全为零，表示相应方程中含有大小相等、符号相反的实根和(或)共轭纯虚根。此时，以上一行的元素为系数，构成一辅助多项式，该多项式对 s 求导后，

所得多项式的系数即可用来取代全零行。同时，由辅助方程可以求得这些根。

例 3-9 已知控制系统的特征方程为

$$D(s) = s^5 + s^4 + 4s^3 + 4s^2 + 3s + 3 = 0$$

试用劳斯稳定判据确定该方程的根在 s 平面上的分布。

解 列劳斯表：

$$\begin{array}{c|ccc} s^5 & 1 & 4 & 3 \\ s^4 & 1 & 4 & 3 \\ s^3 & 0 & 0 & \end{array}$$

s^3 这一行的元素全为零，使得劳斯表的排列无法进行。此时，可将上一行的元素作为系数，构成一辅助多项式

$$F(s) = s^4 + 4s^2 + 3$$

$F(s)$ 对 s 求导，得

$$\frac{\mathrm{d}F(s)}{\mathrm{d}s} = 4s^3 + 8s$$

用系数 4 和 8 代替 s^3 全零行中的 0 元素，并将劳斯表排完，即

$$\begin{array}{c|ccc} s^5 & 1 & 4 & 3 \\ s^4 & 1 & 4 & 3 \\ s^3 & 4 & 8 & \\ s^2 & 2 & 3 & \\ s^1 & 2 & & \\ s^0 & 3 & & \end{array}$$

由上表知，第一列元素的符号没有变化，表明该特征方程在 s 右半平面上没有特征根。但 s^3 这一行的元素全为零，表示有大小相等、符号相反的根。求解辅助方程 $F(s) = 0$，可得两对根 $\pm \mathrm{j}\sqrt{3}$ 和 $\pm \mathrm{j}$。显然，该系统是临界稳定的。

另外，劳斯表中某行的元素乘以同一个数，不影响对系统稳定性的判断。

3.7 控制系统的稳态误差

3.7.1 误差与稳态误差

控制系统如图 3-17 所示。

系统误差有两种不同的定义方法。第一种方法是以系统输入端为基准来定义误差的，即用输入量与反馈量的差值 $e(t)$（偏差）来定义。

$$e(t) = x_\mathrm{i}(t) - b(t)$$

其拉式变换式为

$$E(s) = X_\mathrm{i}(s) - B(s) = X_\mathrm{i}(s) - H(s)X_\mathrm{o}(s) \tag{3-35}$$

对于单位反馈系统（图 3-17 中反馈环节的传递函数 $H(s) = 1$），反馈量 $b(t)$ 就等于输

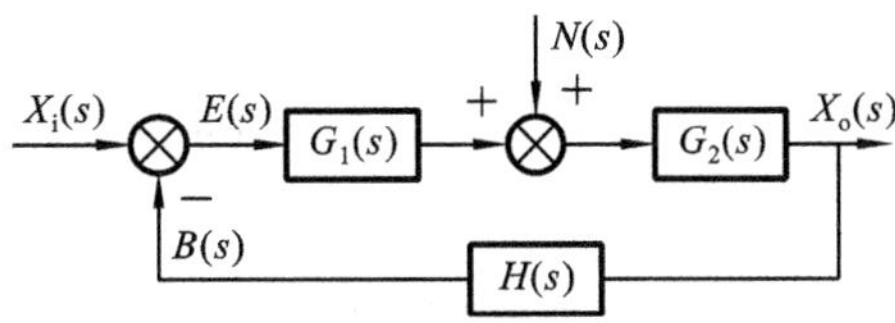

图 3-17　控制系统的典型结构

出量 $x_o(t)$，$e(t) = x_i(t) - x_o(t)$，$E(s) = X_i(s) - X_o(s)$ 。

第二种方法是以系统输出端为基准来定义误差的，即系统希望的输出 $x_{or}(t)$ 与实际的输出 $x_o(t)$ 之差，即

$$\varepsilon(t) = x_{or}(t) - x_o(t)$$

其拉式变换式为

$$E_1(s) = X_{or}(s) - X_o(s) \tag{3-36}$$

不难证明 $E_1(s)$ 和 $E(s)$ 之间存在如下关系：

$$E_1(s) = \frac{1}{H(s)}E(s) \tag{3-37}$$

以下的论述中，采用以系统输入端为基准定义的误差 $E(s)$ 来进行分析和计算。如果必须计算 $E_1(s)$ 时，可利用式(3-37)进行换算。对于单位反馈系统，输出的希望值就是输入量，故两种方法定义的误差是一致的。在下面的分析中，若无特别说明，均是以系统输入端为基准来定义误差的。

稳态误差是指系统进入稳态后的误差，即

$$e_{ss} = \lim_{t\to\infty} e(t) \tag{3-38}$$

稳态误差表征了系统的控制精度。下面分别讨论由给定信号引起的稳态误差和由扰动信号引起的稳态误差。

3.7.2　给定信号作用下的系统稳态误差

如图 3-17 所示，只考虑给定信号 $X_i(s)$ 作用时，设扰动信号 $N(s) = 0$ 。此时，系统的开环传递函数为

$$G_k(s) = G_1(s)G_2(s)H(s)$$

系统的误差传递函数为

$$\frac{E(s)}{X_i(s)} = \frac{1}{1 + G_1(s)G_2(s)H(s)}$$

系统误差的拉氏变换为

$$E(s) = \frac{X_i(s)}{1 + G_1(s)G_2(s)H(s)} = \frac{X_i(s)}{1 + G_k(s)}$$

由终值定理得

$$e_{ss} = \lim_{t\to\infty} e(t) = \lim_{s\to 0} s \cdot E(s) = \lim_{s\to 0} s \cdot \frac{X_i(s)}{1 + G_k(s)} \tag{3-39}$$

可见，系统的稳态误差不仅与系统的输入有关，还与系统的结构有关。将系统开环传递函数的形式表示为

$$G_k(s)=\frac{K\prod_{i=1}^{m}(\tau_i s+1)}{s^v\prod_{j=1}^{n-v}(T_j s+1)}\quad (n\geqslant m) \tag{3-40}$$

式中：K 为系统的开环增益；τ_i，T_j 为各典型环节的时间常数；v 为积分环节的个数，它表征系统的类型数，也称其为系统的无差度。对应于 $v=0$、1、2 的系统，分别称为 0 型、Ⅰ型和Ⅱ型系统。

1. 输入为阶跃信号

设系统的输入信号为阶跃信号 $x_i(t)=A\cdot u(t)$，即 $X_i(s)=A/s$，A 为阶跃信号的幅值。由式(3-39)有

$$e_{ss}=\lim_{s\to 0}s\cdot\frac{\frac{A}{s}}{1+G_k(s)}=\lim_{s\to 0}\frac{A}{1+G_k(s)}=\frac{A}{1+\lim\limits_{s\to 0}G_k(s)} \tag{3-41}$$

静态位置误差系数

$$K_p=\lim_{s\to 0}G_k(s) \tag{3-42}$$

则

$$e_{ss}=\frac{A}{1+K_p} \tag{3-43}$$

将式(3-40)代入式(3-42)得

$$K_p=\lim_{s\to 0}\frac{K}{s^v} \tag{3-44}$$

由式(3-43)和式(3-44)可得以下结论：

当 $v=0$ 时，$K_p=K$，$e_{ss}=\dfrac{A}{1+K}$；

当 $v\geqslant 1$ 时，$K_p=\infty$，$e_{ss}=0$ 。

可见，在阶跃信号作用下，仅 0 型系统存在稳态误差，其大小与阶跃信号的幅值成正比，与系统的开环增益 K 近似成反比。对于Ⅰ型及Ⅰ型以上系统来说，其稳态误差为零。图 3-18 给出了不同型别系统在阶跃信号作用下的响应曲线。

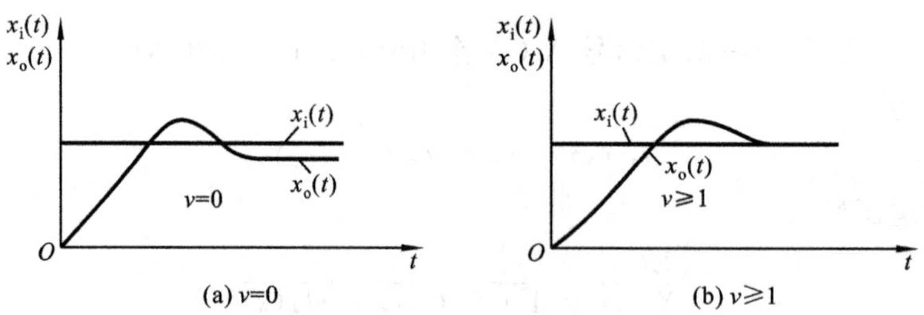

图 3-18 阶跃信号作用下的响应曲线

2. 输入为斜坡信号(恒速信号)

系统的输入信号为斜坡信号 $x_i(t)=A\cdot t$，即 $X_i(s)=\dfrac{A}{s^2}$，A 为斜坡信号的斜率，由式(3-39)有

$$e_{ss}=\lim_{s\to 0}s\cdot\frac{\frac{A}{s^2}}{1+G_k(s)}=\lim_{s\to 0}\frac{A}{s+sG_k(s)}$$

令
$$K_v = \lim_{s\to 0} sG_k(s) \tag{3-45}$$

定义 K_v 为静态速度误差系数，则

$$e_{ss} = \frac{A}{K_v} \tag{3-46}$$

另外，将式(3-40)代入式(3-45)得

$$K_v = \lim_{s\to 0} \frac{K}{s^{v-1}} \tag{3-47}$$

由式(3-46)和式(3-47)可得以下结论：

当 $v = 0$ 时，$K_v = 0, e_{ss} = \infty$；

当 $v = 1$ 时，$K_v = K, e_{ss} = \dfrac{A}{K}$；

当 $v \geqslant 2$ 时，$K_v = \infty, e_{ss} = 0$。

可见，在斜坡信号作用下，0 型系统的输出量不能跟踪其输入量的变化，这是因为输出量的速度小于输入量的速度，致使两者的差距不断加大，稳态误差趋于无穷大。Ⅰ型系统可以跟随斜坡输入，但存在稳态误差，可以通过增大 K 值来减小误差。Ⅱ型系统对斜坡输入的稳态响应是无差的。图 3-19 给出了不同型别系统在斜坡信号作用下的响应曲线。

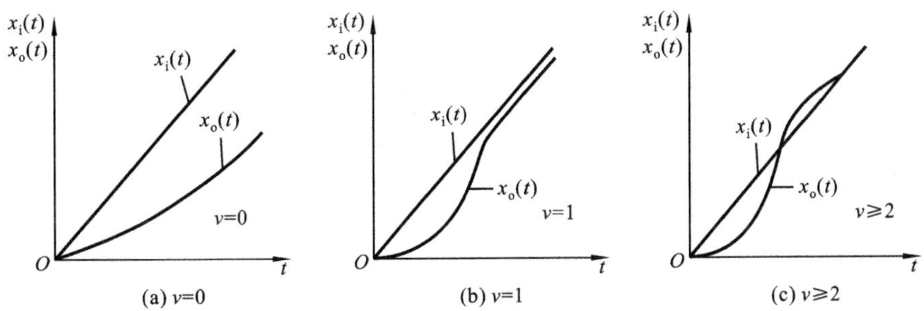

图 3-19　斜坡信号作用下的响应曲线

3. 输入为抛物线信号(加速度信号)

系统的输入信号为加速度信号 $x_i(t) = \frac{1}{2}A \cdot t^2$，即 $X_i(s) = \frac{A}{s^3}$，由式(3-39)有

$$e_{ss} = \lim_{s\to 0} s \cdot \frac{\frac{A}{s^3}}{1+G_k(s)} = \lim_{s\to 0} \frac{A}{s^2 + s^2 G_k(s)}$$

令
$$K_a = \lim_{s\to 0} s^2 G_k(s) \tag{3-48}$$

定义 K_a 为静态加速度误差系数，则

$$e_{ss} = \frac{A}{K_a} \tag{3-49}$$

另外，将式(3-40)代入式(3-48)得

$$K_a = \lim_{s\to 0} \frac{K}{s^{v-2}} \tag{3-50}$$

由式(3-49)和式(3-50)可得以下结论：

当 $v \leqslant 1$ 时，$K_a = 0, e_{ss} = \infty$；

当 $v=2$ 时，$K_a=K, e_{ss}=\dfrac{A}{K}$；

当 $v\geqslant 3$ 时，$K_a=\infty, e_{ss}=0$。

上述表明：0 型系统和Ⅰ型系统都不能跟随抛物线输入信号；Ⅱ型系统能跟随，但存在稳态误差，即在稳态时，系统输出和输入信号都以相同的速度和加速度变化，但输出在位置上要落后于输入一个常量。Ⅲ型或高于Ⅲ型的系统是无差的。图 3-20 给出了不同型别系统在输入抛物线信号作用下的响应曲线。

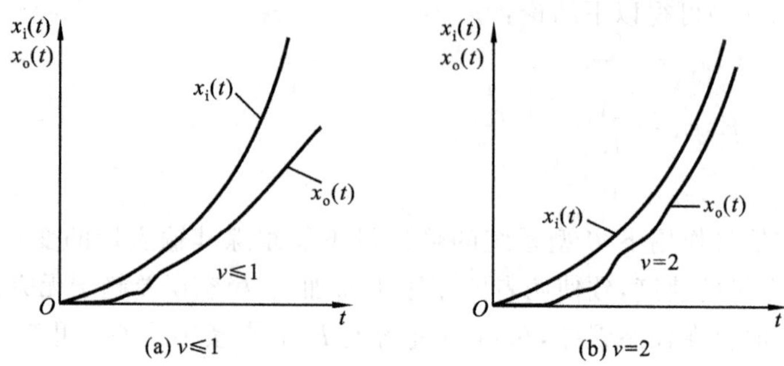

图 3-20　抛物线信号作用下的响应曲线

综合上述，将不同输入下不同型别系统的稳态误差归纳成表 3-1。

表 3-1　不同输入下不同型别系统的稳态误差

系统的型别	稳态误差		
	阶跃信号输入	斜坡信号输入	抛物线信号输入
0 型系统	$\dfrac{A}{1+K}$	∞	∞
Ⅰ型系统	0	$\dfrac{A}{K}$	∞
Ⅱ型系统	0	0	$\dfrac{A}{K}$

通过以上分析可知，增加系统开环传递函数中的积分环节个数，即提高系统的型别，可改善其稳态精度。但积分环节数增多，系统阶次增加，容易使系统不稳定。

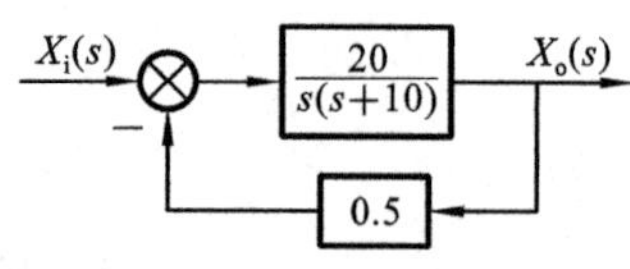

图 3-21　系统控制框图

系统的稳态误差可根据稳态误差公式来求取，也可根据静态误差系数来求。下面举例说明。

例 3-10　已知Ⅰ型系统的结构如图 3-21 所示，求 $X_i(s)=\dfrac{1}{s}+\dfrac{1}{s^2}$ 时系统的稳态误差。

解　系统的开环传递函数为

$$G_k(s)=\frac{20\times 0.5}{s(s+10)}=\frac{1}{s(0.1s+1)}$$

当 $X_i(s)=\dfrac{1}{s}$ 时，

$$K_p=\lim_{s\to 0}G_k(s)=\lim_{s\to 0}\frac{1}{s(0.1s+1)}=\infty$$

$$e_{ss1} = \frac{1}{1+K_p} = 0$$

当 $X_i(s)=\frac{1}{s^2}$ 时，

$$K_v = \lim_{s\to 0} sG_k(s) = \lim_{s\to 0} s\frac{1}{s(0.1s+1)} = 1$$

$$e_{ss2}=1$$

由线性系统叠加原理可知，系统总的稳态误差

$$e_{ss} = e_{ss1} + e_{ss2} = 1$$

例 3-11　分析图 3-22 所示的位置随动系统的稳态误差。

解　(1) 系统的开环传递函数为

$$G_k(s)=\frac{K}{s^2(Ts+1)}$$

当输入信号为 $X_i(s)=\frac{1}{s}$ 时，$K_p=\infty$，$e_{ss}=0$；

当输入信号为 $X_i(s)=\frac{1}{s^2}$ 时，$K_v=\infty$，$e_{ss}=0$；

当输入信号为 $X_i(s)=\frac{1}{s^3}$ 时，$K_a=K$，$e_{ss}=\frac{1}{K}$。

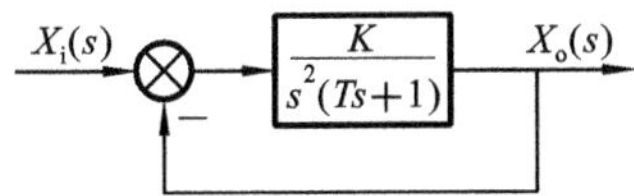

图 3-22　位置随动系统控制框图

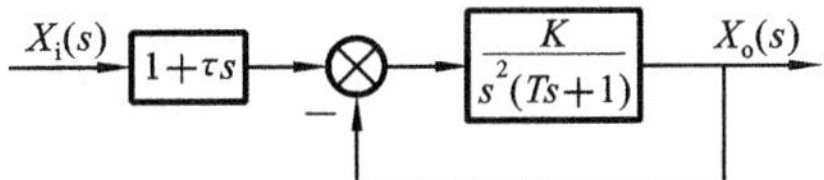

图 3-23　输入端增加比例-微分环节

(2) 在系统的输入端增加一个比例-微分环节，如图 3-23 所示。
系统的闭环传递函数为

$$G_b(s)=\frac{X_o(s)}{X_i(s)}=\frac{K(1+\tau s)}{Ts^3+s^2+K}$$

可见，系统增加了一个闭环零点，称为非典型结构系统。其误差为

$$E(s)=X_i(s)-X_o(s)=X_i(s)\left[1-\frac{K(1+\tau s)}{Ts^3+s^2+K}\right]=\frac{s(Ts^2+s-K\tau)}{Ts^3+s^2+K}X_i(s)$$

当输入为 $X_i(s)=\frac{1}{s}$ 时，稳态误差为

$$e_{ss}=\lim_{s\to 0} sE(s)=\lim_{s\to 0} s\frac{s(Ts^2+s-K\tau)}{Ts^3+s^2+K}\times\frac{1}{s}=0$$

当输入为 $X_i(s)=\frac{1}{s^2}$ 时，稳态误差为

$$e_{ss}=\lim_{s\to 0} sE(s)=\lim_{s\to 0} s\frac{s(Ts^2+s-K\tau)}{Ts^3+s^2+K}\times\frac{1}{s^2}=-\tau$$

当输入为 $X_i(s)=\frac{1}{s^3}$ 时，稳态误差为

$$e_{ss}=\lim_{s\to 0} sE(s)=\lim_{s\to 0} s\frac{s(Ts^2+s-K\tau)}{Ts^3+s^2+K}\times\frac{1}{s^3}=\infty$$

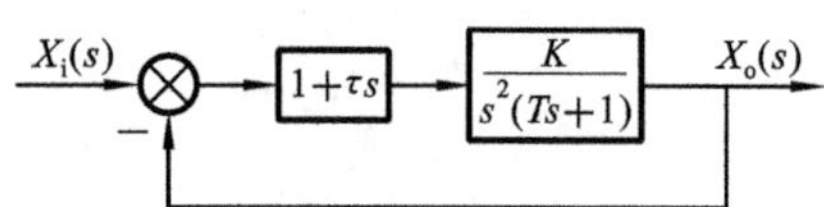

图 3-24 在前向通道中增加比例-微分环节的系统框图

(3) 将比例-微分环节加在前向通道中，如图 3-24所示。

系统的开环传递函数为

$$G_k(s)=\frac{K(1+\tau s)}{s^2(Ts+1)}$$

当输入为 $X_i(s)=\frac{1}{s}$ 时，$K_p=\infty$，$e_{ss}=0$；

当输入为 $X_i(s)=\frac{1}{s^2}$ 时，$K_v=\infty$，$e_{ss}=0$；

当输入为 $X_i(s)=\frac{1}{s^3}$ 时，$K_a=K$，$e_{ss}=\frac{1}{K}$。

可见，在前向通道中增加比例-微分环节对稳态误差没有影响。

例 3-12 设控制系统如图 3-25 所示，其中(a)为比例控制系统，(b)为测速反馈控制系统，其中 $\tau=0.22$。求在单位斜坡信号作用下，两个系统的稳态误差。

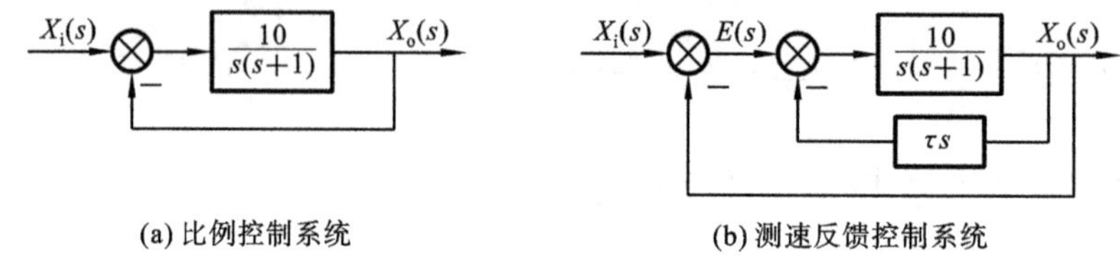

图 3-25 例 3-12 控制系统

解 图 3-25(a)所示系统的开环传递函数为

$$G_k(s)=\frac{10}{s(s+1)}$$

当 $X_i(s)=\frac{1}{s^2}$ 时，$K_v=\lim\limits_{s\to0}sG_k(s)=\lim\limits_{s\to0}s\frac{10}{s(s+1)}=10$，$e_{ss}=\frac{1}{K_v}=\frac{1}{10}$。

图 3-25(b)所示系统的开环传递函数为

$$G_k(s)=\frac{\frac{10}{s(s+1)}}{1+\tau s\frac{10}{s(s+1)}}=\frac{10}{s(s+10\tau+1)}$$

当 $X_i(s)=\frac{1}{s^2}$ 时，

$$K_v=\lim_{s\to0}sG_k(s)=\lim_{s\to0}s\frac{10}{s(s+10\tau+1)}=\frac{10}{10\tau+1}$$

$$e_{ss}=\frac{1}{K_v}=\frac{10\tau+1}{10}=0.32$$

例 3-12 表明，系统增加微分反馈控制，可改善系统动态特性(例 3-3 中已分析)，但使系统稳态误差增加。为了使系统既能得到良好的动态性能，又能减小稳态误差，必须增加原系统(见图 3-25(a))的开环放大系数，使 τ 专门用来增大系统阻尼。

3.7.3 扰动信号作用下的稳态误差

系统在扰动信号作用下的稳态误差反映了系统的抗干扰能力。仅考虑扰动信号 $N(s)$

作用时，$X_i(s)=0$，则图 3-26(a)所示的控制系统可表示为图 3-26(b)。

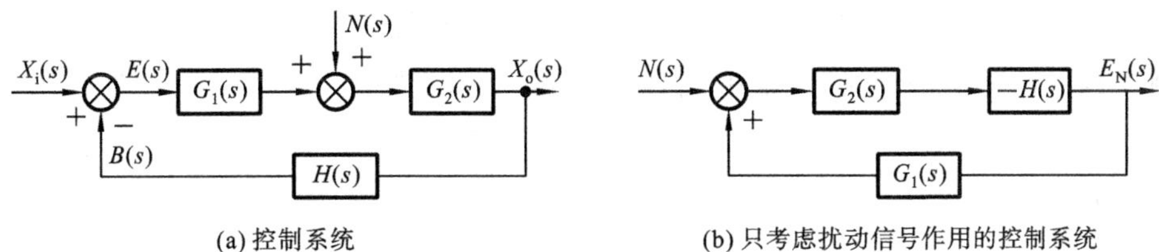

(a) 控制系统　　(b) 只考虑扰动信号作用的控制系统

图 3-26　扰动信号作用下的系统框图

扰动信号作用下系统的误差可表示为

$$E_N(s)=\frac{-G_2(s)H(s)}{1+G_1(s)G_2(s)H(s)}N(s) \tag{3-51}$$

当 $G_1(s)G_2(s)H(s)\geqslant 1$ 时，式(3-51)可近似为

$$E_N(s)=-\frac{N(s)}{G_1(s)}$$

设

$$G_1(s)=\frac{K_1(\tau_1 s+1)\cdots}{s^{v_1}(T_1 s+1)\cdots} \tag{3-52}$$

据终值定理，扰动信号作用之下的稳态误差为

$$e_{ss}=\lim_{s\to 0}sE_N(s)=\lim_{s\to 0}s\frac{-N(s)}{G_1(s)}=-\lim_{s\to 0}\frac{s^{v_1+1}}{K_1}N(s) \tag{3-53}$$

由式(3-53)可知，扰动信号作用之下的稳态误差除了与扰动信号 $N(s)$ 有关外，还与扰动作用点之前的传递函数 $G_1(s)$ 中积分环节的个数 v_1 及放大系数 K_1 有关。稳态误差为负，表示反馈信号比输入信号大。这是由 $N(s)$ 的加入使得输出量增大，反馈量也随之加大引起的。

例 3-13　设控制系统如图 3-26(a)所示，其中 $G_1(s)=\dfrac{1\,000}{s+100}$，$G_2(s)=\dfrac{4}{s+2}$，$H(s)=\dfrac{2}{s}$，$x_i(t)=2t$，$n(t)=0.5\cdot 1(t)$，求系统的稳态误差。

解　系统的开环传递函数为

$$G_1(s)G_2(s)H(s)=\frac{8\,000}{s(s+100)(s+2)}=\frac{40}{s(0.01s+1)(0.5s+1)}$$

可见为Ⅰ型系统。因此，当 $X_i(s)=\dfrac{2}{s^2}$ 时，

$$e_{ss1}=\frac{2}{K_v}=\frac{2}{K}=\frac{2}{40}=0.05$$

另外，当 $N(s)=\dfrac{0.5}{s}$ 时，可得扰动信号作用下的误差为

$$e_{ss2}=\lim_{s\to 0}s\cdot\frac{-G_2(s)H(s)}{1+G_1(s)G_2(s)H(s)}\cdot N(s)$$

$$=\lim_{s\to\infty}s\cdot\frac{-\dfrac{2}{0.5s+1}\times\dfrac{2}{s}}{1+\dfrac{40}{s(0.01s+1)(0.5s+1)}}\cdot\frac{0.5}{s}=-0.05$$

因此，系统总的稳态误差

$$e_{ss} = e_{ss1} + e_{ss2} = 0.05 - 0.05 = 0$$

例 3-14 已知复合控制系统框图如图 3-27 所示，其中，$G_1(s) = \dfrac{K_1}{T_1 s + 1}$，$G_2(s) = \dfrac{K_2}{s(T_2 s + 1)}$。

(1) 在图 3-27(a)中，输入 $X_i(s) = \dfrac{1}{s^2}$，怎样选择 $G_c(s)$ 可使系统的稳态误差等于零？

(2) 在图 3-27(b)中，$N(s) = \dfrac{1}{s}$，怎样选择 $G_c(s)$ 可使系统能克服干扰的影响？

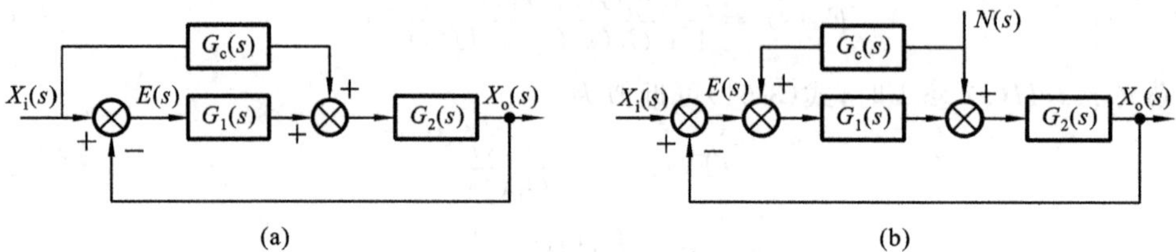

图 3-27 复合控制系统框图

解 (1) 图 3-27(a)所示系统的闭环传递函数为

$$G_b(s) = \frac{X_o(s)}{X_i(s)} = \frac{[G_c(s) + G_1(s)]G_2(s)}{1 + G_1(s)G_2(s)}$$

将 $G_1(s)$，$G_2(s)$ 代入并整理得传递函数为

$$G_b(s) = \frac{G_c(s)K_2(T_1 s + 1) + K_1 K_2}{T_1 T_2 s^3 + (T_1 + T_2)s^2 + s + K_1 K_2}$$

系统的误差为

$$E(s) = X_i(s) - X_o(s) = X_i(s) - G_b(s)X_i(s) = [1 - G_b(s)]X_i(s)$$

将 $G_b(s)$ 代入 $E(s)$ 中，整理后得

$$E(s) = \frac{T_1 T_2 s^3 + (T_1 + T_2)s^2 + s - G_c(s)K_2(T_1 s + 1)}{T_1 T_2 s^3 + (T_1 + T_2)s^2 + s + K_1 K_2} X_i(s)$$

当输入 $X_i(s) = \dfrac{1}{s^2}$ 时，系统的稳态误差为

$$\begin{aligned} e_{ss} &= \lim_{s\to 0} sE(s) = \lim_{s\to 0} s \frac{T_1 T_2 s^3 + (T_1 + T_2)s^2 + s - G_c(s)K_2(T_1 s + 1)}{T_1 T_2 s^3 + (T_1 + T_2)s^2 + s + K_1 K_2} \cdot \frac{1}{s^2} \\ &= \frac{1}{K_1 K_2} \cdot \lim_{s\to 0} \frac{s - G_c(s) \cdot K_2}{s} = \frac{1}{K_1 K_2} \cdot \lim_{s\to 0}\left[1 - \frac{G_c(s) \cdot K_2}{s}\right] \end{aligned}$$

若要使 $e_{ss}=0$，则必须有 $\dfrac{G_c(s)K_2}{s} = 1$，即

$$G_c(s) = \frac{s}{K_2}$$

本例中，补偿环节 $G_c(s)$ 的引入会影响控制系统的稳定性吗？（请读者分析）

(2) 图 3-27(b)所示系统中，设 $X_i(s) = 0$，可求得在干扰信号 $N(s)$ 作用下的系统误差

$$E(s) = -X_o(s) = -\frac{G_2(s)[1 + G_c(s)G_1(s)]}{1 + G_1(s)G_2(s)} \cdot N(s)$$

将 $G_1(s)$,$G_2(s)$ 代入 $E(s)$ 中,有

$$E(s)=-\frac{\frac{K_2}{s(T_2s+1)}\left[1+G_c(s)\frac{K_1}{T_1s+1}\right]}{1+\frac{K_1}{T_1s+1}\cdot\frac{K_2}{s(T_2s+1)}}\cdot\frac{1}{s}=-\frac{K_2T_1s+K_2+K_1K_2G_c(s)}{T_1T_2s^3+(T_1+T_2)s^2+s+K_1K_2}\cdot\frac{1}{s}$$

为了消除干扰的影响,应使干扰引起的稳态误差为零,即

$$e_{ss}=\lim_{s\to 0}sE(s)=\lim_{s\to 0}s\left(-\frac{K_2T_1s+K_2+K_1K_2G_c(s)}{T_1T_2s^3+(T_1+T_2)s^2+s+K_1K_2}\right)\cdot\frac{1}{s}=0$$

从而有

$$K_2T_1s+K_2+K_1K_2G_c(s)=0$$

所以

$$G_c(s)=-\frac{1}{G_1(s)}=-\frac{T_1s+1}{K_1}$$

由例 3-14 可知,加入复合反馈可以减小乃至消除稳态误差。

小结

1. 评价控制系统稳、快、准性能的指标分为动态性能指标和稳态性能指标。动态性能指标是根据系统对单位阶跃输入信号的响应给出的。其中:上升时间 t_r 和峰值时间 t_p 反映系统在输入初始时的响应速度;调整时间 t_s 显示动态过程的长短,反映系统的响应速度;超调量 $\sigma\%$ 和振荡次数 N 说明系统的阻尼特性,是表示系统平稳性的指标。

稳态误差是评价系统控制精度的指标,通常在阶跃信号、斜坡信号和抛物线信号作用下进行测定和计算。

2. 系统的动态性能与系统的结构参数有关。一阶系统的结构参数是时间常数 T;二阶系统的结构参数为 ξ 和 ω_n。要获得良好的性能指标,必须选择合理的结构参数。设计一阶系统时,根据调整时间 t_s 来确定时间常数 T;设计二阶系统时,可先根据对超调量 $\sigma\%$ 的要求确定出阻尼比 ξ,再根据对调整时间 t_s 等指标的要求确定 ω_n。通过在二阶系统中增加比例-微分控制或微分反馈控制的方法,可改善系统的动态性能。

综合考虑系统的平稳性和快速性,一般将 $\xi=0.707$ 称为最佳阻尼比。此时,系统不仅响应速度快,而且其超调量较小。对应的二阶系统称为最佳二阶系统。

对于高阶系统可降阶为一阶或二阶系统,然后按上述方法进行性能分析。若不能降阶处理,可借助于 MATLAB 软件进行性能分析。

3. 稳定是对控制系统最基本的要求,是系统正常运行的首要条件。劳斯稳定判据是判断系统闭环稳定的一种常用方法,它通过分析系统闭环特征方程的各项系数,以及所建劳斯表中第一列系数的正负来判别系统是否稳定。如果特征方程的各项系数和劳斯表中第一列系数均为正值,则系统稳定;若劳斯表中第一列系数有符号变化,则系统不稳定。第一列系数符号变化的次数等于该特征方程的正实部根的个数。

4. 稳态误差可分为给定信号引起的稳态误差和干扰信号引起的稳态误差。稳态误差不仅与系统的输入信号有关,还与系统的结构有关。当输入信号为阶跃信号、斜坡信号和抛物线信号时,可用静态误差系数来表征稳态误差。系统结构即积分环节和开环增益对稳态误差的影响:增加积分环节个数、增大开环增益都能降低稳态误差,但可能使系统稳定性变差。

综合考虑系统稳定性、稳态误差和动态性能三者之间的关系是后续校正设计所要讨论的主要内容。

习题

1. 设系统的单位脉冲响应函数如下，试求系统的闭环传递函数：

(1) $w(t)=0.0125e^{-1.25t}$；　　(2) $w(t)=0.1(1-e^{-t/3})$

2. 某控制系统的微分方程为 $T\dot{y}(t)+y(t)=Kx(t)$，其中 $T=0.5$ s，$K=10$。在零初始条件下，试求：

(1) 系统单位脉冲响应 $w(t)$；

(2) 系统单位阶跃响应和单位斜坡响应。

3. 图 3-28(a)所示为机械振动系统，$y(t)$ 为质量块 m 的位移，c 为阻尼系数，k 为弹簧系数。当系统受到 $F=10$ N 的恒力作用时，$y(t)$ 的变化如图 3-28(b)所示。试确定系统的 m,c,k 的值。

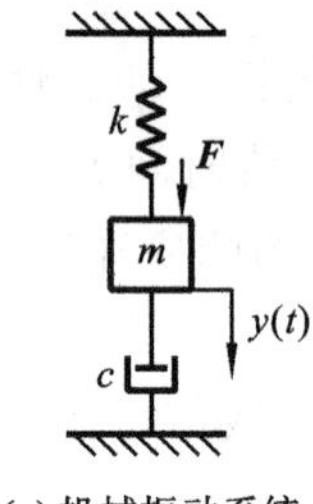

(a) 机械振动系统

(b) 阶跃响应曲线

图 3-28　机械振动系统及其阶跃响应曲线

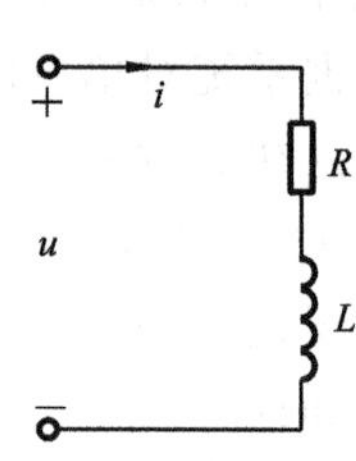

图 3-29　电磁线圈的等效电路

4. 图 3-29 所示为一电磁线圈的等效电路，其中 $R=200\ \Omega$，$L=1$ H。取电压 u 为输入量，电流 i 为输出量。试计算该线圈的瞬态过程时间 t_s（误差带取±5%）。

5. 用一温度计测量某容器中的水温，经过 1 min 后指示出实际水温的 98%，该温度计为一阶惯性系统，问：

(1) 该温度计的时间常数是多少？

(2) 如果给该容器加热，使容器内水温以 0.1 ℃/s 的速度均匀上升，温度计的稳态示值误差是多少？

6. 控制系统框图如图 3-30 所示。要求系统单位阶跃响应的超调量 $\sigma\%=9.5\%$，且峰值时间 $t_p=0.5$ s。试确定 K_1 与 τ 的值，并计算在此情况下系统的上升时间 t_r 和调整时间 t_s（误差带取±2%）。

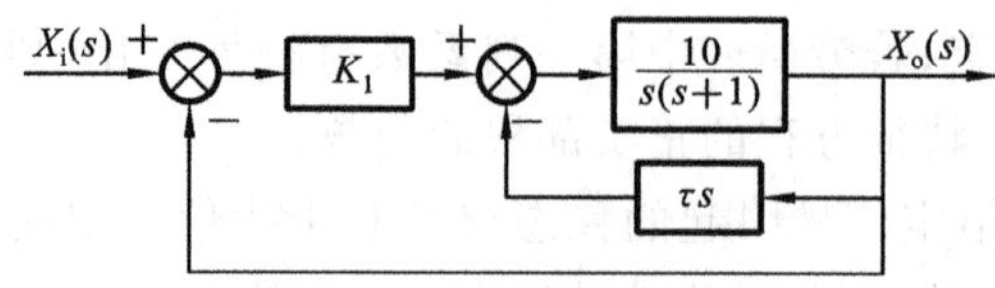

图 3-30　控制系统框图

7. 某单位负反馈二阶控制系统的阶跃响应为

$$y(t)=10[1-1.25e^{-1.2t}\sin(1.6t+53.13°)]$$

若系统的稳态误差 $e_{ss}=0$，求系统的闭环传递函数 $G_b(s)$ 和开环传递函数 $G_k(s)$，以及系统

的超调量 $\sigma\%$、上升时间 t_r 和调整时间 t_s（误差带取±5%）。

8. 设某二阶控制系统的单位阶跃响应曲线如图 3-31 所示，试确定系统的传递函数。

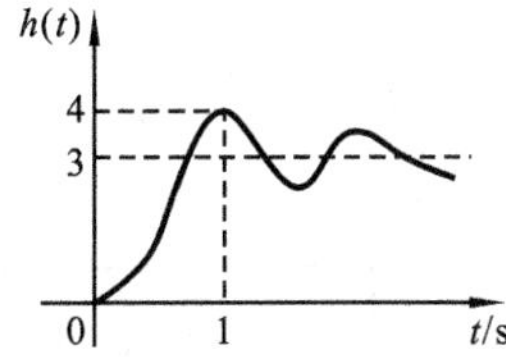

图 3-31　某二阶控制系统单位阶跃响应曲线

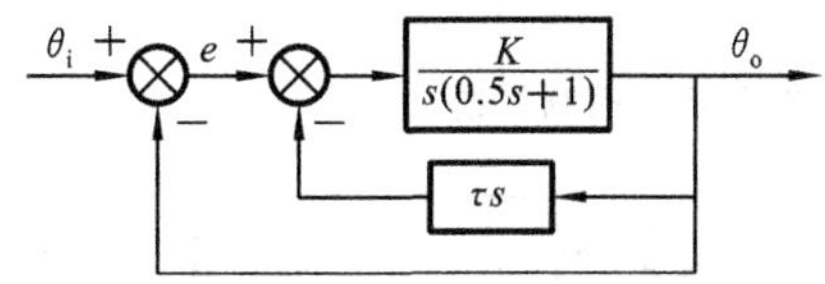

图 3-32　随动系统控制框图

9. 某位置随动系统的框图如图 3-32 所示。若要求系统超调量 $\sigma\%=20\%$，上升时间 $t_r=0.5$ s，试确定增益 K 和速度反馈系数 τ，并求出在此情况下系统的峰值时间 t_p、调整时间 t_s。

10. 设单位负反馈系统的开环传递函数为

$$G_k(s)=\frac{K}{s(0.1s+1)}$$

试分别求出当 $K=10$ 和 $K=20$ 时系统的阻尼比 ξ、无阻尼自然振荡频率 ω_n、超调量 $\sigma\%$、峰值时间 t_p 及调整时间 t_s，并讨论 K 的大小对性能指标的影响。

11. 电子心率起搏器系统如图 3-33 所示，其中模仿心脏的传递函数相当于一个纯积分器。

(1) 若 $\xi=0.5$ 对应最佳响应，问起搏器增益 K 应取多少？

(2) 若期望心速为 60 次/min，并突然接通起搏器，问 1 s 后实际心速为多少，瞬时最大心速为多少？

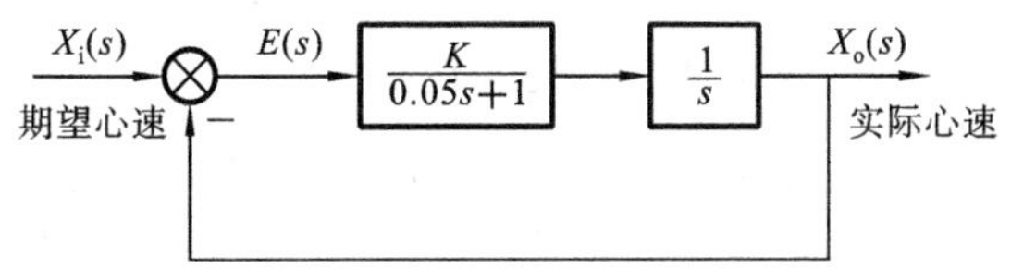

图 3-33　电子心率起搏器系统

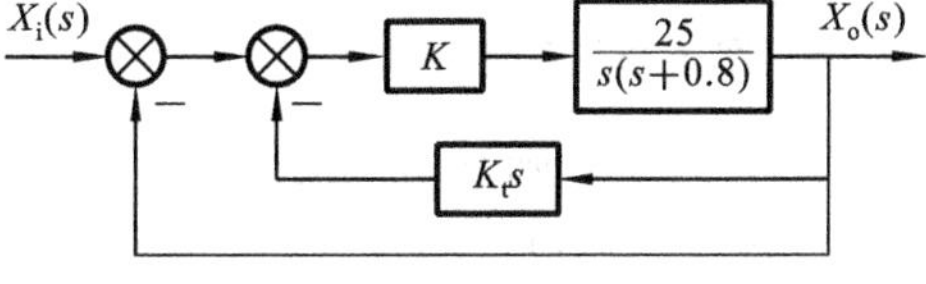

图 3-34　飞机自动控制系统框图

12. 飞机自动控制系统的框图如图 3-34 所示。试选择参数 K 和 K_t，使系统的 $\omega_n=6$ rad/s，$\xi=1$，并讨论系统在单位阶跃信号作用下的各项性能指标。

13. 已知控制系统的特征方程如下，试用劳斯稳定判据判定其稳定性：

(1) $s^4+3s^3+3s^2+2s+1=0$；　(2) $2s^4+10s^3+3s^2+5s+2=0$；

(3) $s^4+3s^3+s^2+3s+1=0$；　(4) $s^5+2s^4+s+2=0$；

(5) $s^6+2s^5+8s^4+12s^3+20s^2+16s+16=0$。

14. 设单位反馈控制系统的开环传递函数如下：

(1) $G_k(s)=\dfrac{K}{s(s+4)(s+10)}$；　(2) $G_k(s)=\dfrac{K(s+1)}{s(s-1)(0.2s+1)}$；

(3) $G_k(s)=\dfrac{K}{s(s-1)(0.2s+1)}$，

试确定使闭环系统稳定的开环增益 K 的取值范围。

15. 已知某负反馈控制系统如图 3-35 所示，求使系统闭环稳定的 K_b 的取值范围。

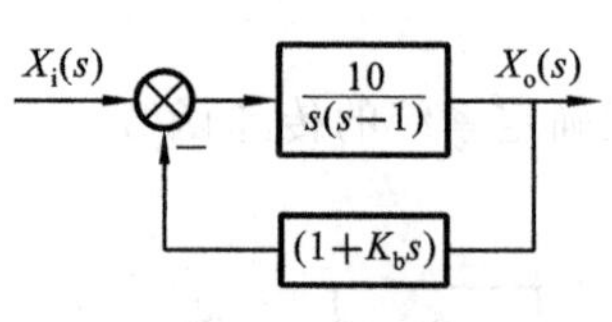

图 3-35　控制系统

16. 求图 3-36 所示控制系统的参数 (K,β) 的稳定域。

17. 确定图 3-37 所示系统参数 K^* 的稳定域，并说明开环系统中积分环节的数目对系统稳定性的影响。

(1) $a>0,b>0,c>0$；(2) $a=0,b>0,c>0$；(3) $a=0,b=0,c>0$。

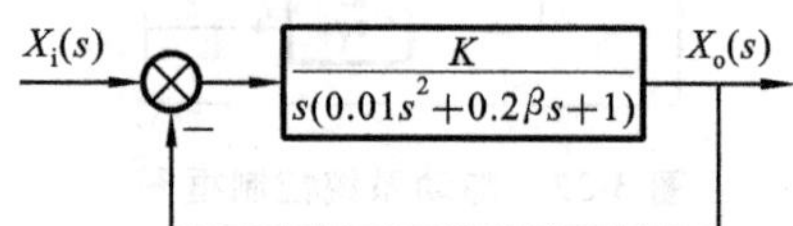

图 3-36　某负反馈控制系统框图

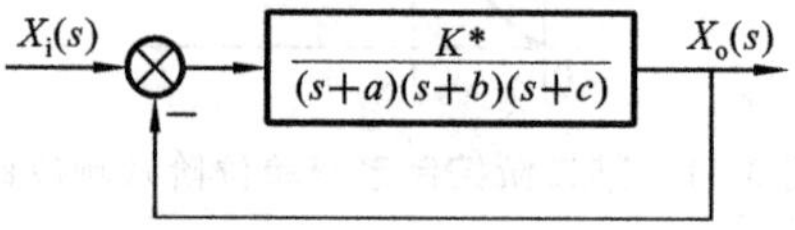

图 3-37　控制系统框图

18. 在零初始条件下对单位反馈系统施加设定输入信号 $x_i(t)=1(t)+t\times 1(t)$，测得系统的输出响应为 $x_o(t)=(t+0.8)\times 1(t)-0.8e^{-5t}$。试求系统的开环传递函数，并计算系统在单位阶跃输入和单位斜坡输入下的稳态误差。

19. 已知单位反馈控制系统的闭环传递函数如下，试求其静态位置、速度和加速度误差系数：

(1) $G(s)=\dfrac{50(s+2)}{s^3+2s^2+51s+100}$；　　(2) $G(s)=\dfrac{2(s+2)(s+1)}{s^4+3s^2+2s^2+6s+4}$。

20. 某控制系统的框图如图 3-38 所示，试求单位阶跃信号输入时系统的稳态误差。

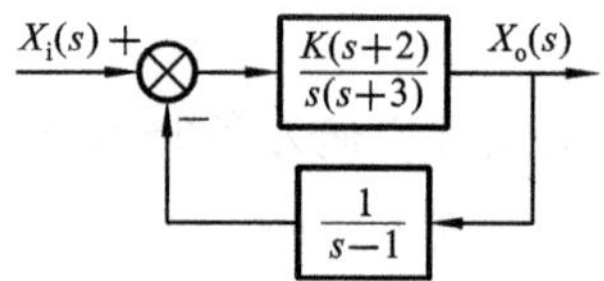

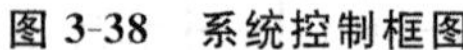
图 3-38　系统控制框图

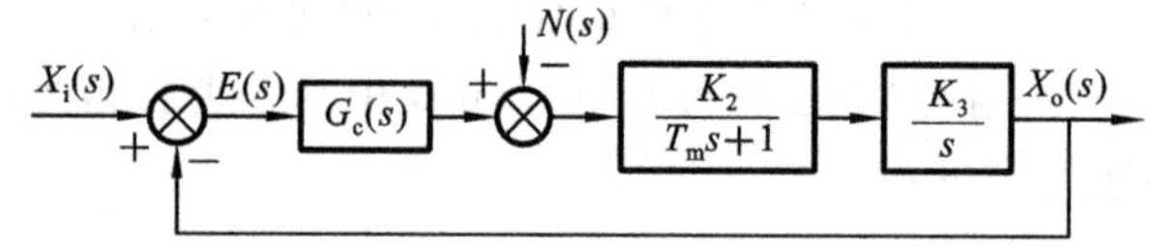

图 3-39　系统控制框图

21. 某位置随动系统的框图如图 3-39 所示。设扰动输入信号为 $n(t)=N\cdot 1(t)$，试分别求出输入 $x_i(t)$ 为单位阶跃函数和单位斜坡函数时系统的稳态误差 e_{ss}。图中控制器 $G_c(s)=K_1$。

22. 已知单位反馈控制系统的开环传递函数为

$$G_k(s)=\frac{K}{s(Ts+1)}$$

试选择参数 K 和 T 的值以同时满足下列两组指标：

(1) 当 $x_i(t)=t$，系统稳态误差 $e_{ss}\leqslant 2\%$；

(2) 当 $x_i(t)=1(t)$ 时，系统的动态性能指标为 $M_p\leqslant 20\%$，$t_s\leqslant 0.1$ s(误差带取 $\pm 5\%$)。

23. 设比例-微分控制系统如图 3-40 所示，系统输入单位斜坡信号。

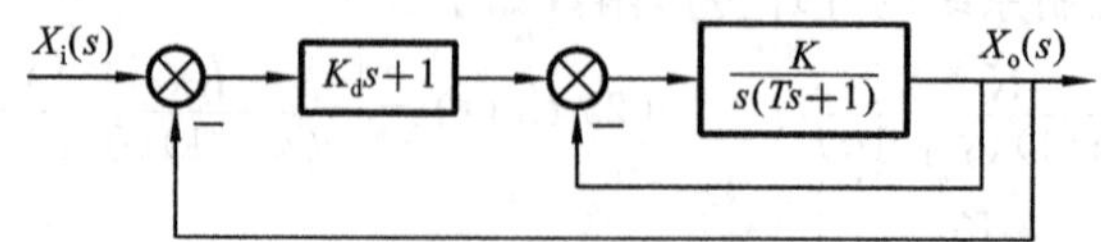

图 3-40　比例-微分控制系统

(1) 当 $K_d=0$ 时，求系统的稳态误差。

(2) 选择 K_d，使系统的稳态误差为零。

24. 系统如图 3-41 所示，试判别系统闭环稳定性，并确定系统的稳态误差 e_{ssr} 及 e_{ssn}。

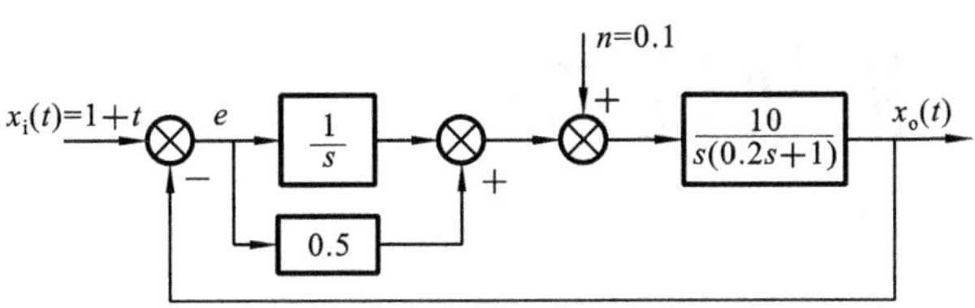

图 3-41　控制系统框图

25. 试求图 3-42 所示系统的稳态误差。

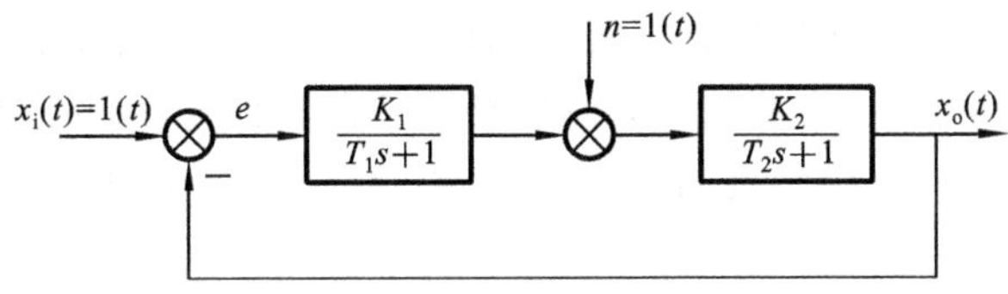

图 3-42　控制系统框图

第4章 根轨迹法

根轨迹法是分析和设计线性定常系统的图解方法。它是根据系统的某一参数变化时，利用已知的开环零点和极点，绘制闭环系统闭环特征根的轨迹，由此对系统进行定性分析和定量计算的方法。本章介绍根轨迹的概念、根轨迹的特征及绘制方法，以及按根轨迹分析控制系统。

4.1 根轨迹的概念

4.1.1 根轨迹

为了描述根轨迹的概念，设控制系统如图 4-1 所示，$H(s)=1$，其开环传递函数为 $G_k(s)=G(s)=\dfrac{K}{s(0.25s+1)}$，$K$ 为开环增益，开环极点 $p_1=0, p_2=-4$。系统的闭环传递函数为$G_b(s)=\dfrac{4K}{s^2+4s+4K}$，则系统的闭环特征方程为 $s^2+4s+4K=0$，闭环特征根为

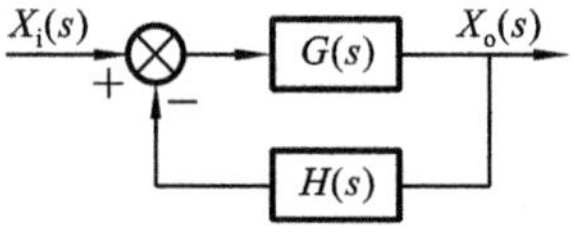

$$\begin{cases} s_1=-2+2\sqrt{1-K} \\ s_2=-2-2\sqrt{1-K} \end{cases}$$

图 4-1 系统结构图

由上式可见，改变 K 的值，系统闭环特征根的值会相应改变，其对应关系如表 4-1 所示。同时，在 $[s]$ 平面上绘制出闭环特征根 s_1, s_2 随 K 值变化的轨迹如图 4-2 所示。图中，"×"表示开环传递函数的极点；箭头的指向表示 K 增大时，闭环特征根的移动方向。

由表 4-1 及图 4-1 可知：当 $K=0$ 时，$s_1=0, s_2=-4$，此时的闭环特征根就是开环极点；当 $0<K<1$ 时，闭环特征根为两个不相等的负实数，在负实轴的 $(-4,0)$ 段上；当 $K=1$ 时，两闭环特征根相等，即闭环极点重合在一起；当 $1<K<\infty$ 时，闭环特征根为一对共轭复根，其实部不随 K 值变化，这就是说，闭环共轭复根位于过点$(-2, \mathrm{j}0)$且平行于虚轴的直线上。当 $K\to\infty$ 时，特征根将趋于无穷远处。

由上述分析可知，所谓根轨迹，是指控制系统的一个或多个参数由零变到无穷大时，闭环系统的特征根在 $[s]$ 平面上形成的轨迹。有了控制系统的根轨迹图，就可以分析系统的性能。

表 4-1 K 与闭环特征根关系

K	s_1	s_2
0	0	-4
1	-2	-2
2	$-2+2j$	$-2-2j$
⋮	⋮	⋮
∞	$-2+j\infty$	$-2-j\infty$

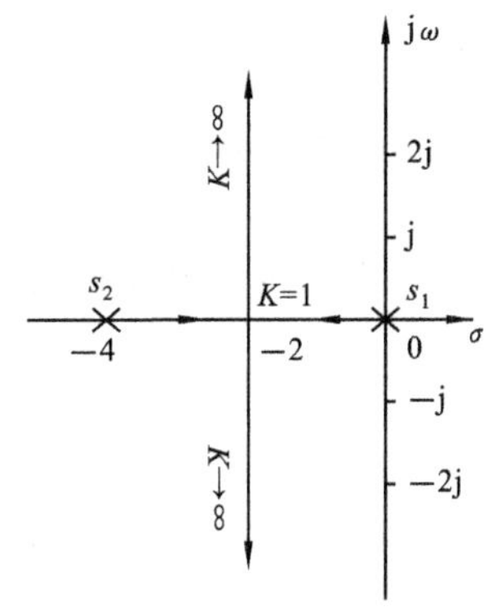

图 4-2 闭环特征根的轨迹

对于图 4-1 所示的系统，当开环增益 K 由零变化到无穷大时，图 4-2 所示的闭环特征根的轨迹不会进入到 [s] 平面的右半平面，因此系统对于所有的 K 值都是稳定的。

当 $0 < K < 1$ 时，所有的闭环特征根位于实轴上，系统为过阻尼状态，单位阶跃响应无振荡、无超调；当 $K = 1$ 时，闭环特征方程有两个相等的实数根，系统为临界阻尼状态，单位阶跃响应无振荡、无超调，但响应速度较 $0 < K < 1$ 时快；当 $1 < K < \infty$ 时，闭环特征方程有共轭复数根，系统呈欠阻尼状态，系统的单位阶跃响应为衰减振荡，特征根的实部为衰减系数，虚部为振荡频率。

图 4-1 所示的系统在 [s] 平面的坐标原点有一个极点，所以系统为 Ⅰ 型系统，根轨迹上的 K 值就是静态速度误差系数。这就是说，通过根轨迹可进行稳态误差分析。

4.1.2 根轨迹方程

设反馈控制系统如图 4-1 所示，其闭环传递函数为

$$\frac{X_o(s)}{X_i(s)} = \frac{G(s)}{1+G(s)H(s)} \tag{4-1}$$

为了便于绘制根轨迹，需要将系统开环传递函数转换为用零点、极点表示的形式，即

$$G(s)H(s) = \frac{K(\tau_1 s+1)(\tau_2 s+1)\cdots(\tau_m s+1)}{(T_1 s+1)(T_2 s+1)\cdots(T_n s+1)} = \frac{k(s-z_1)(s-z_2)\cdots(s-z_m)}{(s-p_1)(s-p_2)\cdots(s-p_n)} \quad (n \geqslant m) \tag{4-2}$$

式中：$p_1, p_2, \cdots, p_n$ 为开环极点；$z_1, z_2, \cdots, z_m$ 为开环零点；K 为开环放大系数；k 为开环传递函数在零点、极点形式下的放大系数，也称为根轨迹放大系数。开环放大系数 K 与根轨迹放大系数 k 之间仅相差一个比例常数，即存在下列关系：

$$K = k\frac{\prod_{j=1}^{m}(-z_j)}{\prod_{i=v+1}^{n}(-p_i)} \tag{4-3}$$

式中，v 为 $s=0$ 的开环极点个数，无开环零点时取 $\prod z_j = 1$ 。所以绘制根轨迹时，以 k 为可变参数，就是以 K 为可变参数。闭环特征方程为

$$1+G(s)H(s) = 0$$

或写成
$$G(s)H(s)=\frac{k(s-z_1)(s-z_2)\cdots(s-z_m)}{(s-p_1)(s-p_2)\cdots(s-p_n)}=-1 \tag{4-4}$$

式(4-4)称为根轨迹方程。式(4-4)可改写成
$$|G(s)H(s)|e^{j\angle G(s)H(s)}=1\cdot e^{j(2k+1)\pi}\quad (k=0,\pm1,\pm2,\cdots) \tag{4-5}$$

前述已知,根轨迹上的每一点都对应闭环特征方程的根,由此得出绘制根轨迹所依据的条件:

幅值条件
$$\left|\frac{k(s-z_1)(s-z_2)\cdots(s-z_m)}{(s-p_1)(s-p_2)\cdots(s-p_n)}\right|=1 \tag{4-6}$$

相角条件
$$\sum_{j=1}^{m}(s-z_j)-\sum_{i=1}^{n}(s-p_i)=(2k+1)\pi\quad (k=0,\pm1,\pm2,\cdots) \tag{4-7}$$

所以既满足幅值条件又满足相角条件的 s 值就是闭环特征方程的一组根,也就是一组闭环极点。实际上,对于满足相角条件的任一点,一定都可找到对应的可变参数值使幅值条件成立。这就是说,相角条件式(4-7)是确定根轨迹上点的充要条件。绘制根轨迹时,一般先应用相角条件找出根轨迹,然后利用幅值条件在根轨迹上标出对应的参数值。

4.2 绘制根轨迹的基本规则

4.2.1 根轨迹的起点和终点

1. 根轨迹起始于开环极点

根轨迹方程式(4-4)可表示成
$$\frac{(s-z_1)(s-z_2)\cdots(s-z_m)}{(s-p_1)(s-p_2)\cdots(s-p_n)}=-\frac{1}{k}$$

在根轨迹的起始点处 $k=0$,由根轨迹方程得
$$\frac{(s-z_1)(s-z_2)\cdots(s-z_m)}{(s-p_1)(s-p_2)\cdots(s-p_n)}=-\infty \tag{4-8}$$

使式(4-8)成立的条件是 $(s-p_1)(s-p_2)\cdots(s-p_n)=0$,即 n 条根轨迹起始于开环传递函数的 n 个极点。

2. 根轨迹终止于开环零点

在根轨迹的终点处 $k=\infty$,由根轨迹方程得
$$\frac{(s-z_1)(s-z_2)\cdots(s-z_m)}{(s-p_1)(s-p_2)\cdots(s-p_n)}=0 \tag{4-9}$$

使式(4-9)成立的条件是 $(s-z_1)(s-z_2)\cdots(s-z_m)=0$,即表示有 m 条根轨迹终止于开环零点。

根轨迹的判别规则 1:当 $n>m$ 时,开始于 n 个开环极点的 n 条根轨迹中有 m 条根轨迹终止于开环零点,有 $n-m$ 条根轨迹终止于无穷远处。由式(4-9)可解释这一规则:终点就是 $k\to\infty$ 的点,这样的点只有两种情况,一是 $s=z_j(j=1,2,\cdots,m)$,二是 $s\to\infty$。无穷远处也称为“无穷远零点”。

根轨迹的判别规则 2:当 $n<m$ 时,终止于开环零点的 m 条根轨迹,有 n 条根轨迹来自 n

个开环极点，还有 $m-n$ 条来自无穷远处。必需指出，实际系统极少有 $n<m$ 的情况，但是在处理特殊根轨迹时，常常将系统特征方程变形，变形后的等价系统可能会出现这种情况。

4.2.2 根轨迹的对称性和分支数

1. 根轨迹对称于实轴

闭环特征根若是实数根，则分布在 $[s]$ 平面的实轴上；闭环特征根若是复数根，其必是一对共轭复根，实部相等，虚部大小相等，符号相反。综合可知，它们形成的根轨迹必定对称于实轴。

2. 根轨迹的分支数

由式(4-4)根轨迹方程可得

$$(s-p_1)(s-p_2)\cdots(s-p_n)+k(s-z_1)(s-z_2)\cdots(s-z_m)=0 \tag{4-10}$$

因为 $n\geqslant m$，所以式(4-10)的最高阶次是 n，即方程有 n 个特征根。当 k 由 $0\to\infty$ 时，每一个根连续地向其终点形成一条根轨迹，n 个根形成 n 条根轨迹。

4.2.3 实轴上的根轨迹段

实轴上的开环零点和开环极点将实轴分为若干段，对于其中任一段，如果其右边实轴上的开环零点数、极点数之和为奇数，则该段为根轨迹段。

用相角条件证明如下：设系统的开环零点、极点分布如图 4-3 所示，实轴上的零点、极点将实轴分成若干段；在实轴上 (p_4,z_2) 段内任取一点 s_0，从各开环零点、极点向 s_0 引向量，如图 4-3 中箭头线所示；由图 4-3 显示出的开环零点、极点的相角关系可得(其中 $\theta_2+\theta_3=2\pi$ (弧度))

$$\sum_{j=1}^{3}(s-z_j)-\sum_{i=1}^{4}(s-p_i)=\phi_1+\phi_2+\phi_3-\theta_1-\theta_2-\theta_3-\theta_4=-\pi$$

满足式(4-7)相位条件，所以 s_0 是根轨迹上的点；由于 s_0 是实轴上 (p_4,z_2) 段内任取的一点，即代表了该段内的所有点，因而该段为根轨迹段。

由以上分析可知：在 $[s]$ 平面上一对共轭开环极点(或一对共轭开环零点)向实轴上任一点所引向量的相角和为 2π，对相角条件不产生影响；从实轴上待定根轨迹段内任一点 s_0 左侧的开环零点、极点向 s_0 所引向量的相角为 0(弧度)，故对相角条件也不产生影响；从实轴上待定根轨迹段内任一点 s_0 右侧的开环零点、极点向 s_0 所引向量的相角为 π(弧度)。因此，只有实轴上待定根轨迹段内任一点 s_0 右侧的开环零点数、极点数之和为奇数时才能使该段的点满足相位条件，即可判断该段为根轨迹段。

例 4-1 已知系统的开环传递函数 $G(s)H(s)=\dfrac{k(s^2+2s+2)}{s(s+2)(s+3)}$，试绘制系统的根轨迹。

解 由开环传递函数求得开环零点、极点：$p_1=-2$，$p_2=-3$；$z_1=-1+\mathrm{j}$，$z_2=-1-\mathrm{j}$。用“×”表示开环极点，“∘”表示开环零点，将本例开环零点、极点标在 $[s]$ 平面上如图 4-4 所示。

系统由三条根轨迹起始于系统的三个开环极点，其中两条根轨迹终止于系统的两个开

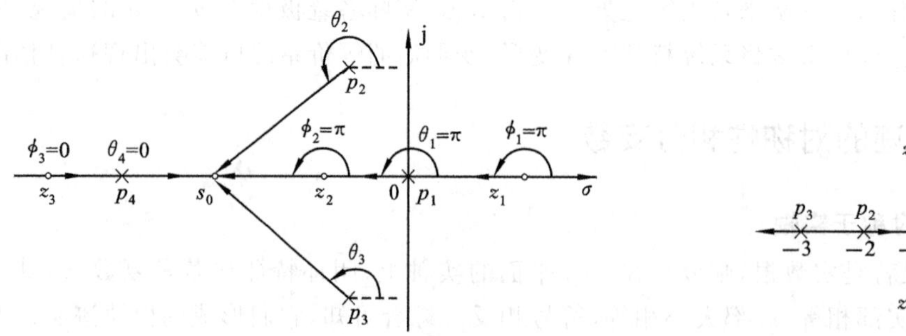

图 4-3 实轴上的根轨迹段

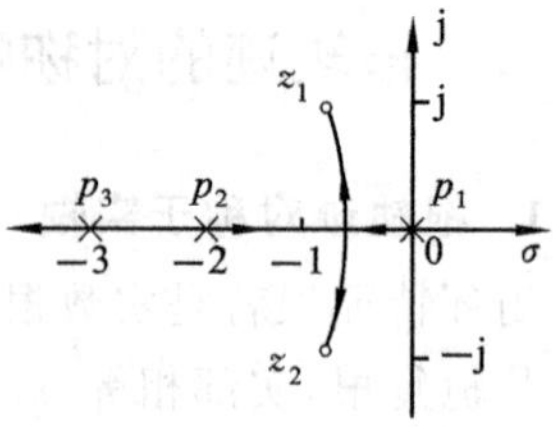

图 4-4 例 4-1 系统根轨迹图

环零点，第三条根轨迹终止于无穷远处。

由实轴上的根轨迹段的判别规则，实轴上 $[p_1, p_2]$ 段和 $(-\infty, p_3]$ 段是根轨迹段，而 (p_2, p_3) 段不是根轨迹段。根轨迹如图 4-4 所示。

4.2.4 根轨迹的渐近线

当有根轨迹趋于无穷远时，可用渐近线确定其变化趋势。渐近线与实轴的夹角为

$$\theta_l = \frac{\pm(2l+1)\pi}{n-m}, \quad l = 0,1,2,\cdots \tag{4-11}$$

渐近线与实轴的交点为

$$\sigma = \frac{\sum_{i=1}^{n} p_i - \sum_{l=1}^{m} z_l}{n-m} \tag{4-12}$$

4.2.5 根轨迹在实轴上的分离点和会合点

闭环特征方程的根在 $[s]$ 平面上的重合点称为根轨迹的分离点或会合点，这些点一般是在实轴上。根轨迹离开实轴进入 $[s]$ 平面的点称为分离点，根轨迹由 $[s]$ 平面进入实轴的点称为会合点，它们是闭环特征方程的实数根与复数根的分界点，也就是闭环特征方程的根取得重根的点。

设系统的开环传递函数为
$$G(s)H(s) = \frac{kB(s)}{A(s)} \tag{4-13}$$

闭环特征方程为
$$f(s) = A(s) + kB(s) = 0 \tag{4-14}$$

$$k = -\frac{A(s)}{B(s)} \tag{4-15}$$

设方程有重根，则根据重根的条件，重根除了满足式(4-14)的特征方程外，还必须满足

$$f'(s) = A'(s) + kB'(s) = 0 \tag{4-16}$$

将式(4-15)代入式(4-16)中，得到重根的条件

$$A'(s)B(s) - A(s)B'(s) = 0 \tag{4-17}$$

例 4-2 已知负反馈控制系统的开环传递函数为 $G(s)H(s) = \dfrac{k}{s(s+1)(s+2)}$，绘制系统的根轨迹。

解　由 $s(s+1)(s+2)=0$ 得开环极点 $s=0, s=-1, s=-2$。

(1) 根轨迹的分支数等于 3。

(2) 3 条根轨迹的起点分别是实轴上的 $(0,\mathrm{j}0)$、$(-1,\mathrm{j}0)$、$(-2,\mathrm{j}0)$，终止点都为无穷远处。

(3) 根轨迹在实轴上的轨迹段：$[p_1,p_2]$ 段和 $(-\infty,p_3]$ 段。

(4) 根轨迹的渐近线：由于 $n=3, m=0$，所以根轨迹有三条趋于无穷远的渐近线。渐近线与实轴正方向的夹角为

$$\theta_l=\frac{(2l+1)\pi}{n-m}=\frac{\pi}{3}\quad(l=0)$$

渐近线与实轴的交点为

$$\sigma=\frac{\sum_{i=1}^{n}p_i-\sum_{l=1}^{m}z_l}{n-m}=\frac{0-1-2-0}{3}=-1$$

(5) 根轨迹与实轴的分离点：$A(s)=s(s+1)(s+2)=s^3+3s^2+2s$，$B(s)=1$，代入重根条件式(4-17)得 $3s^2+6s+2=0$，解得

$$s_1=-0.422,\quad s_2=-1.574$$

由(3)分析已知，s_2 不是根轨迹上的点，舍去。s_1 是根轨迹与实轴的交点。绘制出系统的根轨迹图如图 4-5 所示。

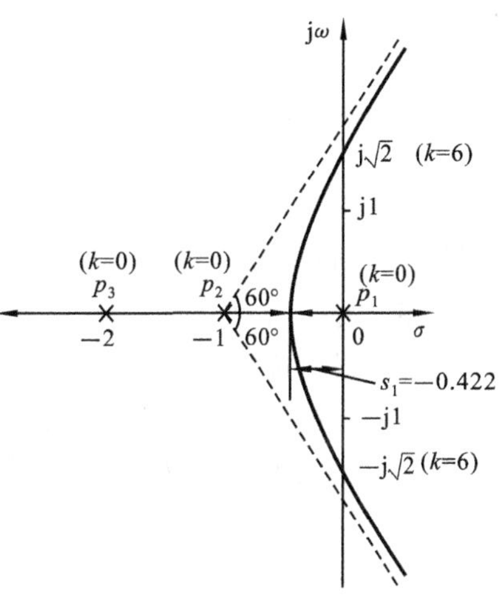

图 4-5　例 4-2 系统根轨迹图

4.2.6　根轨迹与虚轴的交点

根轨迹与虚轴的交点是系统的临界稳定点。将 $s=\mathrm{j}\omega$ 代入闭环特征方程 $1+G(\mathrm{j}\omega)H(\mathrm{j}\omega)=0$，并令特征方程的实部和虚部分别等于零，就可以解出根轨迹与虚轴的交点坐标 ω_0 的值和该点处对应的参数 k 的值。

例 4-3　求例 4-2 所示系统的根轨迹与虚轴的交点及该点处的参数 k 的值。

解　控制系统的闭环特征方程为

$$s^3+3s^2+2s+k=0$$

将 $s=\mathrm{j}\omega$ 代入特征方程中，得

$$-\mathrm{j}\omega^3-3\omega^2+\mathrm{j}2\omega+k=0$$

实部方程　$-3\omega^2+k=0$

虚部方程　$-\omega^3+2\omega=0$

解虚部方程，得　$\omega_1=0,\quad \omega_{2,3}=\pm\sqrt{2}$

将所得 ω 值代入实部方程得对应的 k 值。$\omega_1=0$ 时，$k=0$；$\omega_{2,3}=\pm\sqrt{2}$ 时，$k=6$。将交点及所对应的 ω 和 k 标在图 4-5 中。可见，当 $k>6$ 时，系统不稳定。

4.2.7　根轨迹的出射角和入射角

根轨迹离开开环复数极点处的切线与实轴正方向的夹角称为出射角，根轨迹进入开环

复数零点处的切线与实轴正方向的夹角称为入射角。

开环复数极点 p_l 处的出射角为

$$\theta_{p_l} = \pm 180° + \sum_{j=1}^{m} \angle(p_l - z_j) - \sum_{i=1}^{l-1} \angle(p_l - p_i) - \sum_{i=l+1}^{n} \angle(p_l - p_i) \tag{4-18}$$

开环复数零点 z_l 处的入射角为

$$\theta_{z_l} = \pm 180° + \sum_{i=1}^{n} \angle(z_l - p_i) - \sum_{j=1}^{l-1} \angle(z_l - z_j) - \sum_{j=l+1}^{m} \angle(z_l - p_j) \tag{4-19}$$

例 4-4 负反馈控制系统的开环传递函数为

$$G(s)H(s) = \frac{k(s+2)}{s^2+2s+3}$$

试绘制系统的根轨迹图。

解 令 $s^2+2s+3=0$，求得开环极点 $p_{1,2}=-1\pm \mathrm{j}\sqrt{2}$，开环零点 $z_1=-2$。

(1) 根轨迹的分支数等于 2。

(2) 2 条根轨迹的起始点分别是 p_1 和 p_2，终止点是 z_1 和无穷远处。

(3) 根轨迹在实轴上的轨迹段：$(-\infty, -2]$。

(4) 根轨迹的渐近线：由于 $n=2, m=1$，所以只有一条根轨迹渐近线，就是负实轴。

(5) 根轨迹与实轴的会合点：$A(s)=s^2+2s+3$，$B(s)=s+2$，代入重根条件式(4-17)得 $s^2+4s+1=0$，解得

$$s_1=-2-\sqrt{3}=-3.737, \quad s_2=-2+\sqrt{3}=-1.263$$

由(3)分析已知，s_2 不是根轨迹上的点，舍去；s_1 是根轨迹与实轴的交点。

(6) 求出射角

$$\angle(p_1-z_1)=-180°+\arctan\sqrt{2}=234.7°$$

$$\begin{aligned}\theta_{p_1} &= \pm 180° + \angle(p_1-z_1) - \angle(p_1-p_2) \\ &= \pm 180° + 234.7° - 90° \\ &= 324.7°(\text{或 } \theta_{p_1}=-35.3°)\end{aligned}$$

因为 p_1，p_2 为共轭复数根，其出射角关于实轴对称，所以 p_2 的出射角为

$$\theta_{p_2}=-324.7°(\text{或 } \theta_{p_2}=35.3°)$$

绘制系统的根轨迹图如图 4-6 所示。

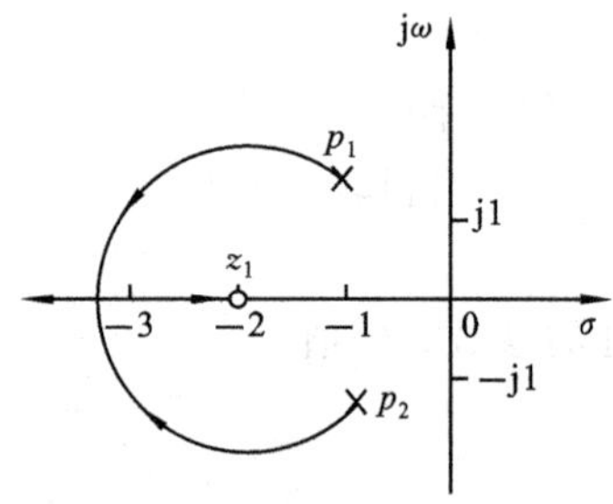

图 4-6 例 4-4 系统根轨迹图

4.2.8 闭环极点的和与积、开环极点与闭环极点的关系

设 n 阶系统闭环特征方程可表示成下列不同形式：

$$\begin{aligned}1+G(s)H(s) &= \prod_{i=1}^{n}(s-p_i)+k\prod_{j=1}^{m}(s-z_j) \quad (n>m) \\ &= s^n+a_{n-1}s^{n-1}+a_{n-2}s^{n-2}+\cdots+a_1 s+a_0 \\ &= \prod_{i=1}^{n}(s-s_i)=0 \end{aligned} \tag{4-20}$$

式中：z_j，p_i 分别为开环零点、极点；$a_{n-1}, a_{n-2}, \cdots, a_1, a_0$ 为闭环特征多项式的系数；s_i 为闭环

特征根。根据代数方程根与系数的关系，可得闭环极点的和与积的关系：

$$a_{n-1} = -\sum_{i=1}^{n} s_i \tag{4-21}$$

$$a_0 = \prod_{i=1}^{n}(-s_i) \tag{4-22}$$

对于稳定控制系统，式(4-22)可表示成

$$a_0 = \prod_{i=1}^{n}|s_i| \tag{4-23}$$

当 $n > m$ 时，闭环特征方程的系数与 k 无关，无论 k 取何值，开环极点之和等于闭环特征根之和，即有

$$\sum_{i=1}^{n} s_i = \sum_{i=1}^{n} p_i \tag{4-24}$$

由式(4-21)～式(4-23)所示的关系，在已知某些较简单系统的部分闭环极点的情况下，容易确定其余闭环极点在［s］平面上的分布及对应的参数 k 。

由式(4-24)可判断根轨迹的变化趋势：在开环极点确定的情况下，当 k 增大时，若某些闭环极点在［s］平面上向左移动，则另一部分的闭环极点必在［s］平面上向右移动。

例 4-5　已知例 4-2 所示系统的根轨迹与虚轴相交时的两个闭环极点为 $s_{1,2} = \pm \mathrm{j}\sqrt{2}$，试求在此情况下的第 3 个极点及相对应的根轨迹放大系数 k 值和开环放大系数 K 值。

解　求第 3 个极点可用式(4-21)，也可用式(4-24)，这里采用式(4-24)。

已知系统的三个开环极点分别为 0，−1，−2，则 $p_1 + p_2 + p_3 = -3$ ，由式(4-24)得

$$s_1 + s_2 + s_3 = p_1 + p_2 + p_3$$

将 $s_{1,2} = \pm \mathrm{j}\sqrt{2}$ 代入，有

$$s_3 = -3 - (\mathrm{j}\sqrt{2}) - (-\mathrm{j}\sqrt{2}) = -3$$

此时系统的闭环特征方程为 $s^3 + 3s^2 + 2s + k = 0$ ，由式(4-23)得

$$a_0 = k = |s_1| \cdot |s_2| \cdot |s_3| = \sqrt{2} \times \sqrt{2} \times 3 = 6$$

由式(4-3)可得　$$K = k\frac{\prod_{j=1}^{m}(-z_j)}{\prod_{i=v+1}^{n}(-p_i)} = k\frac{1}{\prod_{i=2}^{3}(-p_i)} = 6 \times \frac{1}{1 \times 2} = 3$$

由根轨迹规则可了解根轨迹的基本特征，并可根据这些规则来概略绘制根轨迹图。绘制根轨迹图还须牢记三句话：依据的是开环零、极点分布；遵循的是不变的相角条件；绘出的是闭环极点的轨迹。下面举例进一步说明根轨迹概略图的绘制，同时将说明根轨迹的分离点和会合点不是在实轴上而是在复平面上的情况。

例 4-6　已知负反馈控制系统的开环传递函数为 $G(s)H(s) = \dfrac{k}{s(s+4)(s^2+4s+20)}$，试绘制系统的根轨迹图。

解　由开环传递函数可得开环极点 $p_1 = 0$，$p_2 = -4$，$p_{3,4} = -2 \pm \mathrm{j}4$；没有零点。

(1) 根轨迹的分支数等于 4。

(2) 4 条根轨迹的起始点分别是 p_1，p_2，p_3 和 p_4；4 条根轨迹沿不同的方向终止于无穷远处。

(3) 实轴上的根轨迹段：$[p_2, p_1]$ 段。

(4) 根轨迹的渐近线：由于 $n-m=4$，所以 4 条根轨迹渐近线都趋于无穷远处。渐近线与实轴的夹角 $\theta_l=\dfrac{\pm(2l+1)180^\circ}{n-m}$。当 $l=0$ 时，$\theta_l=\pm45^\circ$；当 $l=1$ 时，$\theta_l=\pm135^\circ$。渐近线与实轴的交点为

$$\sigma=\frac{\sum_{i=1}^{n}p_i-\sum_{l=1}^{m}z_l}{n-m}=\frac{0-4-2+\mathrm{j}4-2-\mathrm{j}4}{4}=-2$$

(5) 根轨迹的分离点和会合点：由 $G(s)H(s)$ 可知，$A(s)=s(s+4)(s^2+4s+20)$，$B(s)=1$，代入重根条件式 $A(s)B'(s)=A'(s)B(s)$ 中，得

$$4s^3+24s^2+72s+80=0$$

解得 $\quad s_1=-2,\quad s_{2,3}=-2\pm\mathrm{j}2.45$

s_1 在实轴的根轨迹段上，为根轨迹的分离点。s_2 和 s_3 在 $[s]$ 复平面上。用相位条件检验 s_2 的相角：

$$-\angle(s_2-p_1)-\angle(s_2-p_2)-\angle(s_2-p_3)-\angle(s_2-p_4)=-180^\circ+90^\circ-90^\circ=-180^\circ$$

上式满足相位条件，所以 s_2 是根轨迹上的点。而 p_3 点与 p_4 点所连直线段上的所有点之相角与 s_2 点的相角相同，所以该段为根轨迹段。s_1，s_2 都是根轨迹的分离点。

(6) 根轨迹与虚轴的交点。闭环特征方程为

$$s^4+8s^3+36s^2+80s+k=0$$

令 $s=\mathrm{j}\omega$，并代入上式，得

$$\omega^4-\mathrm{j}8\omega^3-36\omega^2+\mathrm{j}80\omega+k=0$$

满足上式必须实部、虚部均为零，即

$$\begin{cases}\omega^4-36\omega^2+k=0\\-8\omega^3+80\omega=0\end{cases}$$

解得 $\begin{cases}k=0,\omega_1=0\\k=260,\omega_{2,3}=\pm\sqrt{10}=\pm3.16\end{cases}$

(7) 根轨迹的出射角：因为

$$\angle(p_3-p_1)=180^\circ-\theta_2,\quad \angle(p_3-p_2)=\theta_2,\quad \angle(p_3-p_4)=90^\circ$$

所以

$$\theta_{p_3}=\pm180^\circ-\angle(p_3-p_1)-\angle(p_3-p_2)-\angle(p_3-p_4)$$
$$=\pm180^\circ-180^\circ+\theta_2-\theta_2-90^\circ=-90^\circ(\text{或 }\theta_{p_3}=90^\circ)$$
$$\theta_{p_4}=90^\circ(\text{或 }\theta_{p_4}=-90^\circ)$$

绘制出系统的根轨迹图如图 4-7 所示。

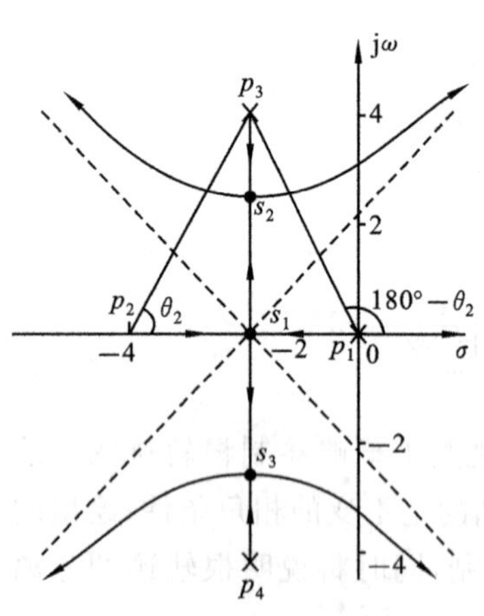

图 4-7　例 4-6 系统根轨迹图

4.3　用根轨迹法分析控制系统

有了控制系统的根轨迹图，就可以用它来分析控制系统的性能。

4.3.1　闭环极点的位置与系统性能的关系

从第 3 章时域分析法的高阶系统分析中可知，只有当所有的闭环极点都位于[s]左半平面上时，系统才是稳定的。由式(3-34)可知，闭环负实数极点离虚轴越远，对应的指数分量衰减就越快，系统的调整时间就越短，响应速度就越快。对于一对闭环共轭的复数极点 s_1,s_2，将其绘制于[s]平面上如图 4-8 所示，为考察其与系统性能的关系，可用二阶系统时域分析的方法：

$$s_{1,2}=-\xi\omega_n\pm j\omega_n\sqrt{1-\xi^2}=-\xi\omega_n\pm j\omega_d$$

$$|s_1|=|s_2|=\sqrt{(\xi\omega_n)^2+\omega_d^2}=\omega_n$$

$$\cos\beta=\frac{\xi\omega_n}{\omega_n}=\xi$$

复数极点的单位阶跃响应为

$$x_o(t)=1-\frac{e^{-\xi\omega_n t}}{\sqrt{1-\xi^2}}\sin(\omega_d t+\beta)$$

性能指标为

$$\sigma\%=e^{-\xi\pi/\sqrt{1-\xi^2}}\times 100\%,\quad t_s=\frac{3}{\xi\omega_n}$$

由图 4-8 可知：闭环极点的虚部 ω_d 表征了系统有阻尼振荡频率；闭环极点与坐标原点间的距离 ω_n 表征了系统无阻尼自然振荡频率；图中闭环极点与负实轴的夹角 β 的余弦为 ξ，所以 β 是一个与阻尼比相关的量。闭环极点的位置与系统性能的关系可这样表述：

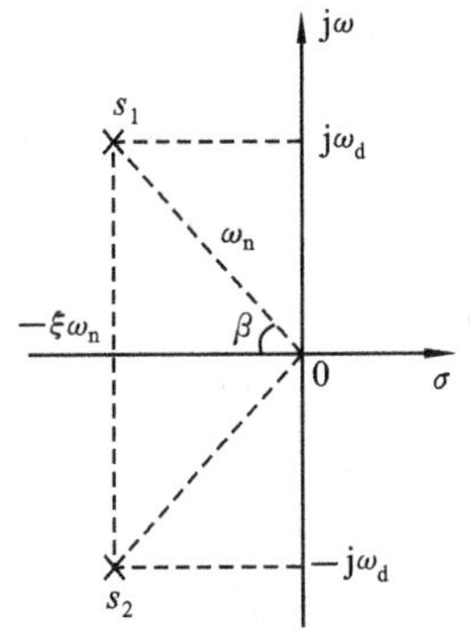

图 4-8　共轭复数极点在[s]平面上的分布

(1) 闭环极点在[s]平面上的分布反映系统的稳定性，闭环极点在[s]左半平面上时系统稳定，闭环极点在[s]右半平面上时系统不稳定；

(2) 闭环极点的实部 $\xi\omega_n$ 反映了系统的调节时间，$\xi\omega_n$ 值大，表明距离虚轴远，调节时间就短，系统的响应就快；

(3) 闭环极点与负实轴的夹角 β 反映了系统的平稳性，β 大，阻尼比 ξ 就小，超调量 $\sigma\%$ 就大，系统振荡就会增加。

4.3.2　用根轨迹法分析系统的动态性能

下面以实例说明用根轨迹法分析系统的动态性能。

例 4-7　负反馈控制系统前向通道的传递函数和反馈通道的传递函数分别为

$$G(s)=\frac{k}{s^2(s+1)},\quad H(s)=1$$

(1) 试绘制系统的根轨迹图，判断系统的稳定性。

(2) 若 $H(s)=s+0.5$，$G(s)$ 不变，绘制系统的根轨迹图，并判断系统的稳定性。

解　(1) 控制系统的开环传递函数为

$$G(s)H(s)=\frac{k}{s^{2}(s+1)}$$

运用根轨迹规则绘制该系统的根轨迹图(过程同上,略)如图 4-9(a)所示。由图可知,当 k 由 $0\to\infty$ 时,根轨迹有两条分支落在[s]的右半平面上,故闭环系统不稳定。

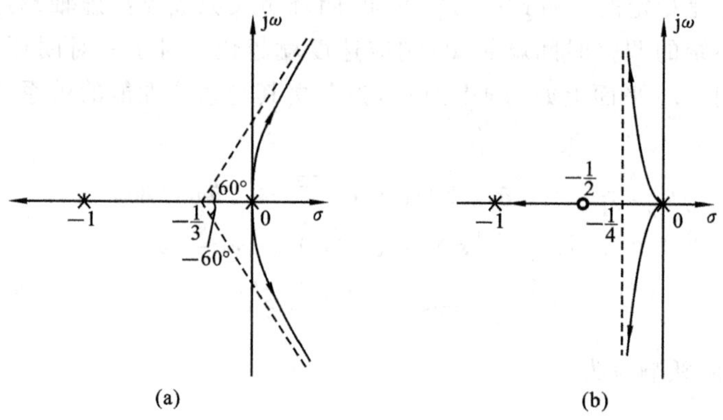

图 4-9 例 4-7 系统根轨迹图

(2) 当控制系统开环传递函数为 $G(s)H(s)=\frac{k(s+0.5)}{s^{2}(s+1)}$ 时,绘制系统根轨迹图如图 4-9(b)所示。由图可知,系统增加零点后,当 k 由 $0\to\infty$ 时,系统根轨迹落在[s]的左半平面上,故闭环系统稳定。

例 4-8 已知负反馈系统的开环传递函数 $G(s)H(s)=\frac{k}{s(s+4)}$,试用根轨迹法分析根轨迹放大系数对系统性能的影响,并计算 $k=20$ 时,开环放大系数 K 和系统的动态性能指标。

解 绘制系统的根轨迹图如图 4-10 所示。由根轨迹图可知,当 k 由 $0\to\infty$ 时,系统都是稳定的。当 $0<k<4$ 时,系统具有两个不相等的闭环负实数根,系统的动态响应是非振荡的;当 $k=4$ 时,系统具有两个相等的闭环实数根,系统的动态响应也是非振荡的;当 $4<k<\infty$ 时,系统具有一对共轭复数根,则系统的动态响应是振荡的。

当 $k=20$ 时,开环放大系数

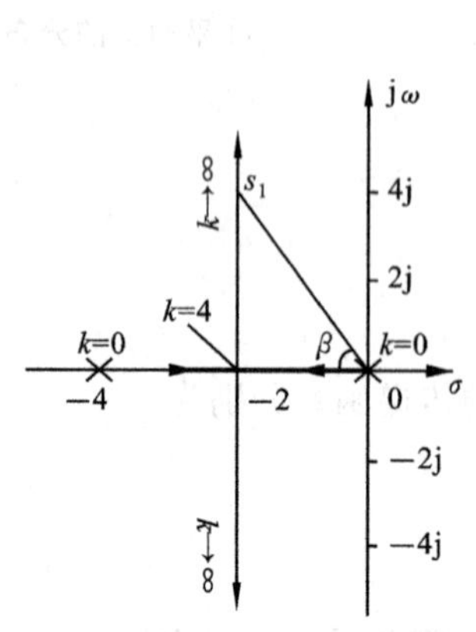

图 4-10 例 4-8 系统根轨迹图

$$K=k\frac{\prod\limits_{j=1}^{m}(-z_{j})}{\prod\limits_{i=v+1}^{n}(-p_{i})}=20\times\frac{1}{4}=5$$

当 $k=20$ 时,系统的闭环极点为

$$s_{1,2}=-\xi\omega_{n}\pm j\omega_{n}\sqrt{1-\xi^{2}}=-2\pm j4$$

振荡频率和阻尼比分别为

$$\omega_{n}=\sqrt{20}=4.468,\quad \xi=\frac{2}{\omega_{n}}=0.448$$

于是得系统的动态性能指标:

$$超调量\ \sigma\%=e^{-\pi\xi/\sqrt{1-\xi^{2}}}\times100\%=20.7\%$$

$$\text{调整时间 } t_s = \frac{3}{\xi\omega_n} = 1.5\ \text{s} \quad (\Delta = 5\%)$$

(上升时间及峰值时间请读者自行计算)。

小结

1. 根轨迹是系统的某个或几个参数连续变化时,闭环特征根在复平面上画出的轨迹。

2. 绘制根轨迹可以总结为三句话:依据的是开环零、极点分布,遵循的是不变的相角条件,画出的是闭环极点的轨迹。应重点掌握运用根轨迹规则绘制概略图,用 MATLAB 软件绘制精确图。

3. 根轨迹图揭示了系统动态性能与系统参数的关系,系统根轨迹可用于系统动态性能分析及系统设计。

习题

1. 已知系统零点、极点分布如图 4-11 所示,试绘制根轨迹概略图。

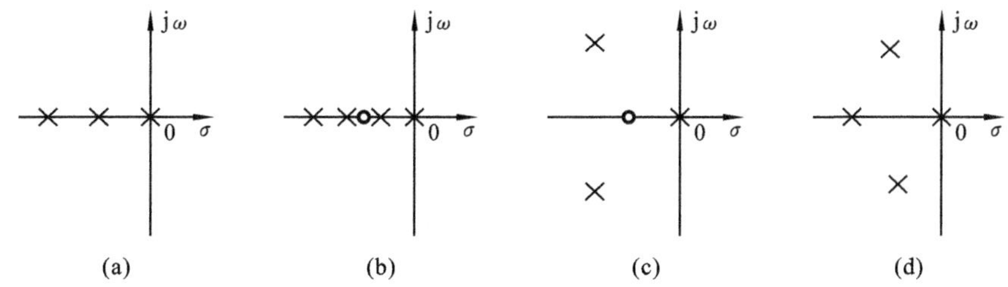

图 4-11 开环零点、极点分布图

2. 设单位反馈控制系统的开环传递函数如下,试概略绘出相应的系统根轨迹图:

(1) $G(s) = \dfrac{K(s+1)}{s(2s+1)}$; (2) $G(s) = \dfrac{K}{s(0.2s+1)(0.5s+1)}$;

(3) $G(s) = \dfrac{k(s+2)}{s(s+2)(s+3)}$; (4) $G(s) = \dfrac{K}{s(0.5s+1)}$。

3. 已知负反馈系统的开环传递函数为

$$G(s)H(s) = \frac{K}{s^2(s+2)(s+5)}$$

其中 $H(s) = 1$ 。

(1) 概略绘出系统的根轨迹图,并判断闭环系统的稳定性。

(2) 若 $H(s) = 1 + 2s$,试判断 $H(s)$ 变化后系统的稳定性。

4. 已知单位反馈系统的开环传递函数为 $G(s) = \dfrac{K}{s(0.1s+1)(s+1)}$,绘制系统的根轨迹图,并求 K 为何值时系统将不稳定。

5. 设单位反馈系统的开环传递函数为 $G(s) = \dfrac{k(s+2)}{s(s+1)}$,试从数学上证明:复数根轨迹部分是以点$(-2,\text{j}0)$为圆心、以 $\sqrt{2}$ 为半径的一个圆。

6. 已知单位反馈系统的开环传递函数为

$$G(s)=\frac{k}{s(s+3)(s+7)}$$

(1) 画出 $0<k<\infty$ 时的根轨迹。

(2) 确定使系统具有欠阻尼阶跃响应特性的 k 值范围。

7. 已知负反馈系统的开环传递函数如图 4-11(d)所示，分析放大系数 K 对系统性能的影响，并计算 $K=5$ 时系统的动态性能指标。

第 5 章　频率特性法

用频率特性作为数学模型来分析和设计系统的方法称为频率特性法，它是一种图形与计算相结合的方法。频率特性法通过系统的开环频率特性来分析闭环系统性能，其主要优点在于：采用作图方法，简单直观，计算量较小；可用实验方法求出系统（或元件）的频率特性；频率特性具有明确的物理意义。因此，频率特性法在工程领域获得广泛的应用。

5.1　频率特性的概念

下面通过实例引入频率特性的基本概念。在第 2 章的图 2-1 RC 电路中已建立了系统的微分方程

$$RC\frac{\mathrm{d}u_c}{\mathrm{d}t}+u_c=u_i$$

则对应的传递函数为

$$G(s)=\frac{U_c(s)}{U_i(s)}=\frac{1}{Ts+1}$$

其中，$T=RC$。当输入信号为 $u_i=A\sin\omega t$ 时，$U_i(s)=\dfrac{A\omega}{s^2+\omega^2}$，系统的输出为 $U_c(s)=\dfrac{1}{Ts+1}\cdot\dfrac{A\omega}{s^2+\omega^2}$。在正弦信号作用下，系统的响应为

$$u_c=\frac{A\omega T}{\omega^2T^2+1}\mathrm{e}^{-\frac{t}{T}}+\frac{A}{\sqrt{\omega^2T^2+1}}\sin(\omega t-\arctan\omega T)$$

式中等号右边的第一项为系统响应的瞬态分量，第二项为系统响应的稳态分量。

当 $t\to\infty$ 时，系统正弦响应的瞬态分量趋于零，其稳态分量为

$$\lim_{t\to\infty}u_c=\frac{A}{\sqrt{\omega^2T^2+1}}\sin(\omega t-\arctan\omega T)$$

比较系统的正弦量输入和稳态输出，可看出：

（1）系统的稳态输出是与输入信号同频率的正弦信号；

（2）稳态输出的幅值与输入的幅值之比为 $\dfrac{1}{\sqrt{\omega^2T^2+1}}$，它是频率 ω 的函数；

（3）稳态输出与输入的相位之差为 $-\arctan\omega T$，它也是频率 ω 的函数。

系统的传递函数与系统的稳态输出之间有何种联系呢？

取 $s=\mathrm{j}\omega$，则有

$$G(s)\big|_{s=\mathrm{j}\omega}=\frac{1}{\mathrm{j}\omega T+1}=\frac{1}{\sqrt{\omega^2T^2+1}}\mathrm{e}^{-\mathrm{j}\arctan\omega T}$$

上式中的模值即是系统稳态输出的幅值与输入的幅值之比；幅角即是系统稳态输出与输入的相位差角。

一般地，设线性定常系统的传递函数为 $G(s)$，如图 5-1 所示，在系统的输入端输入正弦信号

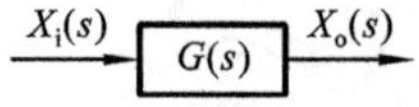

$X_i(s)$ → $G(s)$ → $X_o(s)$

图 5-1 系统框图

$$x_i(t)=X_{im}\sin\omega t \tag{5-1}$$

式(5-1)中：X_{im} 为正弦信号的幅值；ω 为正弦信号的角频率。可以证明，系统的稳态输出为一同频率的正弦信号

$$x_o(t)=X_{om}\sin(\omega t+\varphi) \tag{5-2}$$

令 $s=\mathrm{j}\omega$，由系统的传递函数 $G(s)$ 可得 $G(\mathrm{j}\omega)$，并可得到输出与输入的正弦幅值之比为

$$|G(\mathrm{j}\omega)|=\frac{X_{om}}{X_{im}} \tag{5-3}$$

输出与输入正弦信号的相位差为

$$\angle G(\mathrm{j}\omega)=(\omega t+\varphi)-\omega t=\varphi \tag{5-4}$$

由上可知，$G(\mathrm{j}\omega)$ 是由系统传递函数 $G(s)$ 中令 $s=\mathrm{j}\omega$ 得来的，称 $G(\mathrm{j}\omega)$ 为系统的频率特性。$|G(\mathrm{j}\omega)|$ 为频率特性的幅值（即稳态输出与输入正弦幅值之比）；$\angle G(\mathrm{j}\omega)$ 是输出量对输入量的相位移。当 ω 从 $0\to\infty$ 时，$|G(\mathrm{j}\omega)|$ 和 $\angle G(\mathrm{j}\omega)$ 的变化特点分别称为系统的幅频特性和相频特性。幅频特性和相频特性分别表示为

$$A(\omega)=|G(\mathrm{j}\omega)| \tag{5-5}$$

$$\varphi(\omega)=\angle G(\mathrm{j}\omega) \tag{5-6}$$

幅频特性和相频特性总称为系统的频率特性，可表示成

$$G(\mathrm{j}\omega)=A(\omega)\mathrm{e}^{\mathrm{j}\varphi(\omega)} \tag{5-7}$$

以上结论的证明如下（自学）。

设图 5-1 所示的系统的传递函数为

$$G(s)=\frac{X_o(s)}{X_i(s)}=\frac{M(s)}{(s-p_1)(s-p_2)\cdots(s-p_n)} \tag{5-8}$$

式中，$p_1,p_2,\cdots,p_n$ 为特征方程的根。系统输出响应的拉氏变换为

$$\begin{aligned}X_o(s)&=G(s)X_i(s)\\&=\frac{M(s)}{(s-p_1)(s-p_2)\cdots(s-p_n)}X_i(s)\end{aligned} \tag{5-9}$$

当输入 $x_i(t)=X_{im}\sin\omega t$ 时，其拉氏变换为

$$X_i(t)=\frac{X_{im}\omega}{s^2+\omega^2} \tag{5-10}$$

将式(5-10)代入式(5-9)得

$$\begin{aligned}X_o(s)&=\frac{M(s)}{(s-p_1)(s-p_2)\cdots(s-p_n)}\cdot\frac{X_{im}\omega}{s^2+\omega^2}\\&=\frac{A_1}{s+\mathrm{j}\omega}+\frac{A_2}{s-\mathrm{j}\omega}+\sum_{i=1}^{n}\frac{B_i}{s-p_i}\end{aligned} \tag{5-11}$$

式(5-11)中，A_1，A_2，$B_i(i=1,2,\cdots)$为待定系数。对式(5-11)进行拉氏反变换，可得系统的输出响应为

$$x_o(t)=A_1\mathrm{e}^{-\mathrm{j}\omega t}+A_2\mathrm{e}^{\mathrm{j}\omega t}+\sum_{i=1}^{n}B_i\mathrm{e}^{s_it} \tag{5-12}$$

对于稳定的系统，其极点(即特征方程的根)$p_1,p_2,\cdots,p_n$ 都具有负实部，因此当 $t\to\infty$ 时，式(5-12)中 $\sum_{i=1}^{n}B_i\mathrm{e}^{s_it}$ 的各项将衰减到零。所以，系统的稳态输出响应为

$$x_{os}(t)=A_1\mathrm{e}^{-\mathrm{j}\omega t}+A_2\mathrm{e}^{\mathrm{j}\omega t} \tag{5-13}$$

式(5-13)中的待定系数按下式计算：

$$A_1=G(s)\frac{X_{im}\omega}{s^2+\omega^2}\cdot(s+\mathrm{j}\omega)\bigg|_{s=-\mathrm{j}\omega}=-\frac{G(-\mathrm{j}\omega)X_{im}}{2\mathrm{j}}=-\frac{|G(\mathrm{j}\omega)|\mathrm{e}^{-\mathrm{j}\angle G(\mathrm{j}\omega)}X_{im}}{2\mathrm{j}}$$

$$A_2=G(s)\frac{X_{im}\omega}{s^2+\omega^2}\cdot(s-\mathrm{j}\omega)\bigg|_{s=\mathrm{j}\omega}=\frac{G(\mathrm{j}\omega)X_{im}}{2\mathrm{j}}=\frac{|G(\mathrm{j}\omega)|\mathrm{e}^{\mathrm{j}\angle G(\mathrm{j}\omega)}X_{im}}{2\mathrm{j}}$$

将 A_1，A_2 代入式(5-13)得

$$\begin{aligned}x_{os}(t)&=X_{im}|G(\mathrm{j}\omega)|\frac{\mathrm{e}^{[\mathrm{j}\omega t+\mathrm{j}\angle G(\mathrm{j}\omega)]}-\mathrm{e}^{-[\mathrm{j}\omega t+\mathrm{j}\angle G(\mathrm{j}\omega)]}}{2\mathrm{j}}\\&=X_{im}|G(\mathrm{j}\omega)|\sin[\omega t+\angle G(\mathrm{j}\omega)]\end{aligned} \tag{5-14}$$

从式(5-14)可知，线性系统对正弦输入信号 $x_i(t)=X_{im}\sin\omega t$ 的稳态响应是与输入同频率的正弦信号，其幅值和相位都是频率 ω 的函数。

例 5-1　系统框图如图 5-2 所示，试求输入信号为 $x_i(t)=3\sin 2t$ 时系统的稳态输出。

解　系统的闭环传递函数为

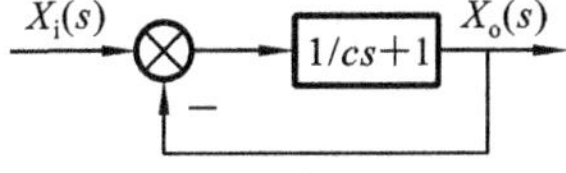

图 5-2　例 5-1 系统框图

$$G_b(s)=\frac{X_o(s)}{X_i(s)}=\frac{1}{s+2}$$

幅频特性和相频特性为

$$A(\omega)=|G_b(\mathrm{j}\omega)|=\frac{X_{om}}{X_{im}}=\frac{1}{\sqrt{2^2+\omega^2}}$$

$$\varphi(\omega)=\angle G_b(\mathrm{j}\omega)=-\arctan\frac{\omega}{2}$$

正弦输入下的稳态输出为

$$x_{os}(t)=X_{im}|G_b(\mathrm{j}\omega)|\sin[\omega t+\angle G_b(\mathrm{j}\omega)]$$

由输入 $x_i(t)=3\sin 2t$ 知 $\omega=2$，$X_{im}=3$，则系统的稳态输出为

$$x_{os}(t)=\frac{3}{2\sqrt{2}}\sin(2t-45°)\approx 1.061\sin(2t-45°)$$

如果输入信号为 $x_i(t)=3\sin(2t+30°)$，则系统的稳态输出又如何呢？请读者自行练习。

5.2　频率特性图

由前面的分析我们知道，若已知线性系统的传递函数就可以求出系统的频率特性。但当系统的传递函数 $G(s)$较复杂时，其频率特性 $G(\mathrm{j}\omega)$也是复杂的，这种方法使用起来并不方便。控制工程中不论是在频率域内进行系统分析和设计，还是用实验法确定系统的传递函数，总是采用图有表示法，即用图形直观地表示出 $G(\mathrm{j}\omega)$ 的幅值和相角随频率 ω 变化的关系。常用的频率特性图有极坐标图和对数坐标图，而以对数坐标图的应用最广。下面用图形法分析典型环节的频率特性。

5.2.1 幅相频特性图

由于 $G(\mathrm{j}\omega)$ 是 ω 的复变函数，故可在复平面上用矢量来表示。在复平面上，当 ω 由 $0\to\infty$ 时，矢量终端绘制出的曲线就是频率特性的幅相频特性图，或称频率特性极坐标图、奈奎斯特图(Nyquist diagram)。矢量的长度对应幅频值 $A(\omega)$，矢量与实轴正方向的夹角对应相频角 $\varphi(\omega)$。

1. 典型环节的幅相频特性图

1）比例环节

传递函数 $$G(s)=K$$

频率特性 $$G(\mathrm{j}\omega)=K \tag{5-15}$$

幅频特性 $$A(\omega)=|G(\mathrm{j}\omega)|=K \tag{5-16}$$

相频特性 $$\varphi(\omega)=\angle G(\mathrm{j}\omega)=0^\circ \tag{5-17}$$

由上可知，比例环节的频率特性与频率无关。比例环节的幅相频特性图如图 5-3 所示，其轨迹是实轴上的 K 点。

2）积分环节

传递函数 $$G(s)=\frac{1}{s}$$

频率特性 $$G(\mathrm{j}\omega)=\frac{1}{\mathrm{j}\omega T} \tag{5-18}$$

幅频特性 $$A(\omega)=|G(\mathrm{j}\omega)|=\frac{1}{\omega} \tag{5-19}$$

相频特性 $$\varphi(\omega)=\angle G(\mathrm{j}\omega)=-90^\circ \tag{5-20}$$

由式(5-19)和式(5-20)可知，当 ω 从 $0\to\infty$ 时，幅值 $|G(\mathrm{j}\omega)|$ 由 $\infty\to 0$，而相角保持 -90° 不变。所以，积分环节的幅相频特性图是虚轴的原点以下部分，由无穷远处指向原点，如图 5-4 所示。

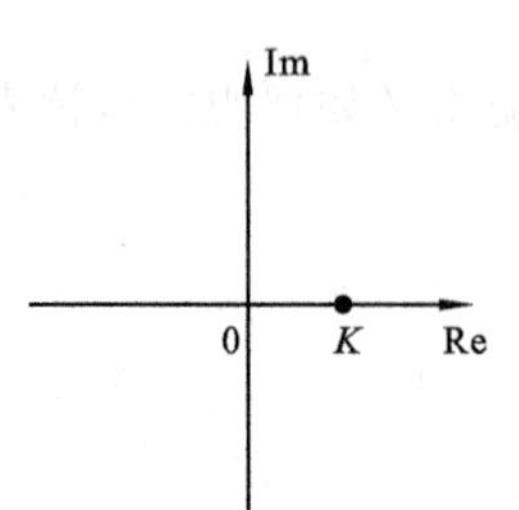

图 5-3 比例环节的幅相频特性图

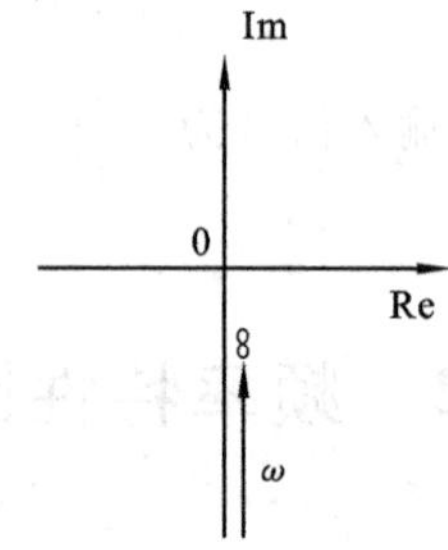

图 5-4 积分环节的幅相频特性图

3）微分环节

传递函数 $$G(s)=s$$

频率特性 $$G(\mathrm{j}\omega)=\mathrm{j}\omega \tag{5-21}$$

幅频特性 $$A(\omega)=|G(\mathrm{j}\omega)|=\omega \tag{5-22}$$

相频特性 $$\varphi(\omega)=\angle G(\mathrm{j}\omega)=90^\circ \tag{5-23}$$

由式(5-22)和式(5-23)可知，当 ω 从 $0\to\infty$ 时，幅值 $|G(\mathrm{j}\omega)|$ 由 $0\to\infty$，而相角保持 90° 不变。所以，微分环节的幅相频特性图是虚轴的原点以上部分，由原点指向无穷远处，如图5-5所示。

4）惯性环节

传递函数 $$G(s)=\frac{1}{Ts+1}$$

频率特性 $$G(\mathrm{j}\omega)=\frac{1}{\mathrm{j}\omega T+1} \tag{5-24}$$

幅频特性 $$A(\omega)=|G(\mathrm{j}\omega)|=\frac{1}{\sqrt{(\omega T)^2+1}} \tag{5-25}$$

相频特性 $$\varphi(\omega)=\angle G(\mathrm{j}\omega)=-\arctan\omega T \tag{5-26}$$

可以证明，当 ω 从 $0\to\infty$ 时，惯性环节的极坐标图是以点 $\left(\frac{1}{2},\mathrm{j}0\right)$ 为圆心、以 $\frac{1}{2}$ 为半径、位于第四象限的半圆，如图 5-6 所示。由式(5-25)和式(5-26)可知，当 ω 取特殊值时，其幅值和相角分别为

当 $\omega=0$ 时，$|G(\mathrm{j}\omega)|=1$，$\angle G(\mathrm{j}\omega)=0^\circ$；

当 $\omega=1/T$ 时，$|G(\mathrm{j}\omega)|=1/\sqrt{2}$，$\angle G(\mathrm{j}\omega)=-45^\circ$；

当 $\omega=\infty$ 时，$|G(\mathrm{j}\omega)|=0$，$\angle G(\mathrm{j}\omega)=-90^\circ$。

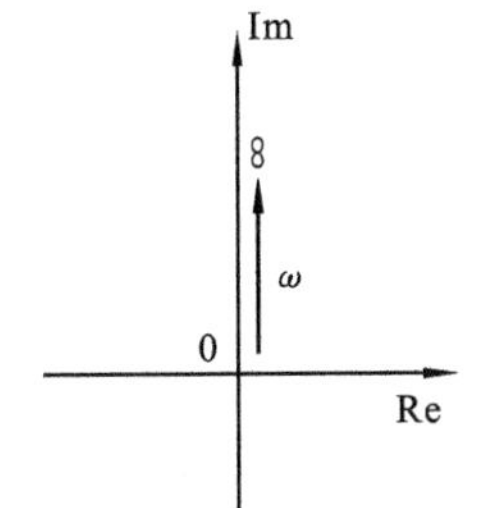

图 5-5　微分环节的幅相频特性图

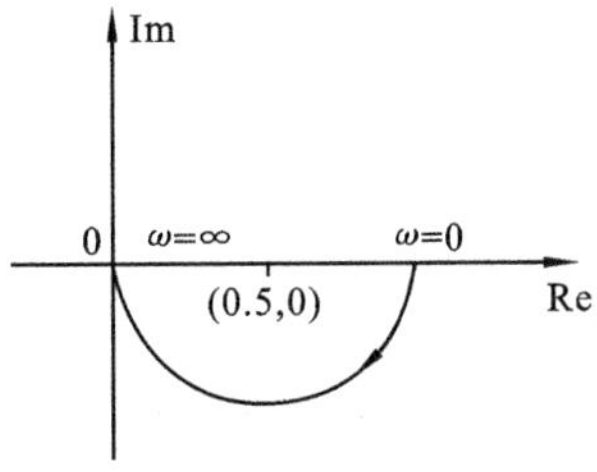

图 5-6　惯性环节的幅相频特性图

5）一阶微分环节

传递函数 $$G(s)=Ts+1$$

频率特性 $$G(\mathrm{j}\omega)=\mathrm{j}\omega T+1 \tag{5-27}$$

幅频特性 $$A(\omega)=|G(\mathrm{j}\omega)|=\sqrt{(\omega T)^2+1} \tag{5-28}$$

相频特性 $$\varphi(\omega)=\angle G(\mathrm{j}\omega)=\arctan\omega T \tag{5-29}$$

由式(5-28)和式(5-29)可知，当 ω 从 $0\to\infty$ 时，幅值 $|G(\mathrm{j}\omega)|$ 由 $1\to\infty$，而相角由 $0^\circ\to 90^\circ$。所以，其频率特性的极坐标图是第一象限内经过点(1,j0)且与虚轴平行的直线，如图 5-7 所示。当 ω 取特殊值时，其幅值和相位角分别为

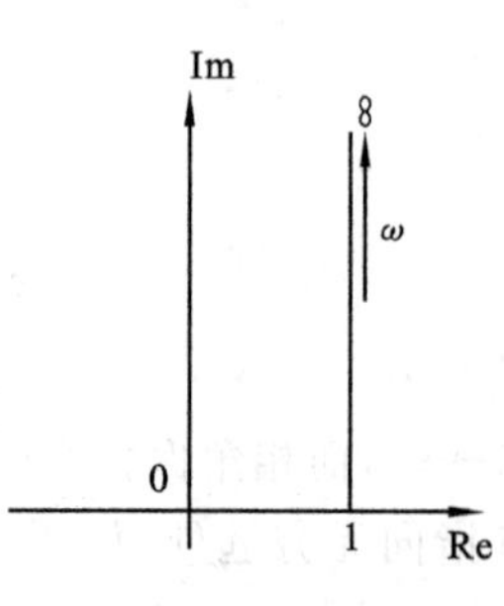

图 5-7　一阶微分环节的幅相频特性图

当 $\omega=0$ 时，$|G(j\omega)|=1$，$\angle G(j\omega)=0°$；

当 $\omega=1/T$ 时，$|G(j\omega)|=\sqrt{2}$，$\angle G(j\omega)=45°$；

当 $\omega=\infty$ 时，$|G(j\omega)|=\infty$，$\angle G(j\omega)=90°$。

6）振荡环节

传递函数

$$G(s)=\frac{1}{T^2s^2+2\xi Ts+1}=\frac{\omega_n^2}{s^2+2\xi\omega_n s+\omega_n^2}\quad(0\leqslant\xi<1)\tag{5-30}$$

式中：$T>0$，为振荡环节的时间常数；ω_n 为固有振荡频率，$\omega_n=1/T$；ξ 为阻尼比。

频率特性
$$G(j\omega)=\frac{\omega_n^2}{(j\omega)^2+2\xi\omega_n j\omega+\omega_n^2}=\frac{\omega_n^2}{\omega_n^2-\omega^2+j2\xi\omega_n\omega}\tag{5-31}$$

幅频特性
$$A(\omega)=|G(j\omega)|=\frac{\omega_n^2}{\sqrt{(\omega_n^2-\omega^2)^2+(2\xi\omega_n\omega)^2}}\tag{5-32}$$

相频特性
$$\varphi(\omega)=\angle G(j\omega)=-\arctan\left(\frac{2\xi\omega_n\omega}{\omega_n^2-\omega^2}\right)\tag{5-33}$$

由式(5-32)和式(5-33)求出 ω 分别取 0，ω_n，∞ 时的幅值和相位角分别为

当 $\omega=0$ 时，$|G(j\omega)|=1$，$\angle G(j\omega)=0°$；

当 $\omega=\omega_n$ 时，$|G(j\omega)|=1/2\xi$，$\angle G(j\omega)=-90°$；

当 $\omega=\infty$ 时，$|G(j\omega)|=0$，$\angle G(j\omega)=-180°$。

振荡环节的频率特性极坐标图如图 5-8 所示。由图可见，振荡环节的极坐标图始于正实轴的(1，j0)点，顺时针经第四象限后交负虚轴于点(0，$-j/2\xi$)，然后图形进入第三象限，在原点与负实轴相切并终止于原点。当 ξ 取不同值时，它有着形状类似的曲线。

7）延迟环节

传递函数
$$G(s)=e^{-\tau s}$$

频率特性
$$G(j\omega)=e^{-j\tau\omega}\tag{5-34}$$

幅频特性
$$A(\omega)=|G(j\omega)|=1\tag{5-35}$$

相频特性
$$\varphi(\omega)=\angle G(j\omega)=-\tau\omega\tag{5-36}$$

由式(5-35)和式(5-36)可见，ω 由 $0\to\infty$ 时，总有 $|G(j\omega)|=1$。所以延迟环节的极坐标图为单位圆，如图 5-9 所示。

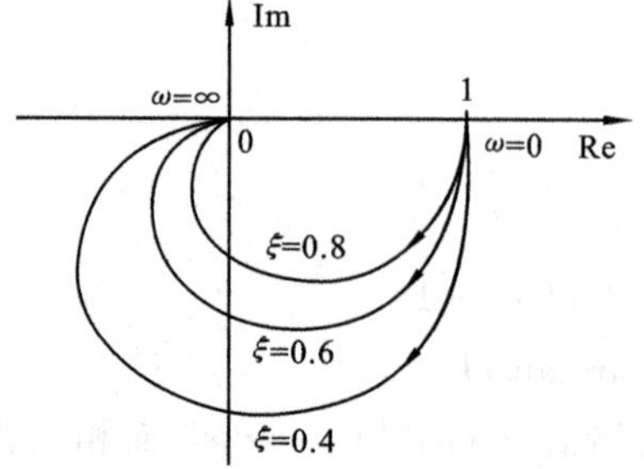

图 5-8　振荡环节的幅相频特性图

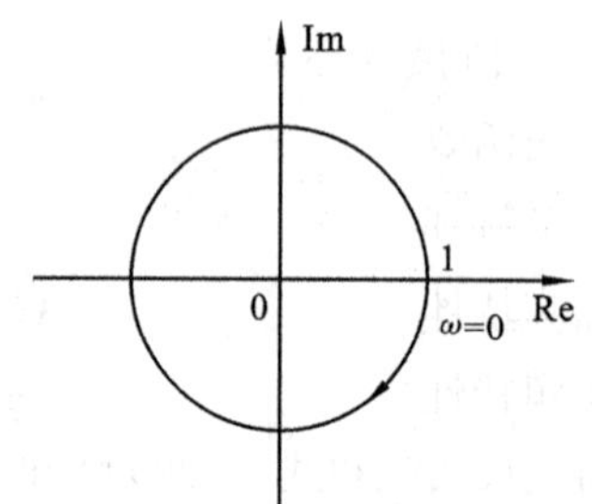

图 5-9　延迟环节的幅相频特性图

2. **系统开环幅相频特性图**

频率特性法的特点是根据系统的开环频率特性分析系统闭环的性能。而控制系统的开环频率特性一般具有基本环节相乘的形式，即

$$G(\mathrm{j}\omega)=G_1(\mathrm{j}\omega)G_2(\mathrm{j}\omega)\cdots G_k(\mathrm{j}\omega)=\prod_{i=1}^{k}G_i(\mathrm{j}\omega) \tag{5-37}$$

式(5-37)可表示为

$$G(\mathrm{j}\omega)=\prod_{i=1}^{k}|G_i(\mathrm{j}\omega)|\cdot \mathrm{e}^{\mathrm{j}\sum_{i=1}^{k}\angle G_i(\mathrm{j}\omega)} \tag{5-38}$$

由式(5-38)可知，求系统的开环频率特性，要先根据各基本环节求幅值和相角的公式，当 ω 由 $0\to\infty$ 时，按照幅值相乘、相角相加的规律计算幅值和相角，然后绘制出幅相频特性图。下面举例说明绘制开环频率特性幅相频特性图的方法。

例 5-2　已知 $G(s)=\dfrac{K}{(1+T_1s)(1+T_2s)}$，$K,T_1,T_2$ 均大于零，绘制系统的幅相频特性图。

解　(1) 求系统的频率特性：

$$G(\mathrm{j}\omega)=\frac{K}{(1+\mathrm{j}\omega T_1)(1+\mathrm{j}\omega T_2)},\quad |G(\mathrm{j}\omega)|=\frac{K}{\sqrt{(\omega T_1)^2+1}\sqrt{(\omega T_2)^2+1}}$$

$$\angle G(\mathrm{j}\omega)=-\arctan\omega T_1-\arctan\omega T_2$$

(2) 计算幅相频特性图上特征点处的幅值和相角，特征点如起点($\omega=0$)、终点($\omega=\infty$)及与虚轴的交点、与实轴的交点等。

当 $\omega=0$ 时，$|G(\mathrm{j}\omega)|=K$，$\angle G(\mathrm{j}\omega)=0°$；

当 $\omega=\infty$ 时，$|G(\mathrm{j}\omega)|=0$，$\angle G(\mathrm{j}\omega)=-180°$。(可增加特征点)

(3) 绘制系统的幅相频特性图如图 5-10 所示。由图可见，当 ω 由 $0\to\infty$ 时，其幅相频特性图从正实轴上一点$(K,\mathrm{j}0)$开始，经由第四象限到第三象限，并以 $-180°$ 的相角趋于坐标原点。

由本例可知，$\angle G(\mathrm{j}\omega)$ 与放大系数 K 无关，而 $|G(\mathrm{j}\omega)|$ 与 K 成正比。

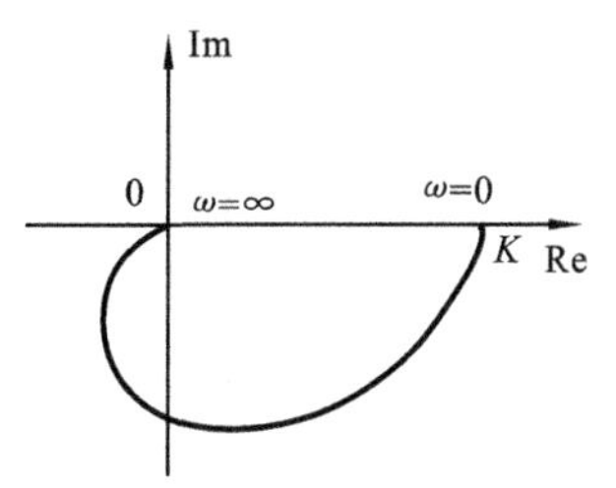

图 5-10　例 5-2 系统幅相频特性图

例 5-3　已知 $G(s)=\dfrac{\tau s+1}{Ts+1}$，绘制系统的幅相频特性图。

解　频率特性

$$G(\mathrm{j}\omega)=\frac{\mathrm{j}\omega\tau+1}{\mathrm{j}\omega T+1},\quad |G(\mathrm{j}\omega)|=\frac{\sqrt{(\omega\tau)^2+1}}{\sqrt{(\omega T)^2+1}}$$

$$\angle G(\mathrm{j}\omega)=\arctan\omega\tau-\arctan\omega T$$

确定特殊点：

当 $\omega=0$ 时，$|G(\mathrm{j}\omega)|=1$，$\angle G(\mathrm{j}\omega)=0°$；

当 $\omega=\infty$ 时，$|G(\mathrm{j}\omega)|=\dfrac{\tau}{T}$，$\angle G(\mathrm{j}\omega)=0°$。

若 $\tau>T$，则 $\angle G(\mathrm{j}\omega)=\arctan\omega\tau-\arctan\omega T>0°$，曲线在第一象限变化；若 $\tau<T$，则

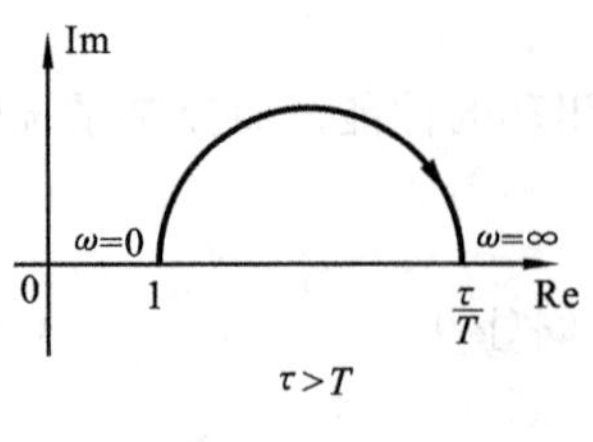

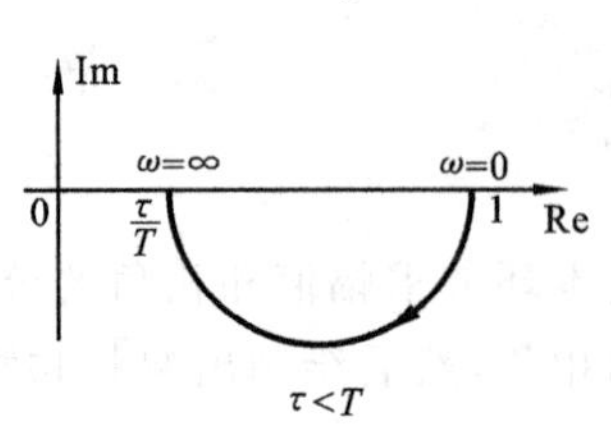

图 5-11 例 5-3 系统幅相频特性图

$\angle G(\mathrm{j}\omega)=\arctan\omega\tau-\arctan\omega T<0°$，曲线在第四象限变化，如图5-11所示。

5.2.2 对数频率特性图

对数频率特性图又称为伯德图(Bode diagram)，它由对数幅频特性图和对数相频特性图所组成，如图 5-12 所示，分别表述频率特性的幅值和相角与角频率之间的关系。

对数幅频特性图的横坐标表示 ω，按照 ω 的对数 $\lg\omega$ 均匀分度。频率每变化十倍，称为一个十倍频程，记作 dec。纵坐标表示 $20\lg|G(\mathrm{j}\omega)|$，一般用 $L(\omega)$ 表示 $20\lg|G(\mathrm{j}\omega)|$，单位为 dB(分贝)，$L(\omega)$按线性分度。

对数相频特性图的横坐标表示 ω，也按照 ω 的对数 $\lg\omega$ 均匀分度；其纵坐标表示 $\varphi(\omega)$，按线性分度。

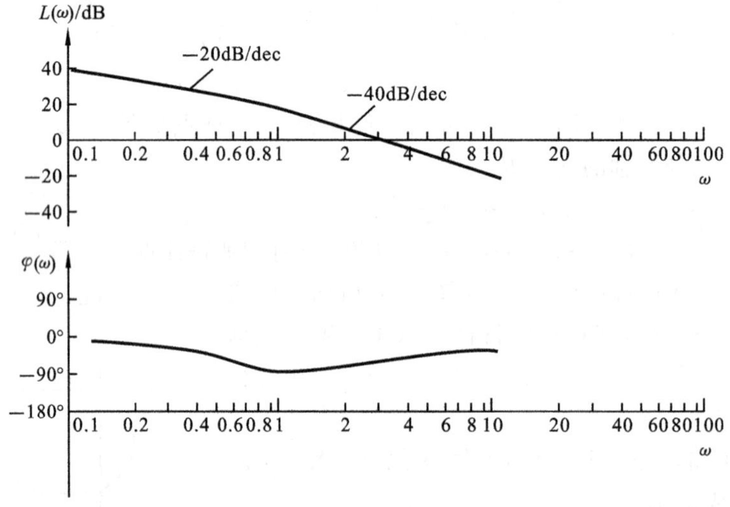

图 5-12 对数频率特性图

1. 典型环节的对数频率特性图

1) 比例环节

比例环节的传递函数 $G(s)=K$，频率特性 $G(\mathrm{j}\omega)=K$，幅频特性 $|G(\mathrm{j}\omega)|=K$，相频特性 $\angle G(\mathrm{j}\omega)=0°$。比例环节的对数幅频特性和对数相频特性分别为

$$L(\omega)=20\lg|G(\mathrm{j}\omega)|=20\lg K \tag{5-39}$$

$$\varphi(\omega)=\angle G(\mathrm{j}\omega)=0° \tag{5-40}$$

比例环节的对数频率特性图如图 5-13 所示。

由图 5-13 可知：比例环节的对数幅频特性图是一条与横轴平行的直线，与横轴的高度相距 $20\lg K$ dB；比例环节的对数相频特性图是一条与横轴重合的直线。

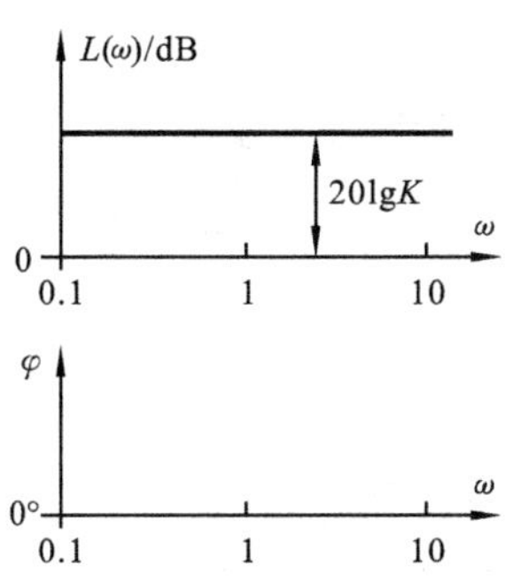

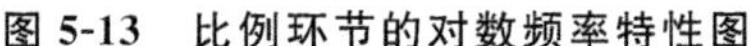
图 5-13　比例环节的对数频率特性图

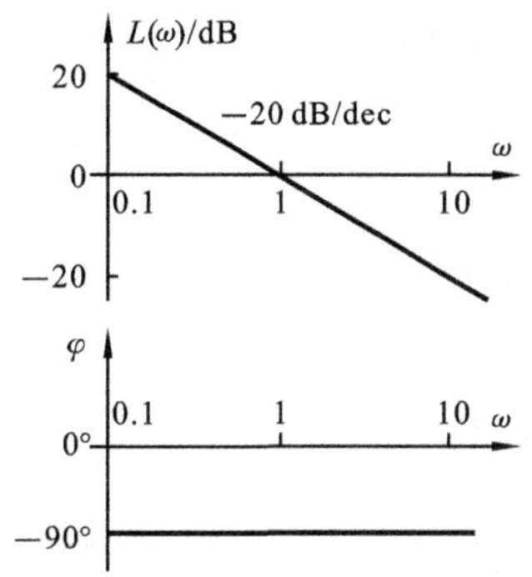

图 5-14　积分环节的对数频率特性图

2）积分环节

积分环节的传递函数 $G(s)=1/s$，频率特性 $G(\mathrm{j}\omega)=1/\mathrm{j}\omega T$，幅频特性 $|G(\mathrm{j}\omega)|=1/\omega$，相频特性 $\angle G(\mathrm{j}\omega)=-90°$。积分环节的对数幅频特性和对数相频特性分别为

$$L(\omega)=20\lg|G(\mathrm{j}\omega)|=20\lg\omega^{-1}=-20\lg\omega \tag{5-41}$$

$$\varphi(\omega)=\angle G(\mathrm{j}\omega)=-90° \tag{5-42}$$

其对数频率特性图如图 5-14 所示。

由图 5-14 可见，积分环节的对数幅频特性图是一条斜率为 −20 dB/dec 的直线。当 $\omega=1$时，$20\lg|G(\mathrm{j}\omega)|=0$ dB，该直线在 $\omega=1$ 处穿越横轴（横轴也称 0 dB 线）。积分环节对数相频特性图为一条通过纵轴上 −90°且平行于横轴的直线。

如果有 v 个积分环节串联，则传递函数为 $1/s^v$，其频率特性为 $G(\mathrm{j}\omega)=1/(\mathrm{j}\omega)^v$，对数频率特性为

$$20\lg|G(\mathrm{j}\omega)|=20\lg(1/\omega^v)=-20v\lg\omega \tag{5-43}$$

$$\angle G(\mathrm{j}\omega)=-v\cdot 90° \tag{5-44}$$

所以，它的对数幅频特性图为一条斜率为 $-20v$ dB/dec 的直线，并在 $\omega=1$ 处穿越 0 dB 线；它的对数相频特性图为通过纵轴上 $-v\cdot 90°$且平行于横轴的直线。

3）微分环节

微分环节的传递函数 $G(s)=s$，频率特性 $G(\mathrm{j}\omega)=\mathrm{j}\omega$，幅频特性 $|G(\mathrm{j}\omega)|=\omega$，相频特性 $\angle G(\mathrm{j}\omega)=90°$。微分环节的对数幅频特性和对数相频特性分别为

$$L(\omega)=20\lg|G(\mathrm{j}\omega)|=20\lg\omega=20\lg\omega \tag{5-45}$$

$$\varphi(\omega)=\angle G(\mathrm{j}\omega)=90° \tag{5-46}$$

其对数频率特性图如图 5-15 所示。

由图 5-15 可见，微分环节的对数幅频特性图是一条斜率为 20 dB/dec 且通过 0 dB 线上 $\omega=1$ 点的直线；微分环节的对数相频特性图是通过纵轴上 90°点且与横轴平行的直线。

4）惯性环节

惯性环节的传递函数 $G(s)=1/(Ts+1)$，频率特性 $G(\mathrm{j}\omega)=1/(\mathrm{j}\omega T+1)$，幅频特性 $|G(\mathrm{j}\omega)|=1/\sqrt{(\omega T)^2+1}$，相频特性 $\angle G(\mathrm{j}\omega)=-\arctan\omega T$。惯性环节的对数幅频特性和对数相频特性分别为

$$L(\omega)=20\lg|G(\mathrm{j}\omega)|=20\lg\frac{1}{\sqrt{(\omega T)^2+1}}=-20\lg\sqrt{(\omega T)^2+1} \tag{5-47}$$

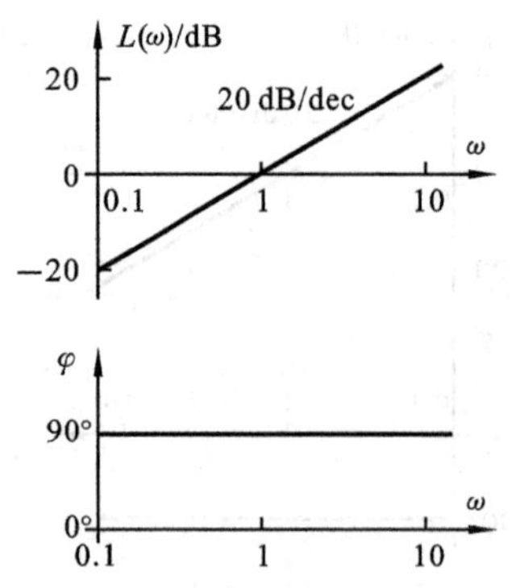

图 5-15　微分环节的对数频率特性图

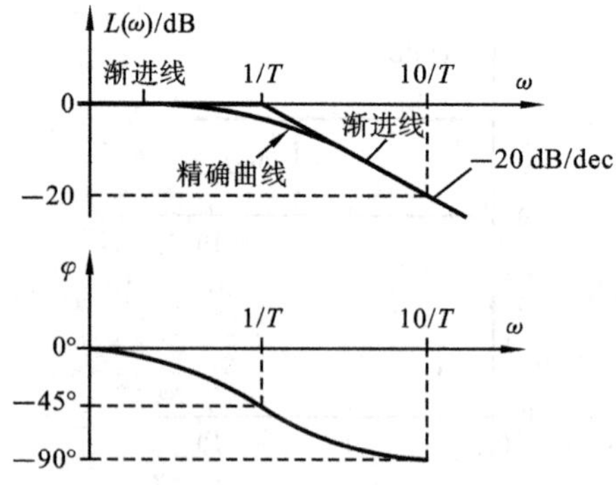

图 5-16　惯性的对数频率特性图

$$\varphi(\omega) = \angle G(\mathrm{j}\omega) = -\arctan\omega T \tag{5-48}$$

由式(5-47)，当 $\omega \ll 1/T$ 时，$(\omega T)^2 \ll 1$，故有 $L(\omega) \approx 20\lg 1 = 0$ dB。所以，在 $\omega < 1/T$ 频段，惯性环节对数频率特性图近似成一条与 0 dB 线(横轴)重合的直线(低频渐近线)。当 $\omega \gg 1/T$ 时，$(\omega T)^2 \gg 1$，有

$$L(\omega) = -20\lg\sqrt{(\omega T)^2 + 1} \approx -20\lg\omega T$$

故在 $\omega > 1/T$ 频段，其对数幅频特性图可近似成一条斜率为 −20 dB/dec 的直线(高频渐近线)。惯性环节的对数幅频特性图如图 5-16 所示。

低频渐近线与高频渐近线相交点频率为 $\omega = 1/T$，被称为转折频率。将图 5-16 中绘制出的惯性环节对数幅频的精确曲线与其渐近线比较，最大误差出现在 $\omega = 1/T$ 处，两者间的差为

$$L(\omega) = -20\lg\sqrt{(\omega T)^2 + 1} = -20\lg\sqrt{2}\ \mathrm{dB} = -3.03\ \mathrm{dB}$$

由于误差不大，所以在对系统近似分析中，可用渐近线代替精确曲线。

由式(5-48)可绘制惯性环节的对数相频特性图，如图 5-16 所示。相频特性有 3 个特征点：

当 $\omega \to 0$ 时，$\varphi(0) = \angle G(\mathrm{j}0) = 0°$；

当 $\omega = 1/T$ 时，$\varphi(1/T) = \angle G(\mathrm{j}1/T) = -45°$；

当 $\omega \to \infty$ 时，$\varphi(\infty) = \angle G(\mathrm{j}\infty) = -90°$。

5）一阶微分环节

一阶微分环节的传递函数 $G(s) = Ts + 1$，频率特性 $G(\mathrm{j}\omega) = \mathrm{j}\omega T + 1$，幅频特性 $|G(\mathrm{j}\omega)| = \sqrt{(\omega T)^2 + 1}$，相频特性 $\angle G(\mathrm{j}\omega) = \arctan\omega T$。一阶微分环节的对数幅频特性和对数相频特性分别为

$$L(\omega) = 20\lg|G(\mathrm{j}\omega)| = 20\lg\sqrt{(\omega T)^2 + 1} \tag{5-49}$$

$$\varphi(\omega) = \angle G(\mathrm{j}\omega) = \arctan\omega T \tag{5-50}$$

由式(5-49)，当 $\omega \ll 1/T$ 时，$(\omega T)^2 \ll 1$，故有 $L(\omega) \approx 20\lg 1 = 0$ dB。所以，在 $\omega < 1/T$ 频段，一阶微分环节对数幅频特性图可近似成一条与 0 dB 线(横轴)重合的直线(低频渐近线)。当 $\omega \gg 1/T$ 时，$(\omega T)^2 \gg 1$，故有 $L(\omega) = 20\lg\sqrt{(\omega T)^2 + 1} \approx 20\lg\omega T$。所以，在 $\omega > 1/T$ 频段，其对数幅频特性图可近似成一条斜率为 20 dB/dec 的直线(高频渐近线)。一阶微分环节的对数幅频特性图如图 5-17(a)所示。

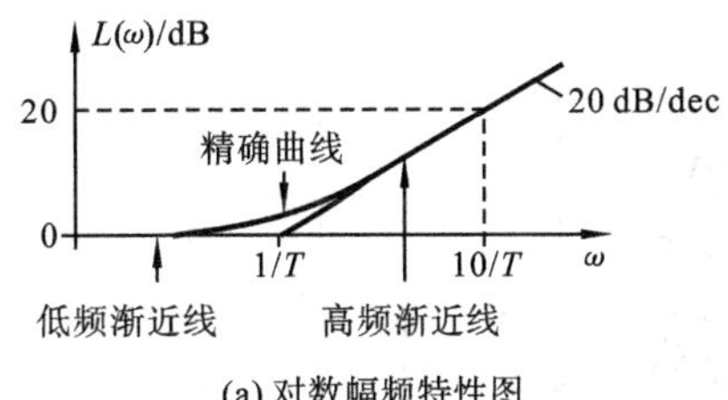

(a) 对数幅频特性图

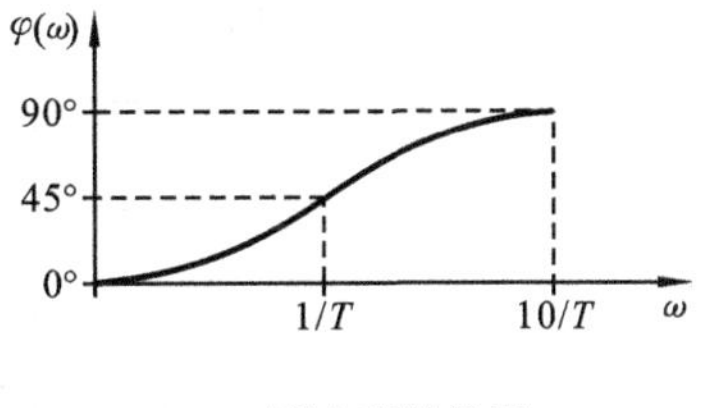

(b) 对数相频特性图

图 5-17　一阶微分环节对数频率特性图

低频渐近线与高频渐近线相交点频率为 $\omega=1/T$，被称为转折频率。将图 5-17(a)中绘制出一阶微分环节对数幅频的精确曲线与渐近线比较，在 $\omega=1/T$ 处，两者间有最大误差，差值为 3 dB。

一阶微分环节的对数相频特性图按式(5-50)绘制，如图 5-17(b)所示，其中有 3 个特征点：

当 $\omega\to 0$ 时，$\varphi(0)=\angle G(\mathrm{j}0)=0°$；

当 $\omega=1/T$ 时，$\varphi(1/T)=\angle G(\mathrm{j}1/T)=45°$；

当 $\omega\to\infty$时，$\varphi(\infty)=\angle G(\mathrm{j}\infty)=90°$。

6) 振荡环节

由式(5-30)～式(5-33)已得振荡环节的传递函数和频率特性，其对数幅频特性为

$$L(\omega)=-20\lg\sqrt{\left(1-\frac{\omega^2}{\omega_n^2}\right)^2+\left(\frac{2\xi\omega}{\omega_n}\right)^2} \tag{5-51}$$

当 $\omega\ll\omega_n=1/T$ 时，可认为式(5-51)中的 $\omega/\omega_n\approx 0$，则可得 $L(\omega)\approx -20\lg 1=0$ dB，这表示 $L(\omega)$的低频渐近线是一条 0 dB 水平线。

当 $\omega\gg\omega_n=1/T$ 时，忽略式(5-51)中的 1 及$(2\xi\omega/\omega_n)^2$，得

$$L(\omega)\approx -20\lg\frac{\omega^2}{\omega_n^2}=-40\lg\frac{\omega}{\omega_n}=40\lg\omega_n-40\lg\omega$$

上式表明，$L(\omega)$的高频渐近线为一条斜率为－40 dB/dec 的直线，两条渐近线的交点在横轴的 $\omega=\omega_n=1/T$ 处。称 $\omega=\omega_n$ 为振荡环节的转折频率。由上述分析可绘制出振荡环节的对数幅频特性的渐近线图如图 5-18 所示。一般可用渐近线替代精确曲线，必要时进行修正。

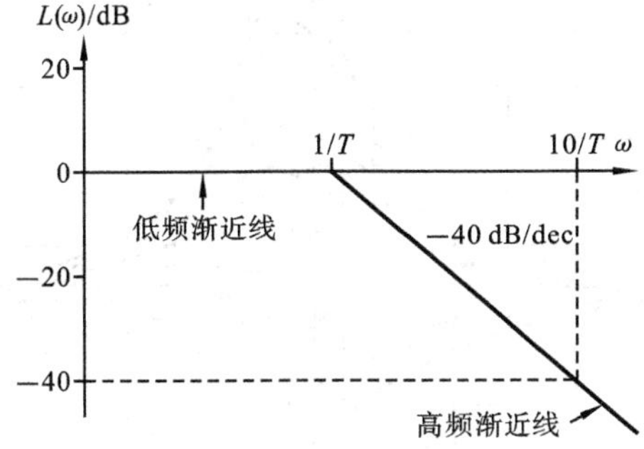

图 5-18　振荡环节的对数频率特性的渐近线图

图 5-19 绘制出振荡环节的精确的对数幅频特性图。由图可见，振荡环节的对数幅频特性精确曲线与其渐近线之间存在一定的误差，误差的大小与阻尼比 ξ 的值有关。一般绘制

出渐近线后，再利用图 5-20 所示的误差曲线进行修正。

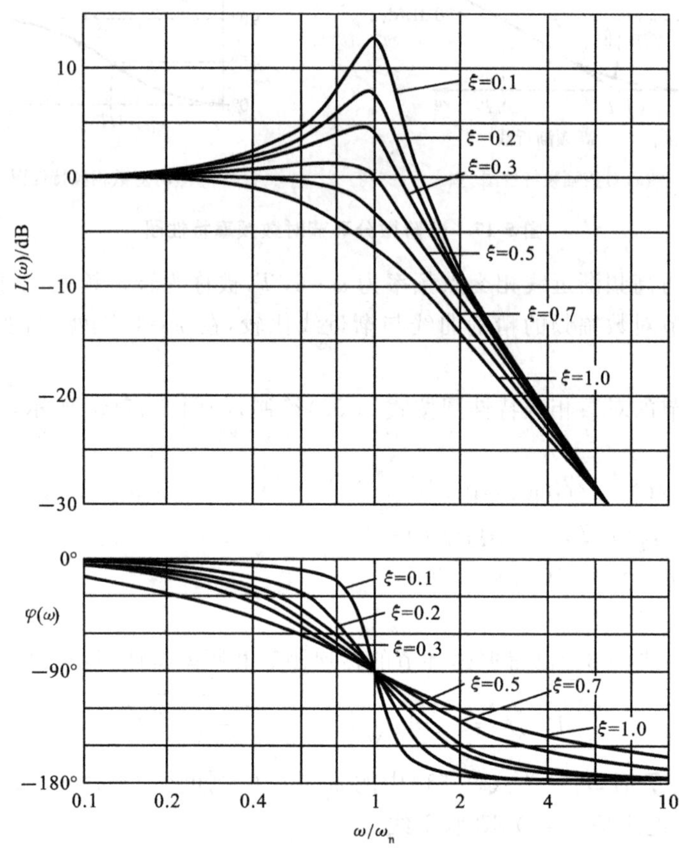

图 5-19 振荡环节的对数频率特性图

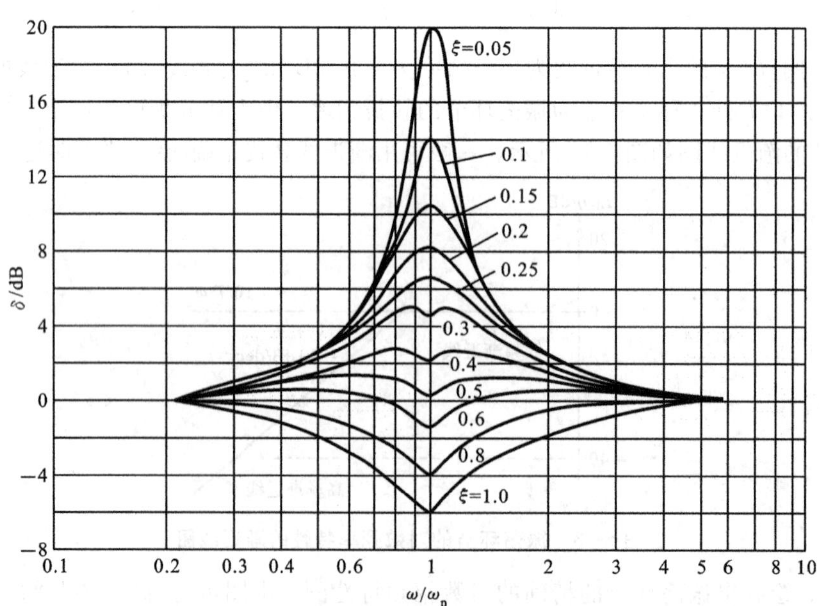

图 5-20 振荡环节对数频率特性误差曲线

根据式(5-33)振荡环节的相频特性可绘制出振荡环节近似的对数相频特性图如图 5-19 所示，该曲线的典型特征是：

当 $\omega\to 0$ 时，$\angle G(\mathrm{j}\omega)=0^\circ$；

当 $\omega=1/T$ 时，$\angle G(\mathrm{j}\omega)=-90^\circ$；

当 $\omega\to\infty$时，$\angle G(\mathrm{j}\omega)=-180^\circ$。

7) 延迟环节

延迟环节的传递函数 $G(s)=\mathrm{e}^{-\tau s}$，频率特性 $G(\mathrm{j}\omega)=\mathrm{e}^{-\mathrm{j}\tau\omega}$，幅频特性 $|G(\mathrm{j}\omega)|=1$，相频特性 $\angle G(\mathrm{j}\omega)=-\tau\omega$。其对数频率特性为

$$L(\omega)=20\lg 1=0\ \mathrm{dB} \tag{5-52}$$

$$\varphi(\omega)=-\tau\omega \tag{5-53}$$

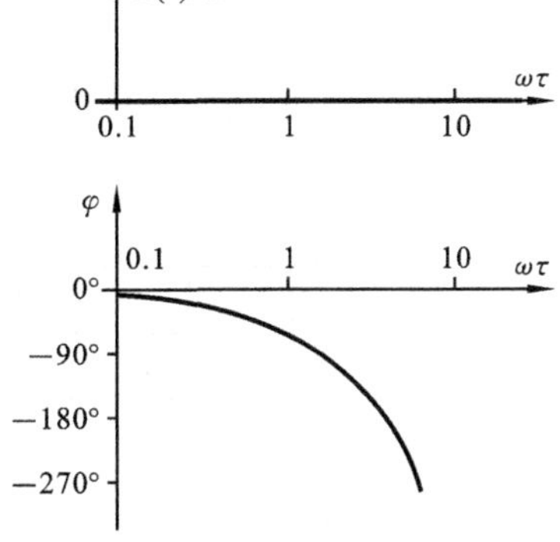

图 5-21　延迟环节的对数频率特性图

根据式(5-52)和式(5-53)便可绘制出延迟环节的对数频率特性图如图 5-21 所示。

2. 系统开环对数频率特性图

系统的开环传递函数可写成典型环节的传递函数相乘的形式，即

$$G(s)=G_1(s)G_2(s)\cdots G_n(s)=\prod_{i=1}^{n}G_i(s) \tag{5-54}$$

式中，$G_1(s),G_2(s),\cdots,G_n(s)$为基本环节的传递函数。与之对应的开环频率特性为

$$G(\mathrm{j}\omega)=G_1(\mathrm{j}\omega)G_2(\mathrm{j}\omega)\cdots G_n(\mathrm{j}\omega)=\prod_{i=1}^{n}G_i(\mathrm{j}\omega) \tag{5-55}$$

开环对数幅频特性和对数相频特性分别为

$$L(\omega)=20\lg|G_1(\mathrm{j}\omega)|+20\lg|G_2(\mathrm{j}\omega)|+\cdots+20\lg|G_n(\mathrm{j}\omega)|=\sum_{i=1}^{n}20\lg|G_i(\mathrm{j}\omega)| \tag{5-56}$$

$$\varphi(\omega)=\angle G_1(\mathrm{j}\omega)+\angle G_2(\mathrm{j}\omega)+\cdots+\angle G_n(\mathrm{j}\omega)=\sum_{i=1}^{n}\angle G_i(\mathrm{j}\omega) \tag{5-57}$$

由式(5-56)和式(5-57)可知，开环对数频率特性等于其基本环节对数频率特性之和。下面举例说明开环对数频率特性图的绘制方法。

例 5-4　绘制 $G(s)=\dfrac{20(s+2)}{s(s+4)}$的对数频率特性图。

解　(1) 将 $G(s)$写成典型环节传递函数的标准形式，即

$$G(s)=\frac{10(0.5s+1)}{s(0.25s+1)}$$

(2) 求出系统及各环节的频率特性：

$$G(\mathrm{j}\omega)=\frac{10(\mathrm{j}0.5\omega+1)}{\mathrm{j}\omega(\mathrm{j}0.25\omega+1)}=G_1(\mathrm{j}\omega)G_2(\mathrm{j}\omega)G_3(\mathrm{j}\omega)G_4(\mathrm{j}\omega)$$

式中：$G_1(\mathrm{j}\omega)=10$；

$G_2(j\omega)=\frac{1}{j\omega}$；

$G_3(j\omega)=j0.5\omega+1$，其转折频率 $\omega_{T_3}=\frac{1}{0.5}=2$；

$G_4(j\omega)=\frac{1}{j0.25\omega+1}$，其转折频率 $\omega_{T_4}=\frac{1}{0.25}=4$。

（3）绘制各环节的对数频率特性渐近线图：图 5-22 中 L_1,φ_1；L_2,φ_2；L_3,φ_3 及 L_4,φ_4。

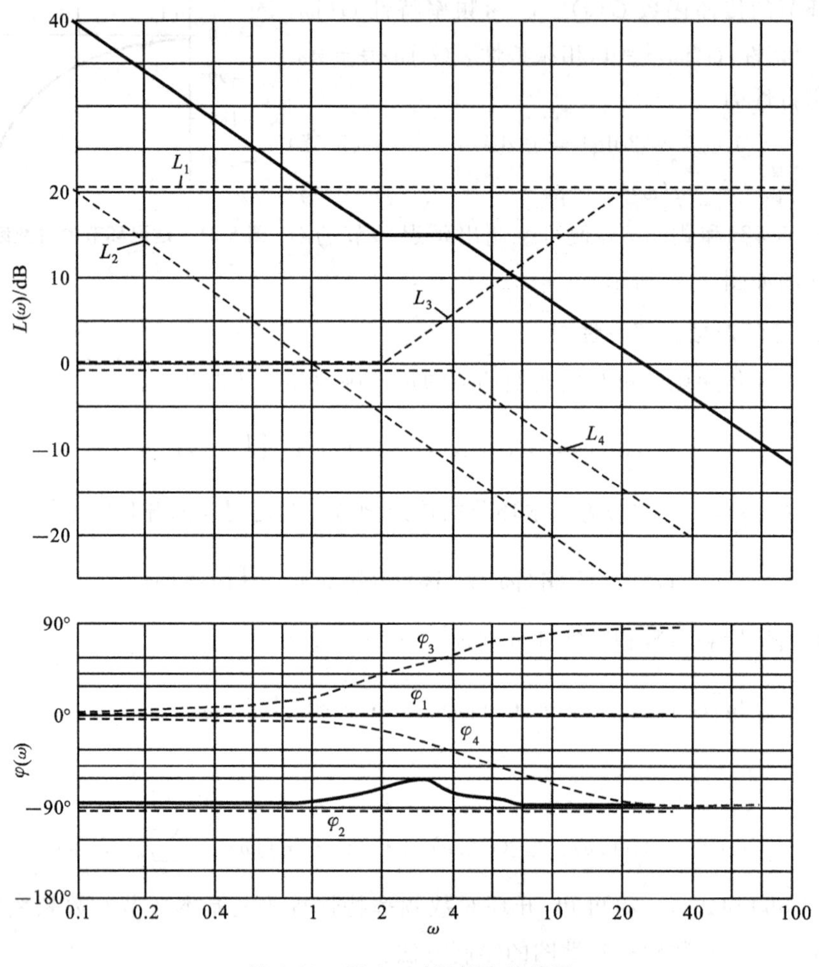

图 5-22　例 5-4 对数频率特性图

（4）在图 5-22 的同一横坐标下，分别将各环节的对数幅频特性图和对数相频特性图叠加，就可求得系统的开环对数幅频特性图和对数相频特性图。

由例 5-4 可以看出，系统在低频段的频率特性近似为 $10/(j\omega)$，其对数幅频特性图在低频段表现为一条过点(1,20 dB)、斜率为 −20 dB/dec 的直线（低频渐近线）。在各环节的转折频率 ω_{T_3}、ω_{T_4} 处，系统的对数幅频特性渐近线斜率随相应环节在该处的斜率变化而变化：在转折频率 ω_{T_3} 处，一阶微分环节 $G_3(j\omega)=j0.5\omega+1$ 的斜率为 20 dB/dec，则系统的对数幅频特性渐近线斜率就由 −20 dB/dec 变化为 0 dB/dec；在转折频率 ω_{T_4} 处，惯性环节 $G_4(j\omega)$

$=\frac{1}{\mathrm{j}0.25\omega+1}$的斜率为$-20$ dB/dec，则系统的对数幅频特性渐近线斜率就由 0 dB/dec 变换为-20 dB/dec；

一般地，实际开环对数频率特性图的作图步骤可简化为：

(1) 将系统传递函数标准化，并求出其频率特性；

(2) 求出各环节的转折频率，且按从小到大的顺序在横坐标上标出；

(3) 过(1，20lg$K$ dB)点，作斜率为$-20v$ dB/dec 的低频渐近线；

(4) 从低频渐近线开始，每到一个转折频率处，根据该环节的特性改变一次渐近线的斜率(此处若是惯性环节增加-20 dB/dec；若是一阶微分环节增加 20 dB/dec；若是振荡环节增加-40 dB/dec；二阶微分增加 40 dB/dec)，从而绘制出对数幅频特性渐近线图。

根据系统开环对数相频特性的表达式，绘制出对数相频特性近似图。

例 5-5　系统的开环传递函数为$G(s)=\frac{400(s+1)}{s^2(s+2)(s+20)}$，试绘制该系统开环对数频率特性渐进线图。

解　(1) 将传递函数标准化后求出频率特性：

$$G(s)=\frac{10(s+1)}{s^2(0.5s+1)(0.05s+1)},\quad G(\mathrm{j}\omega)=\frac{10(\mathrm{j}\omega+1)}{(\mathrm{j}\omega)^2(\mathrm{j}0.5\omega+1)(\mathrm{j}0.05\omega+1)}$$

(2) 各环节的转折频率为：

$$\mathrm{j}\omega+1,\quad \omega_{T_1}=1;$$

$$\frac{1}{\mathrm{j}0.5\omega+1},\quad \omega_{T_2}=\frac{1}{0.5}=2;$$

$$\frac{1}{\mathrm{j}0.05\omega+1},\quad \omega_{T_3}=\frac{1}{0.05}=20。$$

(3) 确定低频渐近线：系统的低频特性可近似表示为$\frac{10}{(\mathrm{j}\omega)^2}$，则低频对数幅频特性就可近似表示为

$$L(\omega)=20\lg10-20\lg\omega^2=20-40\lg\omega$$

在$\omega=1$处，$L(1)=20-40\lg1=20$，过点(1，20 dB)绘制出一条斜率为-40 dB/dec 的直线(Ⅱ型系统)，即为低频对数幅频渐近线。

(4) 绘制其他频段的对数幅频渐近线：在转折频率$\omega_{T_1}=1$处，将特性曲线的斜率改变成-20 dB/dec；在$\omega_{T_2}=2$处，特性曲线的斜率改变成-40 dB/dec；在$\omega_{T_3}=20$处，将特性曲线的斜率改变成-60 dB/dec。最后得到系统的开环对数幅频特性渐近线图如图 5-23 所示。

(5) 绘制系统对数相频特性图：

$$\varphi(\omega)=-180^\circ+\arctan\omega-\arctan(0.5\omega)-\arctan(0.05\omega)$$

当$\omega=0$时，$\varphi(\omega)=-180^\circ$；当$\omega=\infty$时，$\varphi(\omega)=-90^\circ$。

近似地作出对数相频特性图如图 5-23 所示。

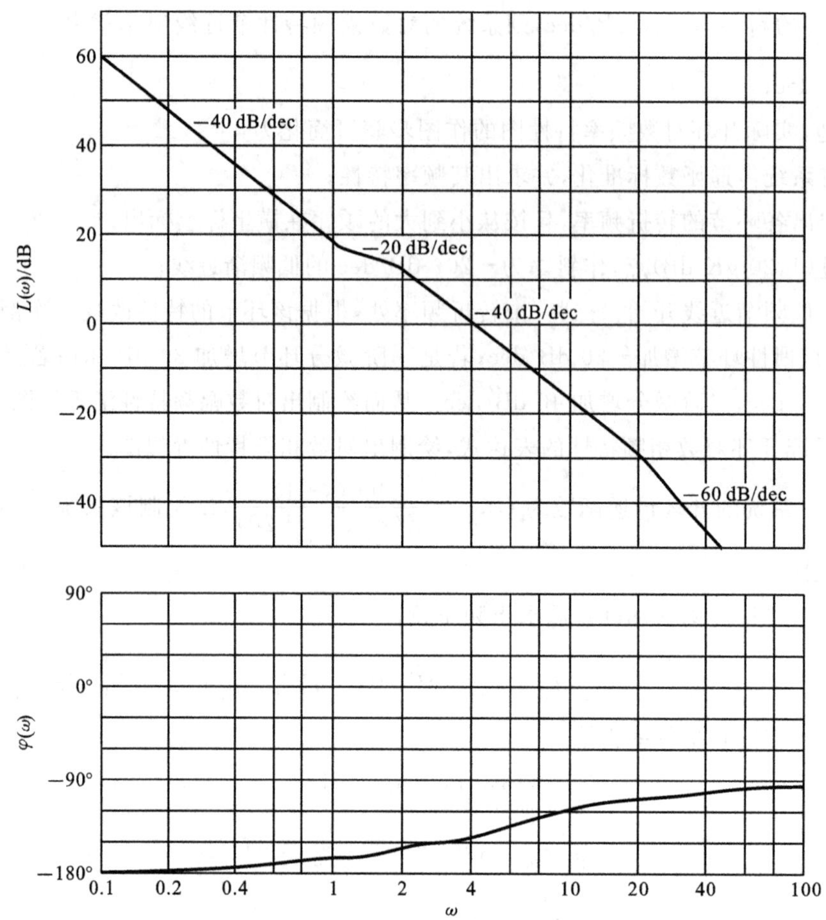

图 5-23　例 5-5 系统对数频率特性图

5.3　最小相位系统

若环节的传递函数的极点和零点都在复平面的左半平面，则称该环节为最小相位环节；若环节的传递函数中有极点或零点位于复平面的右半平面（包括虚轴），则称该环节为非最小相位环节。对于闭环系统，若其开环传递函数的极点和零点都在复平面的左半平面，则称该闭环系统为最小相位系统。

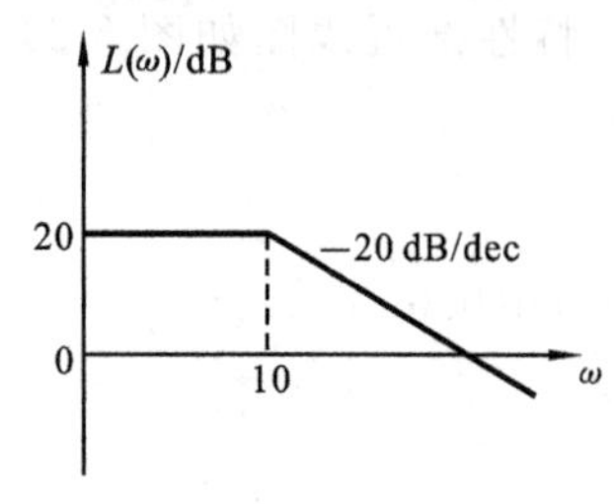

图 5-24　例 5-6 对数幅频特性图

对于最小相位系统，对数幅频特性和对数相频特性之间存在确定的联系。如果已知对数幅频特性，就可以求出对数相频特性，反过来也一样。下面举例说明。

例 5-6　已知最小相位系统对数幅频特性图如图 5-24 所示，求它的对数相频特性。

解　根据图 5-24 所示的对数幅频特性图可知，系统由一个比例环节和一个惯性环节构成。

比例环节：$20\lg K=20$，所以 $K=10$。

惯性环节：转折频率 $\omega_T=10=\frac{1}{T}$，$T=0.1$，则系统的频率特性为

$$G(j\omega)=\frac{10}{j\omega T+1}$$

系统的对数相频特性为

$$\varphi(\omega)=-\arctan\omega T=-\arctan0.1\omega$$

例 5-7　已知 $\varphi(\omega)=-90°-\arctan(2\omega)+\arctan(0.5\omega)-\arctan(10\omega)$，$A(1)=3$，求最小相位系统的开环传递函数。

解　由开环相频特性可知，系统的开环频率特性为

$$G(j\omega)=\frac{K(j0.5\omega+1)}{j\omega(j2\omega+1)(j10\omega+1)}$$

由此求得幅频特性为

$$A(\omega)=\frac{K\sqrt{(0.5\omega)^2+1}}{\omega\sqrt{(2\omega)^2+1}\sqrt{(10\omega)^2+1}}$$

将 $A(1)=3$ 代入 $A(\omega)$ 中，求得 $K=60.3$。所以系统的开环传递函数为

$$G(s)=\frac{60.3(0.5s+1)}{s(2s+1)(10s+1)}$$

上述描述和实例分析表明，最小相位系统的对数幅频特性和相频特性中包含同样的信息。所以，在对系统进行分析、设计时，只要详细地绘制出两者中的一个就可以了。又因为对数幅频特性图易于绘制，故对于最小相位系统只需要绘制详细的对数幅频特性图，而对于对数相频特性图可不绘制或只绘制简图。

5.4　频域实验法确定系统的传递函数

由前已知，系统的正弦稳态输出是与输入同频率的正弦信号，且稳态输出的幅值和相角变化均为频率的函数。因此，可利用系统稳态响应这一特点，通过频率响应实验确定系统的传递函数。具体方法如下。

(1) 实测系统的频率特性：在一定的频率范围内，给被测系统施加不同频率的正弦信号，并测量出在各频率正弦信号激励下的系统稳态输出的幅值和相角，再由输出、输入信号的幅值比和相位差绘制系统的对数幅频特性图和对数相频特性图。

(2) 确定传递函数：用 0 dB/dec，±20 dB/dec，±40 dB/dec，…的直线分段近似实测对数幅频特性图，从而获得系统的对数频率特性渐近线，并据此求出系统的传递函数。

例 5-8　图 5-25 所示为实测的某最小相位系统对数幅频特性图，试确定该系统的传递函数。

解　(1) 确定系统传递函数结构形式。将实测的对数频率特性图近似成渐近线图，如图 5-25 所示。由渐近线图可得系统的传递函数具有如下形式：

$$G(s)=\frac{Ks\omega_2^2}{(T_1s+1)(s^2+2\xi\omega_2s+\omega_2^2)}$$

即系统是由比例环节、微分环节、惯性环节和振荡环节串联而成的，其中 $T_1=1/\omega_1$，ω_2，ξ，K 为待定系数。

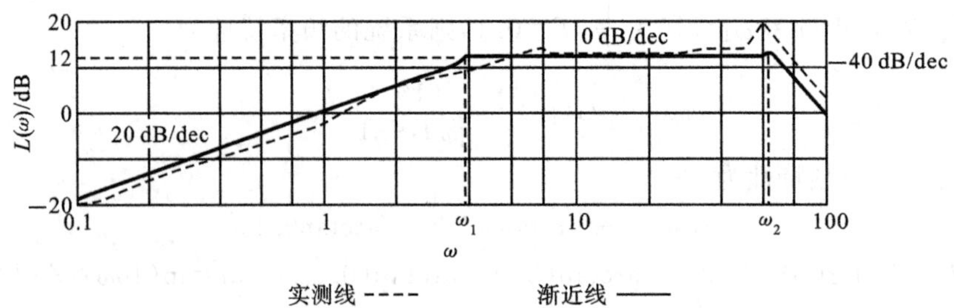

图 5-25 系统对数幅频特性图

(2) 确定 ω_1,ω_2,ξ,K 的值。低频渐近线方程为

$$L_1(\omega)=20\lg\frac{K}{\omega^{v}}=20\lg K-20v\lg\omega$$

由图可知，在 $\omega=1$ 处，$L(1)=0$ dB；又 $v=-1$，故可得 $K=1$。

点(1,0 dB)和点(ω_1,12 dB)及斜率 $k_1=20$ dB/dec 确定的直线方程为

$$k_1=\frac{12-0}{\lg\omega_1-\lg 1}=20$$

得
$$\omega_1=10^{\frac{12}{20}}=3.98$$

点(ω_2,12 dB)和点(100,0 dB)及斜率 $k_2=-40$ dB/dec 确定的直线方程为

$$k_2=\frac{0-12}{\lg 100-\lg\omega_2}=-40$$

得
$$\omega_2=10^{\left(\lg 100-\frac{12}{40}\right)}=50.1$$

已知在谐振频率 ω_r 处，振荡环节的谐振峰值表达式为

$$20\lg M_r=20\lg\frac{1}{2\xi\sqrt{1-\xi^2}}$$

由图 5-25 求得 $20\lg M_r=(20-12)$ dB$=8$ dB，计算得 $M_r=2.512$，则

$$\xi^4-\xi^2+0.04=0$$

解得
$$\xi_1=0.204,\quad \xi_2=0.979$$

由于 $0<\xi<0.707$ 时系统的对数幅频特性图才出现峰值，故仅选 $\xi=0.204$。

(3) 所测系统的传递函数为

$$G(s)=\frac{s}{\left(\frac{s}{3.98}+1\right)\left(\frac{s^2}{50.1^2}+0.408\frac{s}{50.1}+1\right)}$$

5.5 控制系统稳定性分析(频率稳定判据)

在第 3 章中，我们应用劳斯稳定判据分析了闭环系统的稳定性。应用劳斯稳定判据必须知道闭环系统的特征方程，当系统的特征方程列写不出来时，劳斯稳定判据就无从用起。此外，劳斯稳定判据也不能判断系统的稳定程度。频率特性法分析系统稳定性时，采用奈奎斯特稳定判据。奈奎斯特稳定判据是根据系统的开环频率特性来判断相应闭环系统的稳定性的。奈奎斯特稳定判据还可以指出系统稳定的程度，找出改善系统稳定性的方法。

5.5.1　开环频率特性与闭环特征方程的关系

图 5-26 所示的系统的闭环传递函数为

$$G_b(s)=\frac{G(s)}{1+G(s)H(s)} \tag{5-58}$$

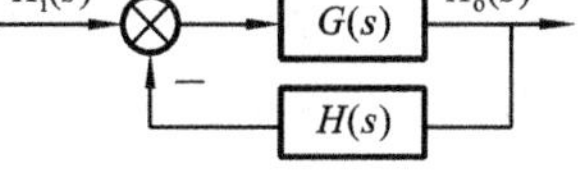

图 5-26　闭环系统框图

系统的开环传递函数为

$$G_k(s)=G(s)H(s)=\frac{M(s)}{N(s)} \tag{5-59}$$

闭环特征方程为

$$1+G(s)H(s)=0$$

建立辅助函数

$$F(s)=1+G(s)H(s)=1+\frac{M(s)}{N(s)}=\frac{N(s)+M(s)}{N(s)} \tag{5-60}$$

由式(5-60)可得以下几点。

(1) $F(s)$的零点为闭环传递函数的极点，$F(s)$的极点为开环传递函数的极点。

(2) 因为 $G_k(s)$中分母多项式 $N(s)$的阶次一般不小于分子多项式 $M(s)$的阶次，故$F(s)$的零点数和极点数相同。这就是说，闭环特征方程的极点与开环传递函数的极点相同。

(3) 根据线性定常系统稳定的充要条件(其闭环特征方程 $1+G(s)H(s)=0$ 的全部根具有负实部，即其闭环传递函数 $G_b(s)$在[s]平面的右半平面没有极点)，若 $F(s)$在[s]右半平面没有零点，则闭环系统稳定。

5.5.2　幅角原理

在图 5-26 所示的控制系统中，设辅助函数 $F(s)$为复变量 s 的有理分式，并具有如下形式

$$F(s)=\frac{(s-z_1)(s-z_2)\cdots(s-z_n)}{(s-p_1)(s-p_2)\cdots(s-p_n)} \tag{5-61}$$

式中，$z_1,z_2,\cdots,z_n$ 为 $F(s)$的 n 个已知的零点，$p_1,p_2,\cdots,p_n$ 为 $F(s)$的 n 个已知的极点，零点、极点在[s]平面上的分布如图 5-27(a)所示。

在图 5-27(a)中，对于[s]平面上任意一点 A，则有从已知的零点、极点指向点 A 的向

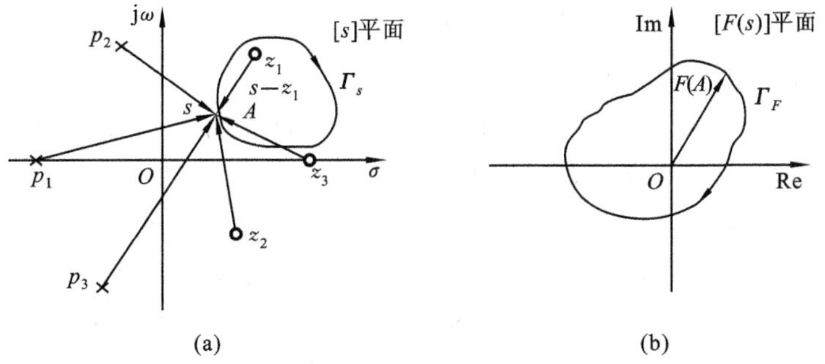

图 5-27　[s]平面与 $F(s)$平面的映射关系图

量：

$$s-z_i=|s-z_i|e^{j\angle s-z_i} \tag{5-62}$$

$$s-p_i=|s-p_i|e^{j\angle s-p_i} \tag{5-63}$$

式中，$i=1,2,\cdots,n$。通过式(5-61)$F(s)$的映射关系，在[$F(s)$]平面上就可以确定与 s 对应的点 $F(A)$(即 s 的象)为

$$\begin{aligned} F(s) &= \frac{(s-z_1)(s-z_2)\cdots(s-z_n)}{(s-p_1)(s-p_2)\cdots(s-p_n)} \\ &= \frac{|s-z_1|e^{j\angle s-z_1}\cdot|s-z_2|e^{j\angle s-z_2}\cdot\cdots\cdot|s-z_n|e^{j\angle s-z_n}}{|s-p_1|e^{j\angle s-p_1}\cdot|s-p_2|e^{j\angle s-p_2}\cdot\cdots\cdot|s-p_n|e^{j\angle s-p_n}} \end{aligned} \tag{5-64}$$

在[s]平面上，若 s 沿任选的一条闭合曲线 Γ_s(该曲线不通过 $F(s)$的任一零点和极点)顺时针方向从 A 点开始到 A 终止变化一周，则与之相应地，在[$F(s)$]平面上，$F(s)$形成一条从点 $F(A)$起始到点 $F(A)$终止的闭合曲线 Γ_F。

由式(5-64)得 $F(s)$的幅角变化关系：

$$\angle F(s)=\angle(s-z_1)+\cdots+\angle(s-z_n)-\angle(s-p_1)-\cdots-\angle(s-p_n) \tag{5-65}$$

当自变量 s 沿图 5-27(a)中封闭曲线 Γ_s 顺时针变化一周时，式(5-65)中各向量均发生变化：包围在 Γ_s 内的向量幅角变化为-2π；在 Γ_s 外的向量幅角变化为 0。设包围在 Γ_s 内有 P 个极点和 Z 个零点，则 Γ_s 顺时针变化一周时，$F(s)$的幅角的变化为

$$\begin{aligned} \Delta\angle F(s) &= \Delta\angle(s-z_1)+\cdots+\Delta\angle(s-z_n)-\Delta\angle(s-p_1)-\cdots-\Delta\angle(s-p_n) \\ &= -Z\cdot 2\pi-(-P\cdot 2\pi)=2\pi(P-Z) \end{aligned} \tag{5-66}$$

式(5-66)两边同时除以 2π，得幅角原理表达式：

$$N=P-Z \tag{5-67}$$

式中，N 表示当 s 沿 Γ_s 顺时针变化一周时，Γ_F 在[$F(s)$]平面上包围原点的圈数。$N<0$ 表示 Γ_F 顺时针包围原点；$N>0$ 表示 Γ_F 逆时针包围原点；$N=0$ 表示 Γ_F 不包围原点。

5.5.3 奈奎斯特稳定判据

1. 奈奎斯特稳定判据

闭环控制系统稳定的充要条件是闭环系统在[s]平面的右半平面无极点，即辅助函数 $F(s)$在[s]平面的右半平面无零点。基于此，由幅角原理可推导出奈奎斯特稳定判据。

为了分析 $F(s)$有无零点位于[s]平面的右半平面，在[s]平面上选择包围整个右半平面的封闭曲线 Γ_s，它由[s]平面的整个虚轴(从 $\omega=-\infty$到 $\omega=+\infty$)及其右半平面上以原点为圆心、半径为无穷大的半圆弧，如图 5-28(a)所示。

当 $F(s)$在虚轴上有极点时，Γ_s 必须以这些点为圆心，作半径为无穷小的半圆，按逆时针方向从右侧绕过这些点。在图 5-28(b)中，$F(s)$在原点有极点，Γ_s 按上述办法绕过原点。

由前面讨论知道，$F(s)$的极点为系统开环传递函数的极点，$F(s)$的零点为系统闭环传递函数的极点。假设 $F(s)$的全部极点中有 P 个位于[s]平面的右半平面，系统闭环稳定就是 $F(s)$在[s]平面的右半平面无零点，即图 5-28 的 Γ_s 中 $Z=0$，由幅角原理得

$$N=P-Z=P \tag{5-68}$$

式(5-68)即为判别闭环控制系统稳定性的奈奎斯特稳定判据：若系统的开环传递函数

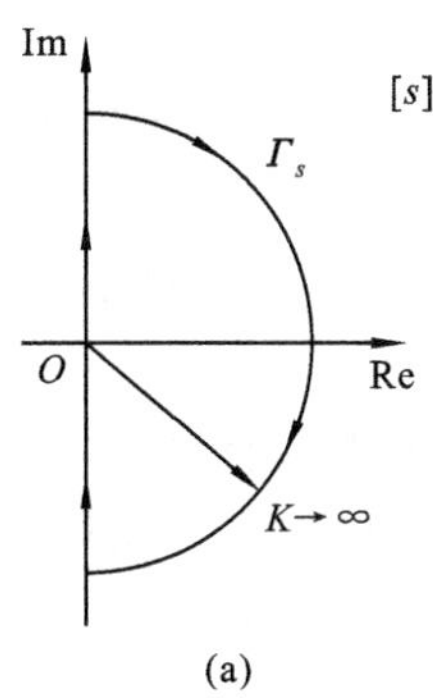

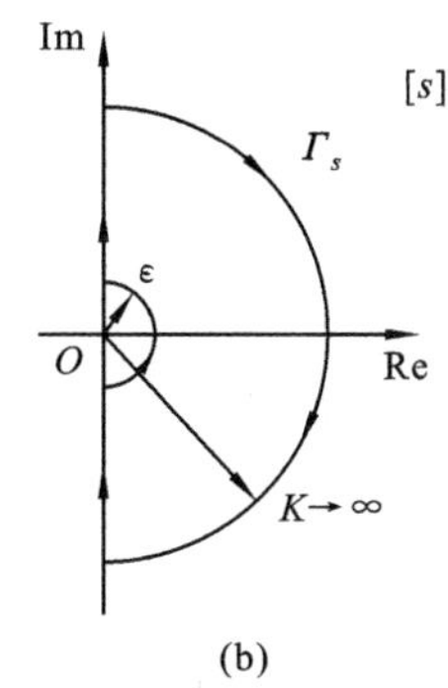

图 5-28　复变量 s 的运动轨迹

有 P 个不稳定极点，当自变量 s 按顺时针方向沿图 5-28 所示的封闭曲线 Γ_s 绕行一周时，其在 $[F(s)]$ 平面上的映射 Γ_F 就按逆时针方向绕原点 P 周（$P\cdot 2\pi$ 弧度），则闭环系统稳定，否则不稳定。

由式(5-60)可知，开环传递函数 $G(s)H(s)$ 与辅助函数 $F(s)$ 之间满足

$$G(s)H(s)=F(s)-1 \tag{5-69}$$

用频率特性表示为

$$G(\mathrm{j}\omega)H(\mathrm{j}\omega)=F(\mathrm{j}\omega)-1 \tag{5-70}$$

所以 $F(\mathrm{j}\omega)$ 的原点即为 $G(\mathrm{j}\omega)H(\mathrm{j}\omega)$ 的 $(-1,\mathrm{j}0)$ 点，如图 5-29 所示。奈奎斯特稳定判据可表述如下：

若系统的开环传递函数有 P 个不稳定的极点，当 ω 由 $-\infty\to0\to\infty$ 时，系统的开环幅相频特性 $G(\mathrm{j}\omega)H(\mathrm{j}\omega)$ 曲线逆时针方向绕 $(-1,\mathrm{j}0)$ 点 P 周（$P\cdot 2\pi$ 弧度），则闭环系统稳定，否则不稳定。

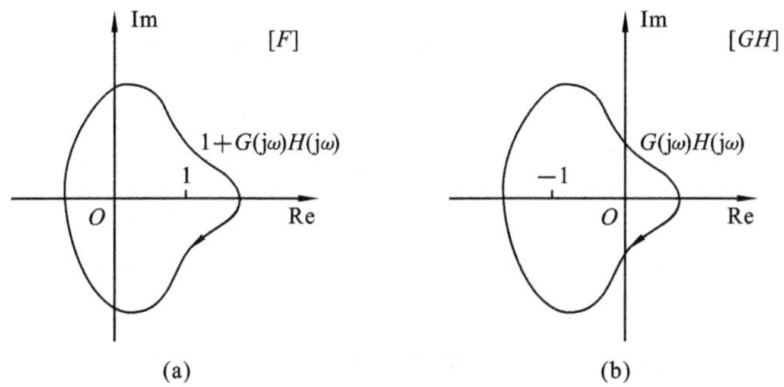

图 5-29　$F(\mathrm{j}\omega)$ 与 $G(\mathrm{j}\omega)H(\mathrm{j}\omega)$ 坐标间关系

$G(\mathrm{j}\omega)H(\mathrm{j}\omega)$ 在 $(-\infty,0)$ 与 $(0,\infty)$ 期间的幅相频特性图是关于实轴对称的，所以奈奎斯特稳定判据还可表述如下：

若系统的开环传递函数有 P 个不稳定的极点，当 ω 由 $0\to\infty$ 时，系统的开环幅相频特性图逆时针方向绕 $(-1,\mathrm{j}0)$ 点 $P/2$ 周，即转过 $P\cdot\pi$ 弧度，则闭环系统稳定，否则不稳定。

例 5-9　设系统的开环传递函数为

$$G(s)H(s)=\frac{2}{(s+1)(3s+1)}$$

判断系统闭环的稳定性。

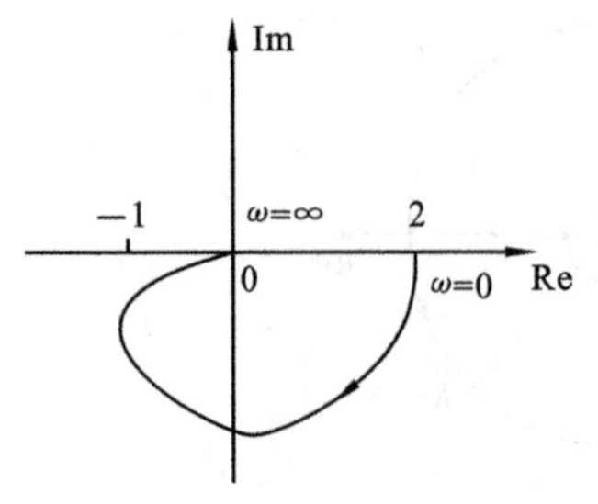

图 5-30　例 5-9 系统的开环幅相频特性图

解　当 $\omega=0$ 时，$[G(j\omega)H(j\omega)]=2$，$\angle G(j\omega)H(j\omega)=0°$；

当 $\omega=\infty$ 时，$[G(j\omega)H(j\omega)]=0$，$\angle G(j\omega)H(j\omega)=-180°$。

其开环幅相频特性图如图 5-30 所示。

由于 $G(s)H(s)$ 在 $[s]$ 的右半平面无极点，故 $P=0$，且 $G(j\omega)H(j\omega)$ 不包围 $(-1,j0)$ 点，所以，系统闭环是稳定的。

例 5-10　已知系统的 $G(j\omega)H(j\omega)$ 曲线如图 5-31 所示，其中 P 为 $G(s)H(s)$ 在 $[s]$ 的右半平面的极点个数，试分析闭环系统的稳定性。

解　在图 5-31(a)中，$P=1$，而曲线绕 $(-1,j0)$ 点转过 $-180°$，所以系统闭环是不稳定的。

在图 5-31(b)中，$P=2$，当 ω 由 $0\to\infty$ 时，曲线逆时针方向绕 $(-1,j0)$ 点转过 360°，满足 $N=P/2$，所以系统闭环是稳定的。

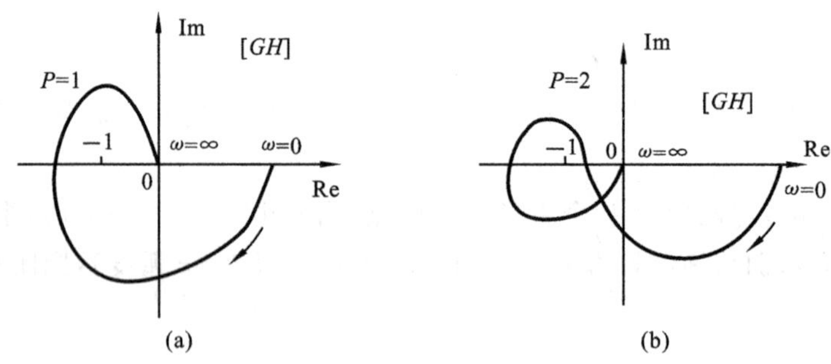

图 5-31　例 5-10 系统的开环幅相频特性图

由奈奎斯特稳定判据可知，$G(j\omega)H(j\omega)$ 曲线绕 $(-1,j0)$ 点的转数，与 $G(j\omega)H(j\omega)$ 曲线对负实轴上的 $(-1,j0)$ 点左侧的负实轴的穿越次数有关。设定：当 ω 由 $0\to\infty$ 时，$G(j\omega)H(j\omega)$ 曲线逆时针穿越 $(-1,j0)$ 点左侧的负实轴为正穿越；$G(j\omega)H(j\omega)$ 曲线顺时针穿越 $(-1,j0)$ 点左侧的负实轴为负穿越；$G(j\omega)H(j\omega)$ 曲线起始或终止于 $(-1,j0)$ 点左侧的负实轴，就算半次穿越。由此得到奈奎斯特稳定判据的一种很实用的表述：设 N_+ 表示正穿越的次数和正半次穿越的次数的和，N_- 表示负穿越的次数和负半次穿越次数的和，则系统闭环稳定的充要条件是

$$N_+-N_-=\frac{P}{2} \tag{5-71}$$

例 5-11　运用式(5-71)的判别方法，分析图 5-31 所示系统的稳定性。

解　对于图 5-31(a)，$P=1$，$N_-=1$，$N_+=0$，不满足式(5-71)，系统闭环是不稳定的。

对于图 5-31(b)，$P=2$，$N_-=0$，$N_+=1$，满足式(5-71)，系统闭环是稳定的。

2. $G(s)H(s)$ 中含有积分环节时的奈奎斯特稳定判据

当系统中串联有积分环节时，开环传递函数 $G(s)H(s)$ 有位于 $[s]$ 平面坐标原点的极点，不满足奈奎斯特稳定判据的条件。只有对开环幅相频特性曲线进行适当的修正后，才能

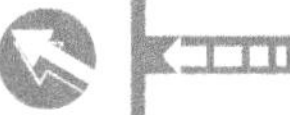

用奈奎斯特稳定判据来判断系统的稳定性。

若开环传递函数串联有 v 个积分环节，则

$$G(s)H(s) = \frac{1}{s^v}G_1(s) = \frac{1}{s^v}\frac{(\tau_1 s+1)(\tau_2 s+1)\cdots(\tau_m s+1)}{(T_1 s+1)(T_2 s+1)\cdots(T_{n-v}s+1)} \tag{5-72}$$

可知，原点 $s=0$ 处有 v 个极点。在原点处，令 $s=\varepsilon e^{j\theta}$（$\varepsilon$ 充分小），则当 $s=0_+$ 时，

$$A(0_+) = |G(j0_+)H(j0_+)| = \infty$$

$$\varphi(0_+) = \angle G(j0_+)H(j0_+) = -v\cdot 90^\circ + \angle G_1(j0_+)$$

在原点附近，闭合曲线 Γ_s 为 $s=\varepsilon e^{j\theta}$，$\theta\in[0^\circ,+90^\circ]$，且有 $G_1(\varepsilon e^{j\theta})=G_1(j0)$，则

$$G(s)H(s)\big|_{s=\varepsilon e^{j\theta}} \approx \infty e^{j\left[\angle\frac{1}{\varepsilon^v e^{jv\theta}}+\angle G_1(j0)\right]} = \infty e^{j[v\times(-\theta)+\angle G_1(j0)]} \tag{5-73}$$

对应的 $G(j\omega)H(j\omega)$ 曲线为从 $G_1(j0)$ 点起、半径为无穷大、圆心角为 $-v\theta$ 的圆弧，即可从 $G(j0_+)H(j0_+)$ 点起，逆时针作半径为无穷大、圆心角为 $v90^\circ$ 的圆弧。

综上所述，开环传递函数中有 v 个积分环节时的奈奎斯特稳定判据为：先绘制出 $\omega=0_+\to\infty$ 的幅相频特性曲线 $G(j0_+)H(j0_+)$；然后从 $\omega=0_+$ 开始按逆时针方向补画一个半径为无穷大、相角为 $v90^\circ$ 的大圆弧，至 $\omega=0$ 处，即补画 $\omega=0\to 0_+$ 的曲线；最后根据奈奎斯特稳定判据判断系统的稳定性。

例 5-12　已知系统的开环传递函数为

$$G(s)H(s) = \frac{5}{s(2s+1)(3s+1)}$$

试分析系统闭环的稳定性。

解　开环传递函数 $G(s)H(s)$ 在[s]平面的右半平面无极点，即 $P=0$；$G(s)H(s)$ 中含有一个积分环节，即 $v=1$。先绘制出 $G_1(j\omega)=\dfrac{5}{(j2\omega+1)(j3\omega+1)}$ 的极坐标图，然后在此极坐标图上从 $\omega=0_+$ 开始，逆时针画一个半径为无穷大至 $\omega=0$ 的圆弧，如图 5-32 所示。根据奈奎斯特稳定判据，该系统闭环不稳定。

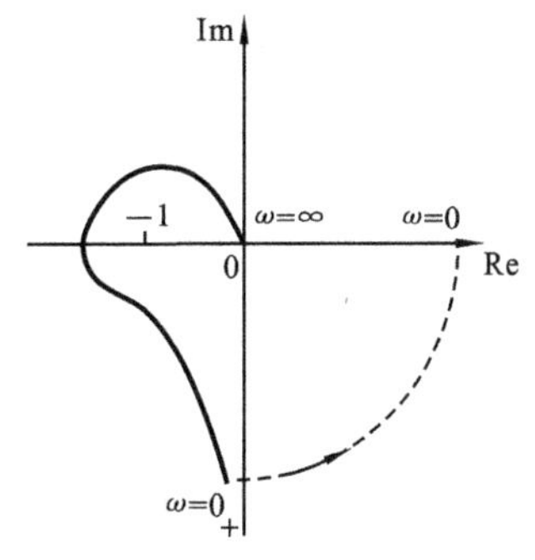

图 5-32　例 5-12 系统开环极坐标图

5.5.4　对数频率稳定判据

奈奎斯特稳定判据是利用开环频率特性的极坐标图来判断闭环系统的稳定性。若找出开环频率特性极坐标图与相应对数频率坐标图之间的关系，就可通过开环对数频率坐标图，运用式(5-71)所给出的穿越的关系来判断系统闭环的稳定性。

1. 开环频率特性极坐标图与对数频率坐标图之间的关系

由图 5-33 可知，系统开环频率特性极坐标图和开环频率特性对数坐标图有如下对应关系：

(1) 极坐标图上的单位圆对应于对数幅频特性图的横轴（0 dB 线），极坐标图中单位圆之外对应于对数幅频特性图的 0 dB 线之上；

(2) 极坐标轴的负实轴相当于对数相频特性图的 -180° 线。

在图 5-33(a)中，极坐标图与单位圆交点的频率，即图 5-33(b)中对数幅频特性图与 0

dB 线交点的频率，称之为幅值穿越频率，记作 ω_c。

根据穿越的概念，图 5-33 中还标示出极坐标图和对数频率坐标图穿越处的对应关系。“+”标示正穿越，“-”表示负穿越。

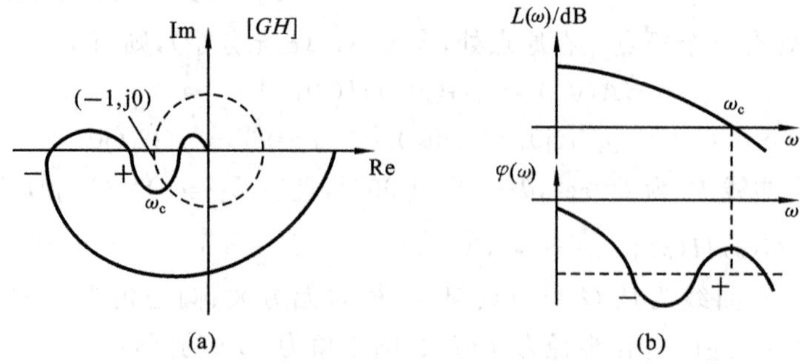

图 5-33　系统开环频率特性极坐标图与对数频率坐标图的对应关系

2. 对数频率稳定判据

基于奈奎斯特稳定判据和上述对应关系，对数频率稳定判据表述如下：

在系统开环对数频率特性图上，当 ω 由 $0\to\infty$ 时，在 $L(\omega)>0$ 的区段内，开环对数相频特性对 $-180°$ 线的正、负穿越之差为 $P/2$ 时，系统闭环是稳定的；否则不稳定。

例 5-13　系统开环伯德图和开环正实部极点个数 P 如图 5-34 所示，试判断闭环系统的稳定性。

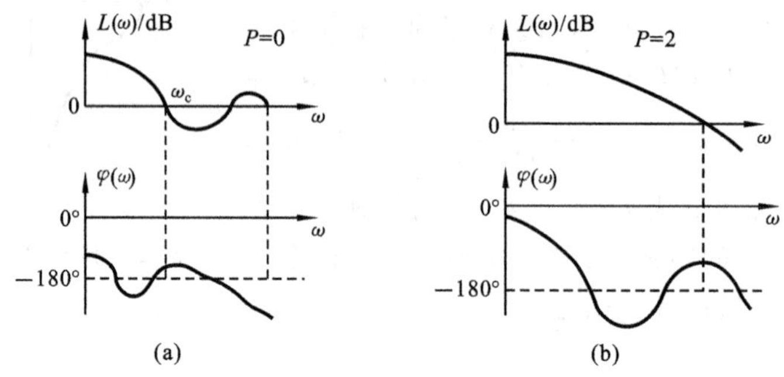

图 5-34　例 5-13 系统伯德图

解　对于图 5-34(a)：$P=0$，在 $L(\omega)>0$ dB 区段，相频特性曲线穿越 $-180°$ 线次数 $N_-=N_+=1$，满足 $N_+-N_-=P/2$，故系统闭环稳定。

对于图 5-34(b)：$P=2$，在 $L(\omega)>0$ dB 区段，相频特性曲线穿越 $-180°$ 线次数 $N_-=N_+=1$，不满足 $N_+-N_-=P/2$，故系统闭环不稳定。

值得提出的是，当开环系统含有积分环节时，需从对数相频特性曲线 ω 较小且 $L(\omega)>0$ dB 的点处向上增补 $v\times 90°$ 的虚直线。

例 5-14　某系统开环对数频率特性图如图 5-35 所示，试判断闭环系统的稳定性。

解　由图 5-35 可知，$P=0$，$v=2$，故图 5-35 中对数相频特性低频段曲线上向上增补 $2\times 90°$ 的垂线，该垂线与原对数相频特性曲线构成 $\varphi(\omega)$。当 $\omega>\omega_c$ 时，有 $L(\omega)>0$，且在此区段内，$\varphi(\omega)$ 由上向下穿越一次，$N_+=0$，$N_-=1$，不满足 $N_+-N_-=\dfrac{P}{2}$ 的稳定条件，所以系统

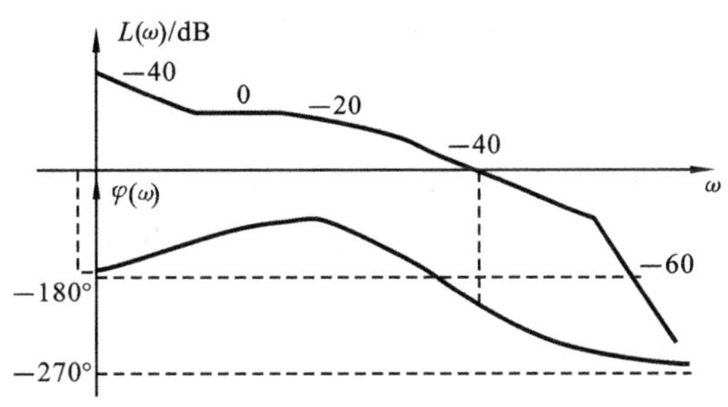

图 5-35 系统开环对数频率特性图

闭环不稳定。

5.5.5 系统的稳定裕量

控制系统中,由于外部环境及系统内部参数的变化会影响系统的稳定性,因此在选择系统元件和确定系统参数时,不仅要考虑系统的稳定性,而且还要求系统有充足的稳定裕量。

根据奈奎斯特稳定判据,若系统开环传递函数 $G(s)H(s)$ 在[s]右半平面无极点($P=0$),当 $G(\mathrm{j}\omega)H(\mathrm{j}\omega)$ 曲线在[GH]平面上包围(−1,j0)点时,系统闭环不稳定;当 $G(\mathrm{j}\omega)H(\mathrm{j}\omega)$ 曲线在[GH]平面上经过(−1,j0)点时,系统闭环临界稳定,系统参数稍有波动,便可能使 $G(\mathrm{j}\omega)H(\mathrm{j}\omega)$ 曲线包围(−1,j0)点,从而使系统闭环不稳定;当 $G(\mathrm{j}\omega)H(\mathrm{j}\omega)$ 曲线在[GH]平面上不包围(−1,j0)点时,系统闭环稳定。显然,在闭环稳定的条件下,$G(\mathrm{j}\omega)H(\mathrm{j}\omega)$ 曲线离(−1,j0)点越远,系统的相对稳定性越好。系统频率域的相对稳定性用相角裕量和幅值裕量表示。

1. 相角裕量 γ

在开环幅相频率特性曲线上,$\omega=\omega_c$(穿越频率)处所对应的矢量与负实轴之间的夹角称为相角裕量,记作 γ,如图 5-36 所示。由图 5-36 所示的开环对数频率特性曲线,相角裕量 γ 是 $20\lg|G(\mathrm{j}\omega_c)H(\mathrm{j}\omega_c)|=0$ dB 处,相频曲线与−180°线的相角差,其算式为

$$\gamma = 180° + \varphi(\omega_c) \tag{5-74}$$

其中 $G(\mathrm{j}\omega)H(\mathrm{j}\omega)$ 的相角 $\varphi(\omega_c)$ 一般为负值。

当 $\gamma>0$ 时,γ 称为正的相角裕量。此时,$G(\mathrm{j}\omega)H(\mathrm{j}\omega)$ 曲线不包围(−1,j0)点,系统闭环稳定,如图 5-36(a)所示。γ 值越大,表明 $G(\mathrm{j}\omega)H(\mathrm{j}\omega)$ 曲线离(−1,j0)点越远,系统相对稳定性越好。

当 $\gamma<0$ 时,γ 称为负的相角裕量。此时,$G(\mathrm{j}\omega)H(\mathrm{j}\omega)$ 曲线包围(−1,j0)点,系统闭环不稳定,如图 5-36(b)所示。

实际控制系统通常要求 γ 在 40°到 60°之间。

2. 幅值裕量 K_g

在开环幅相频率特性曲线上,相角 $\varphi(\omega_g)=-180°$ 时所对应的频率 ω_g 处,开环频率特性的幅频值 $|G(\mathrm{j}\omega_g)H(\mathrm{j}\omega_g)|$ 的倒数,称为幅值裕量,记作 K_g,如图 5-36 所示。其算式为

$$K_g = \frac{1}{|G(\mathrm{j}\omega_g)H(\mathrm{j}\omega_g)|} \tag{5-75}$$

由图 5-36 所示的开环对数频率特性曲线，幅值裕量 K_g 用分贝可表示为

$$20\lg K_g = 20\lg \frac{1}{|G(j\omega_g)H(j\omega_g)|} = -20\lg|G(j\omega_g)H(j\omega_g)| \ \mathrm{dB} \tag{5-76}$$

对于稳定系统，$K_g>1$，$20\lg K_g>0$ dB，此时 K_g 称为正的幅值裕量，如图 5-36(a)所示。

对于不稳定系统，$K_g<1$，$20\lg K_g<0$ dB，此时 K_g 称为负的幅值裕量，如图 5-36(b)所示。

实际控制系统通常要求 $20\lg K_g$ 在 6 dB 到 10 dB 之间。

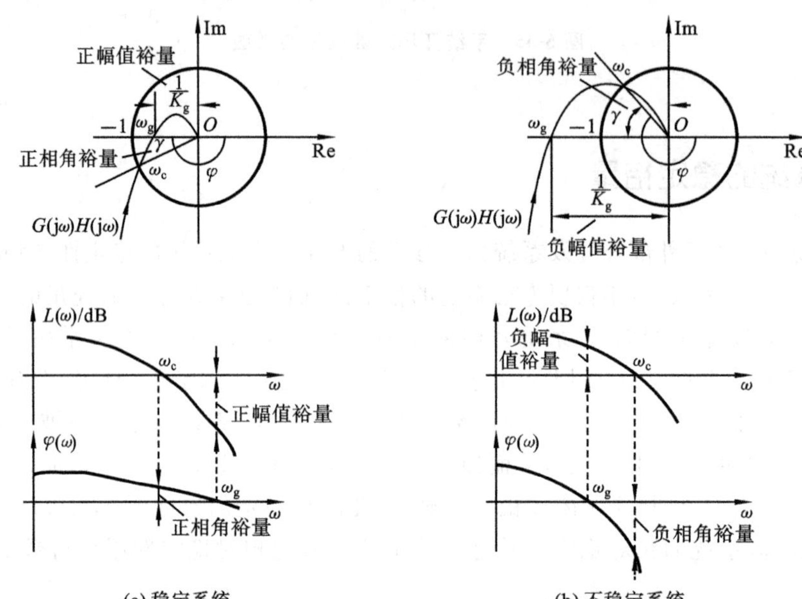

图 5-36　相角裕量和幅值裕量的图示

例 5-15　控制系统的开环传递函数为

$$G_k(s) = \frac{K}{s(s+1)(0.2s+1)}$$

求 $K=2$ 时的相角裕量和幅值裕量。

解　系统的开环频率特性为

$$\begin{aligned}G(j\omega)H(j\omega) &= \frac{2}{j\omega(j\omega+1)(j0.2\omega+1)} = -\frac{\frac{2}{\omega}}{1.2\omega - j(1-0.2\omega^2)} \\ &= -\frac{\frac{2}{\omega}[1.2\omega + j(1-0.2\omega^2)]}{[1.2\omega - j(1-0.2\omega^2)][1.2\omega + j(1-0.2\omega^2)]} \\ &= -\frac{2.4}{1.44\omega^2 + (1-0.2\omega^2)^2} - j\frac{(2/\omega - 0.4\omega)}{1.44\omega^2 + (1-0.2\omega^2)^2} \\ &= P(\omega) + jQ(\omega)\end{aligned}$$

令 $Q(\omega)=0$，得 $\omega_g=\sqrt{5}$，将 ω_g 的值代入 $P(\omega)$ 中，可求得

$$|G(j\omega_g)H(j\omega_g)| = |P(\omega_g)|$$

由此求得

$$K_g = \frac{1}{|P(\omega_g)|} = 3$$

再令
$$|G(j\omega_c)H(j\omega_c)| = \frac{2}{\omega_c\sqrt{(\omega_c^2+1)[(0.2\omega_c)^2+1]}} = 1$$

用试探法求得

$$\omega_c \approx 1.22$$

故相角裕量

$$\begin{aligned}\gamma &= 180° + \angle\varphi(\omega_c)\\ &= 180° + [-90° - \arctan\omega_c - \arctan(0.2\omega_c)]\\ &= 26°\end{aligned}$$

例 5-15 也可以用图解法求解，即通过绘制对数频率特性曲线，由图上查出相角裕量和幅值裕量，请读者自行练习。例 5-15 的结果表明，系统虽然是稳定的，但 γ 值太小，不具备满意的相对稳定性。

在例 5-15 中，如果 $K=20$，用上述方法可求出相角裕量 γ 为负值，幅值裕量 K_g 小于 1，系统不稳定。

为了获得足够的稳定裕量，开环系数 K 要选取合适的值。然而从稳态误差的角度考虑，又不希望减小 K 值，因此就需要在系统中增加校正环节来解决这一矛盾。

5.6 频率特性与系统性能的关系

这里以单位反馈控制系统作为分析对象，当其为最小相位系统时，就可以通过系统的开环对数幅频特性来讨论其与闭环性能之间的关系。

设某系统的开环对数幅频特性曲线如图 5-37 所示。

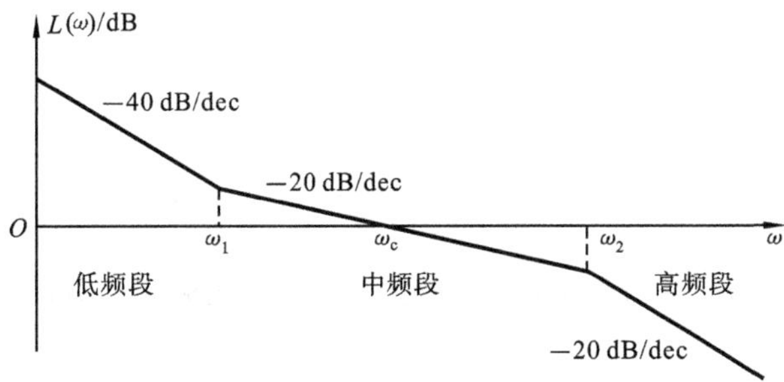

图 5-37 系统开环对数幅频特性曲线

5.6.1 开环对数幅频特性的低频段与闭环系统稳态性能关系

开环频率特性低频段主要是由积分环节 $1/s^v$（v 为积分环节的个数）和放大环节 K 来确定的，低频段的数学模型可表示为

$$G_k(s) \approx \frac{K}{s^v} \tag{5-77}$$

由其频率特性 $G_k(j\omega)\approx K/(j\omega)^v$ 可得对应的对数幅频特性为

$$L(\omega)=20\lg|G_k(j\omega)|\approx 20\lg\frac{K}{\omega^v}=20\lg K-20v\lg\omega \tag{5-78}$$

式(5-78)是一个 $L(\omega)$ 为因变量、$\lg\omega$ 为自变量的直线方程。当 $\lg\omega=0$(即 $\omega=1$)时,$L(\omega)$ 在纵坐标上的值为 $20\lg K$;当 v 为不同值时,$L(\omega)$ 的低频渐近线的斜率为 $-20v$ dB/dec。在 0 dB线处的频率 ω_0 与开环增益 K 的关系为 $K=\omega_0^v$。开环系统低频段的对数幅频特性曲线如图 5-38 所示。

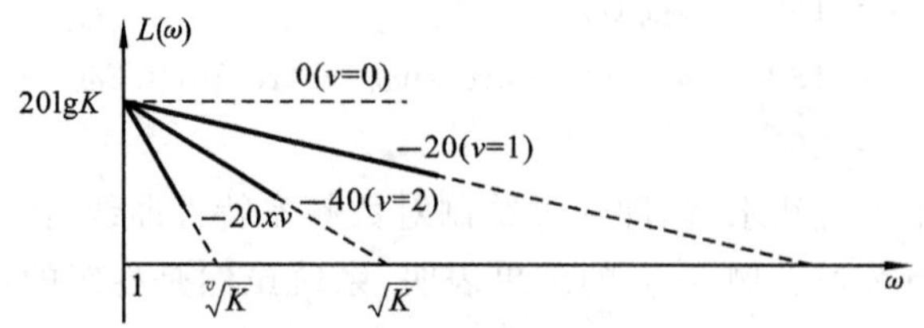

图 5-38 低频段对数幅频特性曲线

由上述分析可知:对数幅频特性曲线的位置越高,表示开环增益 K 越大,而 K 大,则系统的稳态误差就小;低频渐进线斜率越负,表示积分环节个数越多,则系统稳态误差越小。

总之,系统开环对数幅频特性的低频段反映了闭环系统的稳态性能。

5.6.2 开环对数幅频特性的中频段与闭环系统动态性能关系

设系统开环对数幅频特性的中频段的斜率为 −20 dB/dec,且占据的频段较宽,如图 5-39(a)所示。如果只考虑与中频段相关的动态性能,可将开环对数频率特性看成一条斜率为 −20 dB/dec 的直线,则开环传递函数可表示为

$$G_k(s)\approx\frac{K}{s}=\frac{\omega_c}{s} \tag{5-79}$$

闭环传递函数为

$$G_b(s)=\frac{G_k(s)}{1+G_k(s)}=\frac{1}{\frac{1}{\omega_c}s+1} \tag{5-80}$$

式(5-80)为一阶惯性系统,其阶跃响应按指数规律变化,无振荡,其调整时间为

$$t_s=3T=\frac{3}{\omega_c} \tag{5-81}$$

由上可知,穿越频率 ω_c 越大,调整时间 t_s 就越小,系统响应速度也就越快。这就是说,穿越频率反映了系统响应的快速性。

如果系统开环对数幅频特性的中频段的斜率为 −40 dB/dec,且占据的频段较宽,如图 5-39(b)所示。同样在只考虑与中频段相关的动态性能时,可将开环对数频率特性看为一条斜率为 −40 dB/dec 的直线,则开环传递函数可表示为

$$G_k(s)\approx\frac{K}{s^2}=\frac{\omega_c^2}{s^2} \tag{5-82}$$

闭环传递函数为

$$G_b(s)=\frac{G_k(s)}{1+G_k(s)}=\frac{\omega_c^2}{s^2+\omega_c^2} \tag{5-83}$$

此时系统是一个含有闭环共轭虚根$\pm j\omega_c$的无阻尼二阶系统。系统持续振荡，处于临界稳定状态。

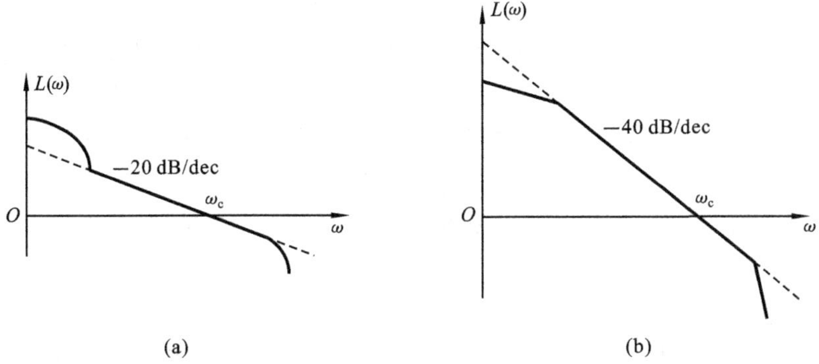

图5-39　中频段对数幅频特性曲线

在控制工程中，为了使系统稳定并具有良好的平稳性和快速性，开环对数幅频特性的中频段斜率最好为−20 dB/dec；如果其在中频段斜率为−40 dB/dec，则可能不稳定；不难推知，如果其在中频段斜率为−60 dB/dec或更负的斜率，则闭环系统肯定不稳定。

5.6.3　开环对数幅频特性的高频段对干扰信号的抑制能力

开环对数幅频特性的高频段部分一般具有较负的斜率，幅值远远小于0 dB，表明闭环系统对高频信号的抑制能力强；而高频段的转折频率对应于系统的小时间常数，故对系统动态性能的影响不大。

5.6.4　开环频域指标与时域的关系

在第3章已建立了典型二阶系统的时域指标超调量$\sigma\%$和调整时间t_s与阻尼比ξ之间的关系。时域分析法主要用$\sigma\%$来评价二阶系统的平稳性，用T_s来评价系统的快速性，而频域特性分析法分别用相位裕量γ和穿越频率ω_c来评价系统的相对稳定性和快速性。下面讨论它们之间的关系。

1. 相位裕量γ与二阶系统参数阻尼比ξ之间的关系

典型二阶系统的开环频率特性为

$$G_k(j\omega)=\frac{\omega_n^2}{j\omega(j\omega+2\xi\omega_n)}=\frac{\omega_n^2}{\omega\sqrt{\omega^2+4\xi^2\omega_n^2}}\angle\left(-\arctan\frac{\omega}{2\xi\omega_n}-90^\circ\right) \tag{5-84}$$

设ω_c为穿越频率，则有

$$|G_k(j\omega)|=\frac{\omega_n^2}{\omega_c\sqrt{\omega_c^2+4\xi^2\omega_n^2}}=1$$

从而得

$$\omega_c=\omega_n\left(\sqrt{4\xi^4+1}-2\xi^2\right)^{\frac{1}{2}} \tag{5-85}$$

相位裕量

$$\gamma = 180^\circ + \varphi(\omega_c) = 180^\circ - 90^\circ - \arctan\frac{\omega_c}{2\xi\omega_n}$$

$$= \arctan\frac{2\xi\omega_n}{\omega_c} = \arctan\left[\frac{2\xi}{\sqrt{\sqrt{4\xi^4+1}-2\xi^2}}\right] \tag{5-86}$$

由式(5-86)绘制的 γ 与 ξ 之间的关系曲线如图 5-40 所示，对于典型二阶系统，相位裕量 γ 仅与阻尼比 ξ 有关，ξ 越大，γ 就越大，系统的平稳性和相对稳定性就越好。由图 5-40 还可看出，在 $0<\xi<0.707$ 范围内，γ 与 ξ 之间的关系曲线近似于一条直线，该直线方程为

$$\gamma|_{\omega_c} = 100\xi$$

上式表明，ξ 每增加 0.1，γ 增加 10°。当相位裕量 γ 取 30°～70°时，对应二阶系统的阻尼比 ξ 在 0.3～0.7。

2. 相位裕量 γ 与超调量 $\sigma\%$ 之间的关系

在第 3 章时域分析中，已建立典型二阶系统的超调量 $\sigma\%$ 与阻尼比 ξ 的关系，即

$$\sigma\% = e^{-\xi\pi/\sqrt{1-\xi^2}} \times 100\% \tag{5-87}$$

由式(5-86)和式(5-87)可知，相位裕量 γ 与超调量 $\sigma\%$ 均为系统阻尼比 ξ 的单值函数。由此可绘出二阶系统的超调量 $\sigma\%$ 与相位裕量 γ 的关系曲线，如图 5-41 所示：相位裕量 γ 越大，超调量 $\sigma\%$ 越小；反过来，超调量 $\sigma\%$ 越大，相位裕量 γ 越小。

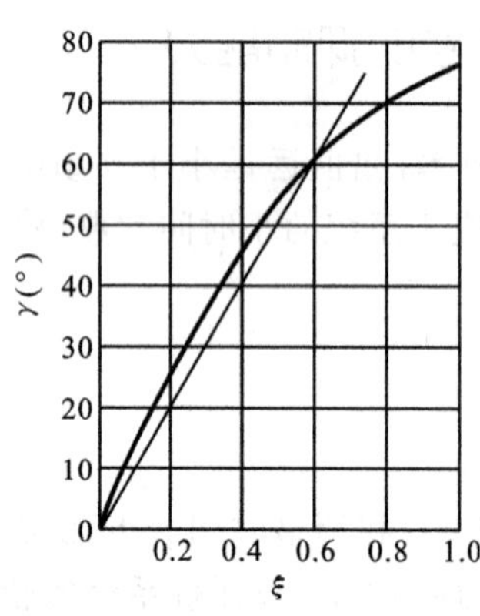

图 5-40　γ 与 ξ 之间关系曲线

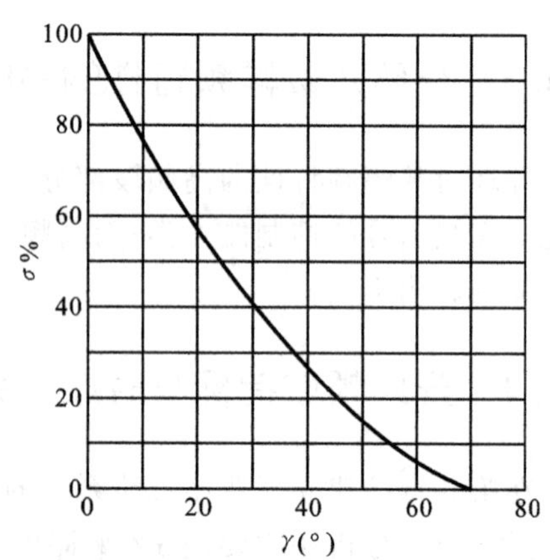

图 5-41　$\sigma\%$ 与 γ 之间关系曲线

3. 穿越频率 ω_c、相位裕量 γ 与调整时间 t_s 之间的关系

在时域分析中，已知

$$t_s = 3/(\xi\omega_n) \tag{5-88}$$

将式(5-85)代入式(5-88)中，就得到 ω_c、ξ 及 t_s 三者之间的关系

$$t_s\omega_c = \frac{3\left(\sqrt{4\xi^4+1}-2\xi^2\right)^{\frac{1}{2}}}{\xi} \tag{5-89}$$

再将式(5-86)代入式(5-89)，得

$$t_s\omega_c = \frac{6}{\tan\gamma} \tag{5-90}$$

式(5-90)表明，在相位裕量 γ 不变时，穿越频率 ω_c 越大，调整时间 t_s 越短。

例 5-16　已知单位反馈系统的开环传递函数为

$$G_k(s)=\frac{100}{s(Ts+1)}$$

求 $\gamma=36°$时的频域指标 ω_c 及系统参数 T，并求时域指标 $\sigma\%$和 t_s。

解　(1) 求频域指标 ω_c 及系统参数 T。系统开环频率特性为

$$G_k(j\omega)=\frac{100}{j\omega(jT\omega+1)}$$

分别由穿越频率 ω_c 和相位裕量 γ 的定义，得

$$\begin{cases}\dfrac{100}{\omega_c\cdot\sqrt{\omega_c^2T^2+1}}=1\\ \gamma=180°+\varphi(\omega_c)=180°-90°-\arctan\omega_cT=36°\end{cases}$$

解得

$$\omega_c=58.8,\quad T=0.023$$

(2) 求时域指标 $\sigma\%$和 t_s。由$\gamma|_{\omega_c}=100\xi$，求得

$$\xi=36/100=0.36$$

由 $\omega_c=\omega_n(\sqrt{4\xi^4+1}-2\xi^2)^{\frac{1}{2}}$，求得

$$\omega_n=\omega_c\Big/(\sqrt{4\xi^4+1}-2\xi^2)^{\frac{1}{2}}=66.9$$

超调量

$$\sigma\%=e^{-\xi\pi/\sqrt{1-\xi^2}}\times100\%=30\%$$

调节时间

$$t_s=\frac{6}{\omega_c\tan\gamma}=0.14\ \text{s}$$

5.7　闭环系统的频域性能指标

5.7.1　闭环频率特性

频域性能指标是根据闭环系统的性能要求制定的，它们用系统的频率特性曲线在数值和形状上的某些特征点来评价系统跟踪输入信号和抑制干扰信号的能力。

单位反馈控制系统的闭环传递函数如式(5-91)。其中，由于反馈通道的传递函数 $H(s)=1$，所以前向通道的传递函数就是系统的开环传递函数，即 $G_k(s)=G(s)$。令 $s=j\omega$，并代入式(5-91)得闭环频率特性如式(5-92)。

$$G_b(s)=\frac{G(s)}{1+G(s)H(s)}=\frac{G_k(s)}{1+G_k(s)}\tag{5-91}$$

$$G_b(j\omega)=\frac{G_k(j\omega)}{1+G_k(j\omega)}=A(\omega)e^{j\varphi(\omega)}\tag{5-92}$$

由式(5-92)可知，根据 $G_k(j\omega)$曲线上的一点，便可由式(5-92)求得 $G_b(j\omega)$曲线上的一点，这样逐点进行下去，就可以绘制出闭环频率特性曲线。典型的闭环幅频特性曲线如图 5-42 所示。

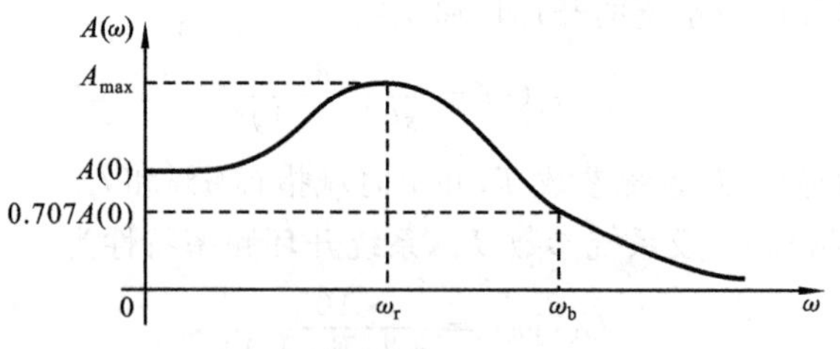

图 5-42 典型闭环幅频特性曲线

5.7.2 闭环频率性能指标

1. 零频幅值 $A(0)$

零频幅值 $A(0)$表示 $\omega=0$ 时的闭环幅频值(闭环系统输出的幅值与输入的幅值之比)。$A(0)\to 1$,表明零频时输出幅值趋近于输入幅值,系统的稳态误差趋近于零。所以 $A(0)$反映了系统的稳态精度。

2. 谐振峰值 M_r 和谐振频率 ω_r

闭环幅频特性 $A(\omega)$的最大值 A_{max}与零频幅值 $A(0)$之比称为谐振峰值 M_r,即

$$M_r=\frac{A_{max}}{A(0)}$$

当系统开环传递函数的积分环节个数 $v\geqslant 1$ 时,零频幅值 $A(0)=1$,则 $M_r=A_{max}$。M_r 的大小反映了系统相对稳定性的优劣。通常系统的 M_r 值越大,该系统阶跃响应的超调量 $\sigma\%$就越大。这说明系统的阻尼小,相对稳定性就差。

闭环幅频特性出现峰值时的频率称为谐振频率 ω_r。ω_r 在一定程度上反映系统瞬态响应的快速性。ω_r 值越大,瞬态响应就快,上升时间 t_r 就短。

例 5-17 求图 5-43 所示二阶系统的谐振峰值 M_r 和谐振频率 ω_r。

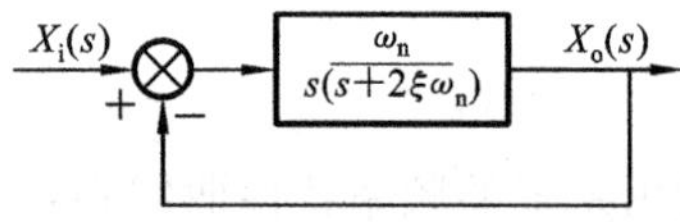

图 5-43 二阶系统传递函数框图

解 由二阶系统闭环传递函数求得其闭环频率特性为

$$\frac{X_o(j\omega)}{X_i(j\omega)}=\frac{\omega_n^2}{(j\omega)^2+2\xi\omega_n(j\omega)+\omega_n^2}$$

则闭环幅频特性为

$$A(\omega)=\left|\frac{X_o(j\omega)}{X_i(j\omega)}\right|=\frac{1}{\sqrt{\left(1-\frac{\omega^2}{\omega_n^2}\right)^2+\left(2\xi\frac{\omega}{\omega_n}\right)^2}} \tag{5-93}$$

用求最值的方法,即令

$$\frac{dA(\omega)}{d\omega}=0$$

求得

$$\omega_r=\omega_n\sqrt{1-2\xi^2} \tag{5-94}$$

$$M_r=\frac{1}{\xi\sqrt{1-2\xi^2}} \tag{5-95}$$

由于开环传递函数的 $v=1$，$A(0)=1$，所以谐振峰值等于闭环幅频特性的最大值，即 $M_r=A_{max}$。由式(5-93)和式(5-94)可知，在 $0<\xi\leqslant0.707$ 范围内，系统会产生谐振峰值 M_r。谐振频率 ω_r 与系统有阻尼自然振荡频率 $\omega_d=\omega_n\sqrt{1-\xi^2}$、无阻尼自然振荡频率 ω_n 有如下关系：

$$\omega_n>\omega_d>\omega_r \tag{5-96}$$

3. 截止频率 ω_b 与频带宽度

闭环幅频特性 $A(\omega)$ 的数值下降到零频幅值 $0.707A(0)$ 时所对应的频率称为闭环系统的截止频率 ω_b。频率范围 $0\leqslant\omega\leqslant\omega_b$ 称为闭环系统的频带宽度。频带宽度表征系统响应的快速性，若频带宽度宽，则系统的响应速度快，使系统跟踪或复现输入信号的精度提高。但频带宽度宽对高频噪声的抑制能力下降，系统抗干扰性能减弱。控制系统中必须综合考虑以确定合适的频带宽度。

在例 5-17 中，$A(0)=1$，根据 ω_b 的定义，有

$$A(\omega_b)=\frac{\sqrt{2}}{2}A(0)=\frac{\sqrt{2}}{2}$$

代入式(5-93)得

$$A(\omega_b)=\frac{1}{\sqrt{\left(1-\frac{\omega_b^2}{\omega_n^2}\right)^2+\left(2\xi\frac{\omega_b}{\omega_n}\right)^2}}=\frac{\sqrt{2}}{2}$$

所以

$$\omega_b=\omega_n\sqrt{(1-2\xi^2)+\sqrt{2-4\xi^2+4\xi^4}} \tag{5-97}$$

由式(5-97)可知，在 ξ 一定的条件下，ω_b 大则 ω_n 就大，$t_s=3/(\xi\omega_n)$ 就小。这就是说，ω_b 反映了系统的响应速度。

小结

1. 线性定常系统输入正弦信号时，其稳态输出是与输入同频率的正弦信号。稳态输出幅值与输入的幅值之比是输入信号频率 ω 的函数，定义为幅频特性，记为 $A(\omega)$；稳态输出与输入的相位差也是频率 ω 的函数，定义为相频特性，记为 $\varphi(\omega)$。$A(\omega)$ 和 $\varphi(\omega)$ 统称为系统的频率特性，记为 $G(j\omega)=A(\omega)\angle G(j\omega)=A(\omega)e^{\angle G(j\omega)}=A(\omega)e^{j\varphi(\omega)}$。

2. 频率特性图主要包括幅相频率特性图和对数频率特性图。通过系统开环频率特性曲线，分析系统闭环性能。

分析系统闭环性能会广泛运用到系统开环对数频率特性曲线。通常将开环对数频率特性曲线分成低频段、中频段和高频段三个频段。低频段反映系统稳态精度；中频段反映系统动态响应的平稳性和快速性；高频段反映系统对干扰噪声的抑制能力。

3. 求频率特性的常用方法：

(1) 已知系统的传递函数，则频率特性 $G(j\omega)=G(s)\big|_{s=j\omega}$；

(2) 实验法求系统频率特性——首先通过实验测得系统的频率特性，绘制频率特性伯德图(实测线)，然后由实测线近似渐近线从而确定出系统的传递函数。

4. 在复平面[s]的右半平面没有开环极点和零点的系统称为最小相位系统。最小相位

系统的对数幅频特性与相频特性之间由唯一对应关系，因此只需对数幅频特性就可以确定系统的数学模型和分析系统性能。

5. 奈奎斯特稳定判据的两种方法：

(1) 根据 ω 由 $0\to\infty$ 时，$[GH]$ 平面上 $G(j\omega)H(j\omega)$ 曲线逆时针绕 $(-1,j0)$ 点的圈数 N 和 $[s]$ 平面右侧开环极点数 P 的关系来判定(若 $N=P/2$，则系统闭环稳定)；

(2) 根据 ω 由 $0\to\infty$ 时，$[GH]$ 平面上 $G(j\omega)H(j\omega)$ 曲线对 $(-1,j0)$ 点左侧的负实轴正穿越次数 N_+ 和负穿越次数 N_- 的差来判定(若 $N_+-N_-=P/2$，则系统闭环稳定)。

根据开环对数频率特性曲线，用上述(2)的方法，可得对数频率稳定判据。

6. 相角裕量 $\gamma=180°+\varphi(\omega_c)$ 和幅值裕量 $K_g=1/|G(j\omega)H(j\omega)|$ 是描述系统相对稳定性的指标。当 γ 在 $40°$ 到 $70°$ 之间取值和 $20\lg K_g>6$ dB 时，系统不仅稳定，而且具有充裕的稳定程度。

7. 开环频域指标 ω_c、γ 通过系统参数阻尼比 ξ 与时域指标 t_s、$\sigma\%$ 建立确定的关系 $t_s\omega_c=6/\tan\gamma$；在 $0<\xi<0.707$ 内，$\sigma\%=e^{-0.01\gamma\pi/\sqrt{1-(\frac{\gamma}{100})^2}}\times100\%$，$\sigma\%$ 随 γ 的增大按指数规律减小。

闭环频域指标也通过系统参数 ξ、ω_n 与时域指标有确定关系。

习题

1. 单位反馈控制系统的开环传递函数 $G(s)=\dfrac{1}{s+1}$，试求下列输入信号作用下的系统稳态输出：

(1) $x_i(t)=\sin3t$；　　(2) $x_i(t)=2\sin(2t+30°)$；

(3) $x_i(t)=\sin(t+45°)$；　　(4) $x_i(t)=\sin(t-30°)-2\cos(2t-45°)$。

2. 试绘制具有下列开环传递函数的各系统的开环幅相频特性曲线：

(1) $G(s)=\dfrac{1}{s(0.1s+1)}$；　　(2) $G(s)=\dfrac{100}{s(0.02s+1)(0.2s+1)}$；

(3) $G(s)=\dfrac{10s+1}{3s+1}$；　　(4) $G(s)=\dfrac{50(0.6s+1)}{s^2(4s+1)}$。

3. 试绘制具有上题 2 所列开环传递函数的各系统的开环对数频率特性曲线。

4. 两最小相位系统分别具有下列关系式，求其传递函数：

(1) $\varphi(\omega)=90°-\arctan\omega+\arctan\dfrac{\omega}{2}-\arctan3\omega$，$A(2)=5$；

(2) $\varphi(\omega)=180°-\arctan4\omega+\arctan\omega-\arctan0.3\omega$，$A(5)=1$。

5. 最小相位系统传递函数的对数幅频特性的渐进线如图 5-44 所示，试写出对应的传递函数表达式，并粗略绘制其对数相频特性曲线。

6. 已知电路如图 5-45 所示，求系统的传递函数，并绘制出系统的对数频率特性渐近线。

7. 试绘制下列开环传递函数的开环对数幅频特性渐近线，并计算穿越频率 ω_c：

(1) $G(s)=\dfrac{100}{s^2(s+1)(10s+1)}$；　　(2) $G(s)=\dfrac{8(10s+1)}{s(s+1)(0.5s+1)}$。

8. 控制系统的开环幅相频特性曲线如图 5-46 所示，试判断闭环系统的稳定性。

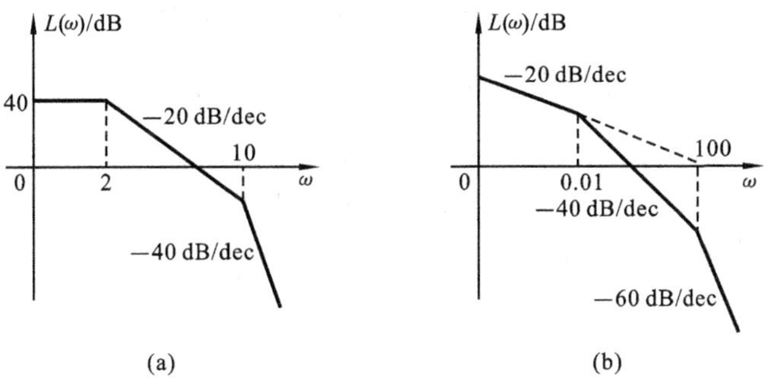

图 5-44 对数幅频特性的渐近线

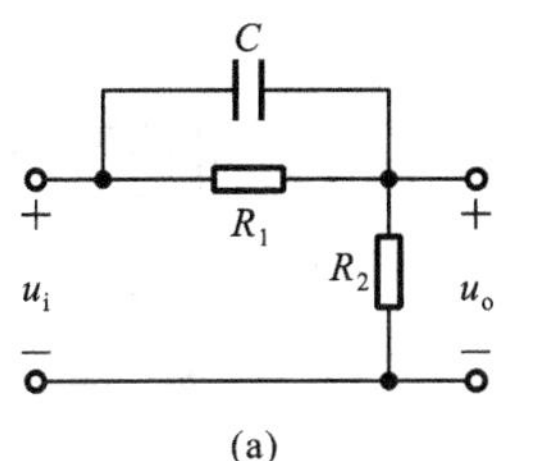

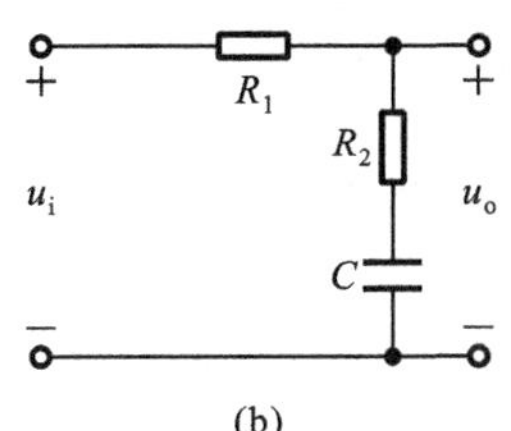

图 5-45 电路图

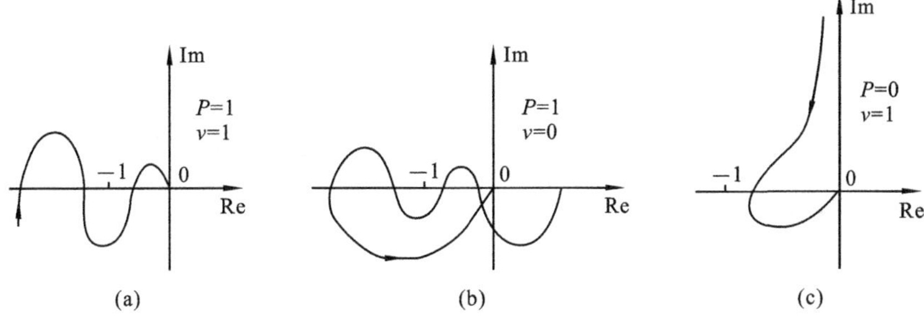

图 5-46 开环幅相频特性曲线

9. 已知负反馈控制系统的开环幅相频特性曲线如图 5-47 所示。设开环增益为 50，且没有开环不稳定极点，试计算使闭环系统稳定的 K 值范围。

10. 已知下列单位反馈系统的开环传递函数，试用奈奎斯特稳定判据判别系统的闭环稳定性：

(1) $G(s)=\dfrac{10}{s(s+1)(0.25s^2+1)}$； (2) $G(s)=\dfrac{200}{s(s+1)(0.1s+1)}$。

11. 控制系统传递函数框图如图 5-48 所示，试判断系统的闭环稳定性。

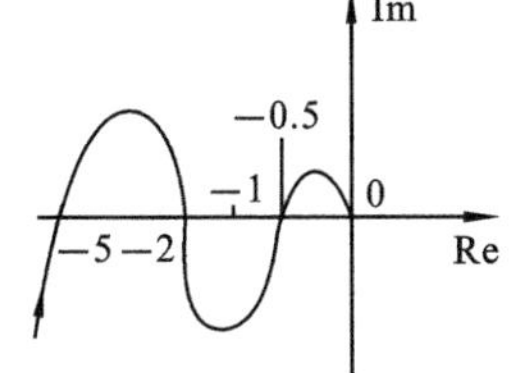

图 5-47 开环幅相频特性曲线

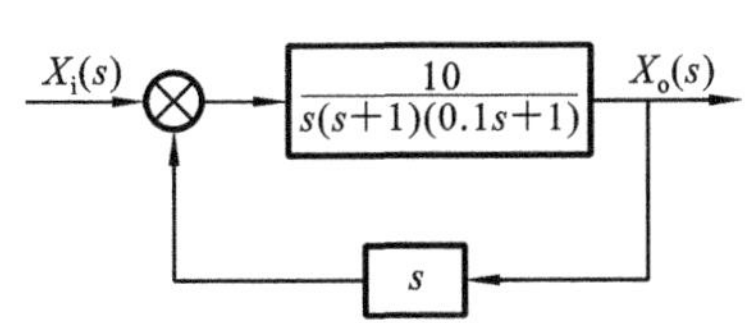

图 5-48 传递函数框图

12. 试用对数稳定判据判别题 10 所列系统的闭环稳定性。

13. 单位反馈控制系统开环传递函数为 $G(s)=\frac{K}{s(s+1)(s+10)}$，求 $K=10$ 和 $K=100$ 时，系统的相位裕量和幅值裕量，并判别系统闭环稳定性。

14. 最小相位系统的开环对数幅频特性渐近线如图 5-49 所示，试计算该系统在 $x_i(t)=t^2/2$ 作用下的稳态误差和相位裕量。

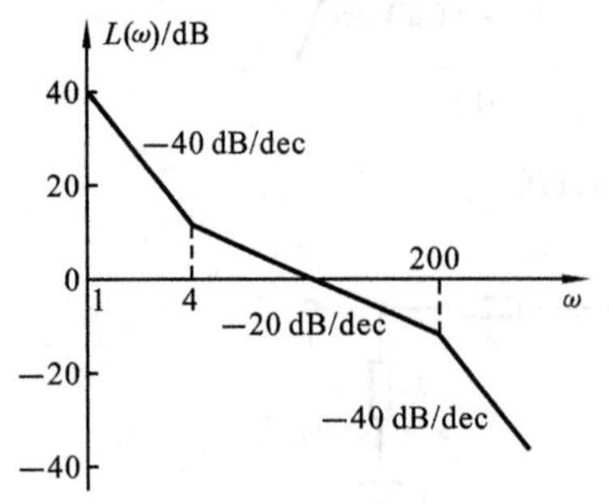

图 5-49　开环对数幅频特性渐近线

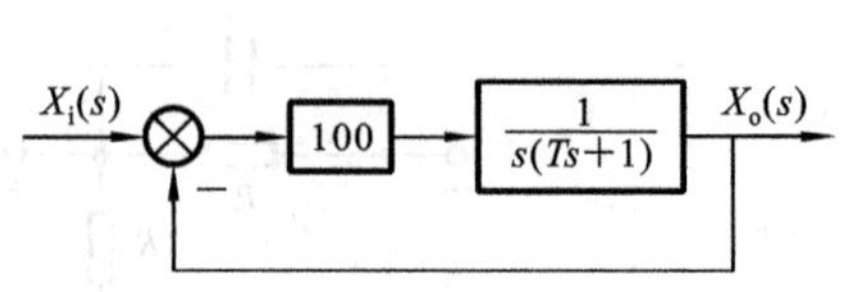

图 5-50　传递函数框图

15. 控制系统的传递函数框图如图 5-50 所示，试计算相位裕量 $\gamma=40°$ 时的 T 值和系统闭环幅频特性的谐振峰值 M_r。

16. 设单位反馈系统的开环传递函数为 $G(s)=\frac{8}{s(0.5s+1)}$，试确定系统闭环幅频特性的谐振峰值 M_r、谐振频率 ω_r 及相位裕量 γ。

17. 单位反馈系统的开环传递函数 $G(s)=\frac{7}{s(0.087s+1)}$，试用频域与时域之间的关系求超调量和调节时间。

第 6 章 控制系统的综合与校正

对于一个控制系统，在稳定的条件下，还要求系统能按给定的与控制精度、相对稳定性和反应速度相关的性能指标工作，这才是确保系统正常工作的充分必要条件。如果系统不能全面满足要求的性能指标，则应在已选定的系统中增加必要的元件或环节，使重新组合起来的系统能够全面满足设计要求的性能指标。这就是控制系统设计中的综合与校正，或称系统设计。

本章在简单介绍控制系统性能指标的基础上，重点介绍串联校正中的相位超前校正、相位滞后校正、相位滞后-超前校正和 PID 校正。

6.1 系统的性能指标

系统的性能指标可分为以下两种类型。

(1) 时域性能指标：包括动态性能指标和稳态性能指标。

(2) 频域性能指标：包括开环性能指标和闭环性能指标。

6.1.1 时域性能指标

系统的时域性能指标一般是在输入单位阶跃信号下，由系统输出响应的某些特征值所决定的。由于系统响应是由瞬态响应和稳态响应构成的，所以时域性能指标可分为动态性能指标和稳态性能指标。

1. 动态性能指标

动态性能指标，又称瞬态性能指标，它主要包括延迟时间 t_d、上升时间 t_r、峰值时间 t_p、调整时间 t_s、最大超调量 $\sigma\%$、振荡次数 N 等。

2. 稳态性能指标

稳态性能指标主要是稳态误差 e_{ss}。

系统的动态性能指标和稳态性能指标在第 3 章中进行了详尽的分析，这里不再赘述。

6.1.2 频域性能指标

1. 开环频域指标

根据已画出的开环频率特性曲线，给出开环频域指标：幅值穿越频率 ω_c、相位裕量 γ、幅

值裕量 K_g。

2. 闭环频域指标

根据闭环幅频特性曲线，给出闭环频域指标：谐振频率 ω_r、谐振峰值 M_r、闭环截止频率 ω_b 及截止带宽 $0\sim\omega_b$。

系统的开环频域性能指标和闭环频域性能指标在第 5 章中进行了详尽的分析，这里不再赘述。

6.2 控制系统的串联校正

系统的校正是指当调整系统的参数不能同时满足系统的各项性能指标要求时，需要在系统中增加新的装置(元件或环节)，以改变系统的结构，从而改善系统性能的方法。在系统校正中引入的新增装置称为校正装置。按照校正装置在系统中的连接方式，校正可分为串联校正、并联校正(反馈校正和顺馈校正)及 PID 校正。

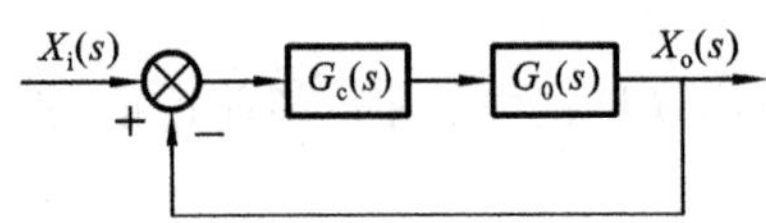

图 6-1 串联校正的原理方框图

串联校正的原理框图如图 6-1 所示。串联校正是将校正装置 $G_c(s)$ 串联在系统的前向通道中。串联校正装置的参数选择是根据原系统的传递函数 $G_0(s)$ 和对系统性能指标的要求来进行的。串联校正又分相位超前校正、相位滞后校正和相位滞后-超前校正，分别介绍如下。

6.2.1 相位超前校正

1. 相位超前校正装置

由 RC 网络构成的超前校正装置如图 6-2 所示。图中取 $Z_1=\dfrac{R_1\dfrac{1}{Cs}}{R_1+\dfrac{1}{Cs}}$，则 RC 网络的传递函数为

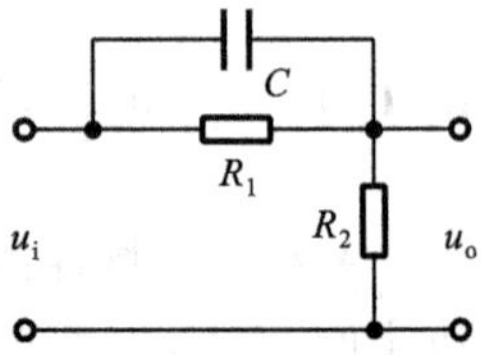

$$G_c(s)=\frac{U_o(s)}{U_i(s)}=\frac{R_2}{Z_1+R_2}=\frac{1}{\alpha}\cdot\frac{1+\alpha Ts}{1+Ts} \tag{6-1}$$

图 6-2 RC 超前网络

式中，$T=\dfrac{R_1R_2}{R_1+R_2}C$，$\alpha=\dfrac{R_1+R_2}{R_2}>1$。

校正装置的放大系数 $\dfrac{1}{\alpha}<1$，这将影响到系统的稳态精度。因此，控制系统在应用上述超前装置时，应增加一个放大系数为 α 的放大环节来补偿超前校正装置所造成的衰减，以保证系统的开环放大系数不变。这样整个校正环节的传递函数为

$$G_c(s)=\frac{U_o(s)}{U_i(s)}=\frac{1}{\alpha}\cdot\frac{1+\alpha Ts}{1+Ts}\cdot\alpha=\frac{1+\alpha Ts}{1+Ts} \tag{6-2}$$

其幅频特性和相频特性分别为

$$A(\omega)=|G_c(j\omega)|=\left|\frac{1+j\alpha T\omega}{1+jT\omega}\right|=\frac{\sqrt{1+(\alpha T\omega)^2}}{\sqrt{1+(T\omega)^2}} \tag{6-3}$$

$$\varphi(\omega) = \arctan(\alpha\omega T) - \arctan(\omega T) \tag{6-4}$$

超前校正装置的对数频率特性如图 6-3 所示。转角频率分别为 $\omega_1 = \dfrac{1}{\alpha T}$ 和 $\omega_2 = \dfrac{1}{T}$。

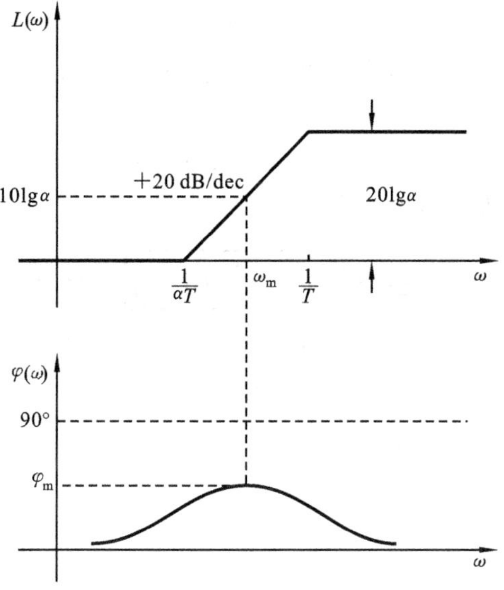

图 6-3　超前校正装置的对数频率特性

由于 $\alpha>1$，当 $0<\omega<\infty$ 时，$\varphi(\omega)>0$。这表明该校正装置输出信号的相位总是超前输入信号的相位，故称其为相位超前校正装置。

根据数学公式 $\arctan x \pm \arctan y = \arctan \dfrac{x \pm y}{1 \mp xy}$，由式(6-4)求得相频特性为

$$\varphi(\omega) = \arctan \frac{\alpha T\omega - T\omega}{1 + \alpha T^2 \omega^2} \tag{6-5}$$

令 $\dfrac{\mathrm{d}\varphi(\omega)}{\mathrm{d}\omega} = 0$，可得相角 $\varphi(\omega)$ 的最大值 φ_m 及该处的频率值 ω_m，即

$$\omega_m = \frac{1}{T\sqrt{\alpha}} = \sqrt{\frac{1}{T} \cdot \frac{1}{\alpha T}} \tag{6-6}$$

$$\varphi_m = \arctan \frac{\alpha - 1}{2\sqrt{\alpha}} \tag{6-7}$$

式(6-6)表明 ω_m 在转折频率 $\dfrac{1}{T}$ 和 $\dfrac{1}{\alpha T}$ 的几何平均处。由图 6-4 所示的几何关系，式(6-7)还可改写成

$$\varphi_m = \arcsin \frac{\alpha - 1}{\alpha + 1} \tag{6-8}$$

或

$$\alpha = \frac{1 + \sin\varphi_m}{1 - \sin\varphi_m} \tag{6-9}$$

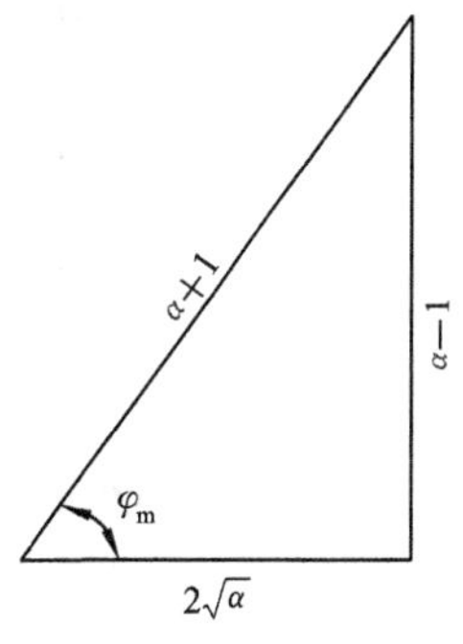

图 6-4　φ_m 和 α 的关系三角形

最大超前角 φ_m 只与 α 有关：α 愈大，输出信号的相位超前就愈多；但 α 取值过大时，系统的带宽过宽，对高频噪声干

扰的抑制能力变差。所以，为了保持系统具有较高的信噪比，α 取值一般不大于 20。

2. 用伯德图进行相位超前校正装置设计

超前校正是利用校正装置的相位超前特性来增加系统的相位稳定裕度，利用校正装置的幅频特性增加系统的穿越频率，从而改善系统的平稳性和快速性。在伯德图上设计校正环节的依据就是给定的稳态性能指标和频域性能指标。下面举例说明超前校正装置设计的一般方法。

例 6-1 某控制系统结构如图 6-5 所示，要求系统在单位恒速输入时的稳态误差为 $e_{ss}=0.001$，相位裕量 $\gamma'\geqslant 45°$，试确定超前校正装置的参数。

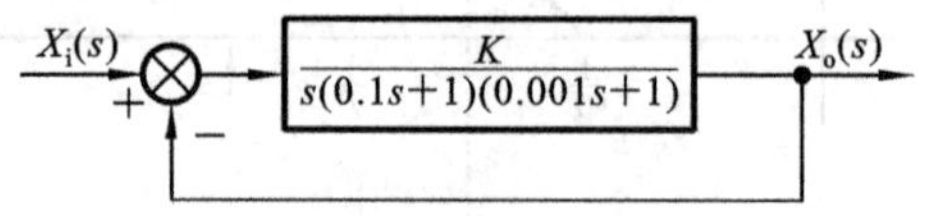

图 6-5 控制系统结构图

解 (1) 根据稳态误差确定开环增益 K。因为是Ⅰ型系统，所以

$$K=\frac{1}{e_{ss}}=\frac{1}{0.001}=1\ 000$$

则校正前系统的开环传递函数为

$$G_0(s)=\frac{1\ 000}{s(0.1s+1)(0.001s+1)}$$

幅频特性：

$$A(\omega)=|G_0(j\omega)|=\frac{1\ 000}{\omega\sqrt{(0.1\omega)^2+1}\sqrt{(0.001\omega)^2+1}}$$

相频特性：

$$\varphi(\omega)=-90°-\arctan(0.1\omega)-\arctan(0.001\omega)$$

(2) 画出未校正系统的开环伯德图，如图 6-6 所示。

在未校正系统的开环对数幅频特性曲线上找到穿越频率 $\omega_c=100$ rad/s，或由 $A(\omega_c)=$

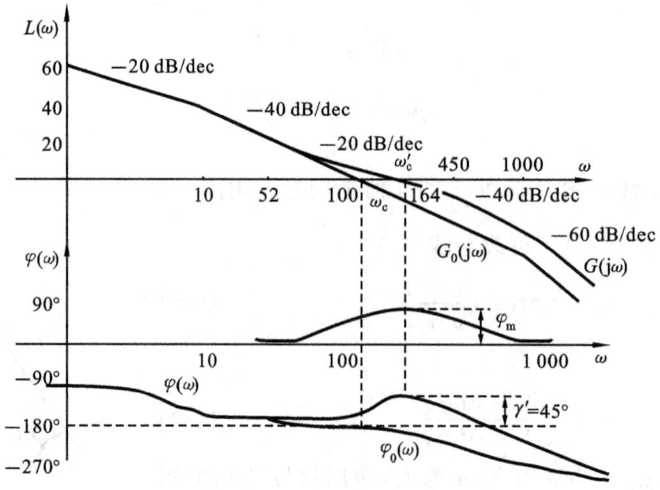

图 6-6 系统伯德图

1 求得 ω_c 的近似值为

$$\omega_c = 100 \text{ rad/s}$$

此时的相角裕量为

$$\gamma = 180° + \varphi(\omega_c) = 180° + [-90° - \arctan(0.1\omega_c) - \arctan(0.001\omega_c)] = 0°$$

远远小于 γ'，系统不满足要求，需要引入相位超前校正装置。

(3) 根据频率性能指标要求的相角裕量和实际的相角裕量确定最大超前相角 φ_m：

$$\varphi_m = \gamma' - \gamma + \Delta$$

式中，Δ 为补偿角度，用于超前校正装置的引入，使相角因穿越频率的增大而滞后所进行的补偿。通常，如果未校正系统开环对数幅频特性在穿越频率 ω_c 处的斜率为 -40 dB/dec，取 $\Delta=5°\sim10°$；如果在 ω_c 处的斜率为 -60 dB/dec，取 $\Delta=15°\sim20°$。在本例中，因为未校正系统开环对数幅频特性在穿越频率 ω_c 处的斜率为 -40 dB/dec，所以取 $\Delta=5°$，此时得到最大超前相角为

$$\varphi_m = 45° - 0° + 5° = 50°$$

(4) 根据所确定的 φ_m，按式(6-9)计算 α 值。

$$\alpha = \frac{1+\sin\varphi_m}{1-\sin\varphi_m} = 7.5$$

(5) 选定校正装置的 ω_m 和校正后系统的 ω'_c。

由图 6-3 可知，超前校正装置在 ω_m 处的对数幅频值为 $10\lg\alpha$，故可在 $L_0(\omega)$ 上找到幅频为 $-10\lg\alpha$ 的点，其对应的频率为超前校正装置的 ω_m。在该点处，校正前系统的对数幅频和超前校正装置的对数幅频叠加后的代数和为 0 dB，此点处频率就是校正后系统的穿越频率 ω'_c。显然，$\omega'_c=\omega_m$。对于本例：

$$L_0(\omega) = -10\lg\alpha = -10\lg7.5 = -8.75 \text{ dB}$$

在未校正系统的开环对数幅频特性曲线上找出与对数幅频值 -8.75 dB 对应的频率 ω_m，即

$$20\lg A(\omega_m) = -8.75 \text{ dB}$$

求得 $\omega_m=164.5$ rad/s。为了最大限度地发挥串联超前校正的相位超前能力，应使得校正装置的最大超前相角出现在校正后系统的幅值穿越频率 ω'_c 处，即

$$\omega'_c = \omega_m = 164.5 \text{ rad/s}$$

(6) 确定校正装置的转折频率，绘制校正装置的对数频率特性曲线。根据 $\omega_m=\dfrac{1}{T\sqrt{\alpha}}$ 求得参数 T：

$$T = \frac{1}{\omega_m\sqrt{\alpha}} = 0.002\ 22 \text{ s}$$

又由 $\omega_m=\dfrac{1}{T\sqrt{\alpha}}=\sqrt{\dfrac{1}{\alpha T}\cdot\dfrac{1}{T}}=\sqrt{\omega_1\cdot\omega_2}$ 得到 2 个转折频率分别为

$$\omega_1 = \frac{1}{\alpha T} = 60 \text{ rad/s}$$

$$\omega_2 = \frac{1}{T} = 450 \text{ rad/s}$$

所以，串联超前校正装置的传递函数为

$$G_c(s)=\frac{1+\alpha Ts}{1+Ts}=\frac{1+0.016\ 7s}{1+0.002\ 22s}$$

绘制出校正装置的对数频率特性曲线如图 6-6 所示。

(7) 绘制校正后的系统对数频率特性曲线，校验系统的相角裕量是否满足性能要求。如果校正后系统的相角裕量不能满足性能要求，则增大 Δ 的值，并从步骤(3)开始重新计算。本例中，校正后的系统的开环传递函数为

$$G(s)=G_0(s)G_c(s)=\frac{1\ 000(0.016\ 7s+1)}{s(0.002\ 22s+1)(0.1s+1)(0.001s+1)}$$

校正后系统的对数频率特性曲线如图 6-6 所示。由图和计算可得校正系统的相位裕度约为 45°，满足要求。

综上所述，超前校正有如下特点：超前校正装置具有相位超前作用，它可以补偿原系统过大的滞后相角，从而增加系统的相位裕量和带宽，提高系统的相对稳定性和响应速度。超前校正通常用来改善系统的动态性能，在系统的稳态性能较好而动态性能较差时，采用超前校正可以得到较好的效果。但由于超前校正装置具有微分的特性，是一种高通滤波装置，它对高频噪声更加敏感，从而降低了系统抗干扰的能力，因此在高频噪声较大的情况下，不宜采用超前校正。

6.2.2 相位滞后校正

1. 滞后校正装置

图 6-7 所示是由 RC 网络构成的滞后校正装置，其传递函数为

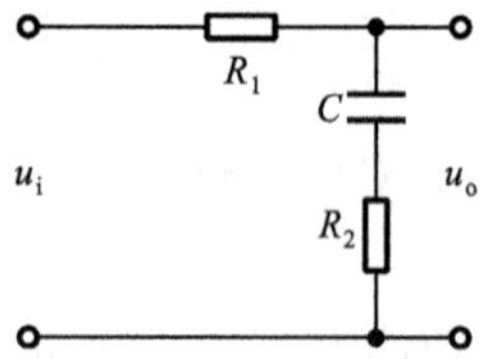

图 6-7 RC 滞后网络

$$G_c(s)=\frac{U_o(s)}{U_i(s)}=\frac{R_2Cs+1}{(R_1+R_2)Cs+1}=\frac{1+Ts}{1+\beta Ts} \tag{6-10}$$

式中，$T=R_2C$，$\beta=\frac{R_1+R_2}{R_2}>1$。

幅频特性：

$$A(\omega)=|G_c(j\omega)|=\left|\frac{1+jT\omega}{1+j\beta T\omega}\right|=\frac{\sqrt{1+(T\omega)^2}}{\sqrt{1+(\beta T\omega)^2}} \tag{6-11}$$

相频特性：

$$\varphi(\omega)=\arctan(\omega T)-\arctan(\beta\omega T) \tag{6-12}$$

当 $\omega<\frac{1}{\beta T}$ 时，处于低频部分，此时

$$L(\omega)=20\lg A(\omega)\approx 0 \tag{6-13}$$

当 $\omega>\frac{1}{T}$ 时，处于高频部分，此时

$$L(\omega)=20\lg A(\omega)\approx -20\lg\beta \tag{6-14}$$

因此，滞后校正网络相当于低通滤波器，能够使系统的稳态精度得到显著提高。

由于 $\beta>1$，当 $0<\omega<\infty$ 时，$\varphi(\omega)<0$，表明该校正装置输出信号的相位总是滞后于输入信号的相位，故称其为相位滞后校正装置。滞后校正装置的对数频率特性如图 6-8 所示。其转角频率分别为 $\omega_1=\frac{1}{\beta T}$ 和 $\omega_2=\frac{1}{T}$。为了保证系统的稳定性，β 取值不宜超过 15。

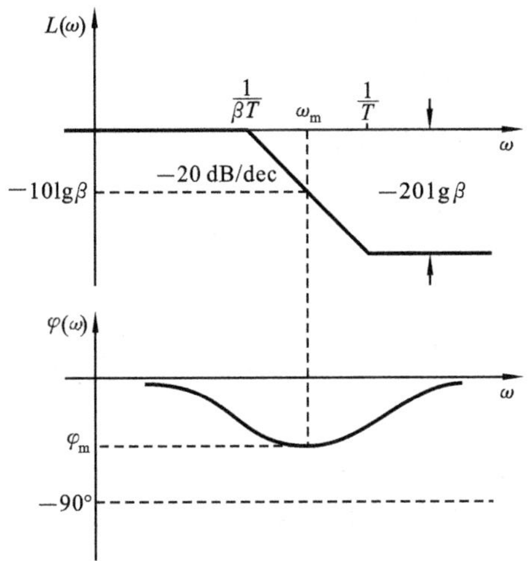

图 6-8　滞后校正装置的对数频率特性

令$\dfrac{d\varphi(\omega)}{d\omega}=0$,可得最大相位滞后角 $\varphi(\omega)$处的频率值 ω_m,即

$$\omega_m=\frac{1}{T\sqrt{\beta}}=\sqrt{\frac{1}{\beta T}\cdot\frac{1}{T}}=\sqrt{\omega_1\cdot\omega_2} \tag{6-15}$$

此时对应的最大相位滞后角为

$$\varphi_m=\arctan\frac{\beta-1}{2\sqrt{\beta}} \tag{6-16}$$

由三角关系可得

$$\varphi_m=\arcsin\frac{\beta-1}{\beta+1} \tag{6-17}$$

或

$$\beta=\frac{1+\sin\varphi_m}{1-\sin\varphi_m} \tag{6-18}$$

2. 用伯德图进行相位滞后校正

滞后校正不是利用校正装置的相位滞后特性,而是利用其对数幅频特性的负斜率段对系统进行校正。它使得系统的穿越频率减小,从而系统获得足够大的相角裕量,但快速性变差。下面举例说明滞后校正装置设计的一般方法。

例 6-2　设控制系统的结构如图 6-9 所示,开环传递函数为

$$G_0(s)=\frac{K}{s(s+1)(0.25s+1)}$$

要求系统在单位斜坡输入时的稳态误差为 $e_{ss}=0.1$;相角裕量 $\gamma'\geqslant 40°$,幅值裕量 $20\lg K_g\geqslant 10$ dB,试确定滞后校正装置的参数。

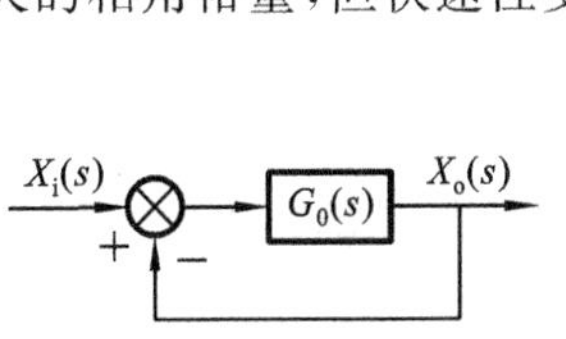

图 6-9　控制系统结构图

解　(1) 根据稳态误差确定开环增益 K。本例是 Ⅰ 型系统,有

$$K=\frac{1}{e_{ss}}=\frac{1}{0.1}=10$$

则未校正前系统的开环传递函数为

$$G_0(s) = \frac{10}{s(s+1)(0.25s+1)}$$

令 $s=\mathrm{j}\omega$，代入上式，得到系统的频率特性：

$$G_0(\mathrm{j}\omega) = \frac{10}{\mathrm{j}\omega(\mathrm{j}\omega+1)(\mathrm{j}0.25\omega+1)}$$

幅频特性：

$$A(\omega) = |G_0(\mathrm{j}\omega)| = \frac{10}{\omega\sqrt{\omega^2+1}\sqrt{(0.25\omega)^2+1}}$$

相频特性：

$$\varphi(\omega) = -90° - \arctan\omega - \arctan(0.25\omega)$$

(2) 画出未校正系统的开环伯德图，如图 6-10 所示。由 $A(\omega_c)=1$ 求得幅值穿越频率为

$$\omega_c = 2.78 \text{ rad/s}$$

此时对应的相角裕量为

$$\gamma = 180° + \varphi(\omega_c) = 180° + [-90° - \arctan(\omega_c) - \arctan(0.25\omega_c)] = -15°$$

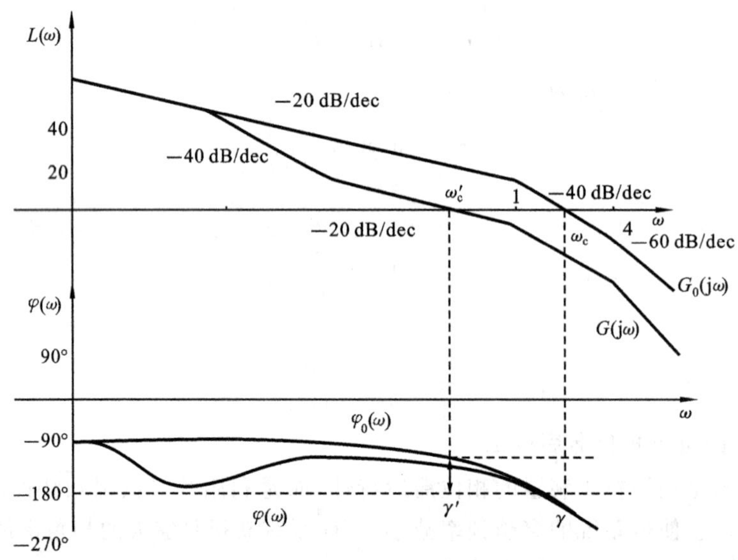

图 6-10　控制系统伯德图

由式 $\varphi(\omega_g)=-180°$求得相位穿越频率为

$$\omega_g = 2 \text{ rad/s}$$

幅值裕量为

$$K_g = \frac{1}{A(\omega_g)} = 0.5$$

则

$$20\lg K_g = 20\lg 0.5 = -6 \text{ dB}$$

由上可知，校正前系统的相角裕量为$-15°$，幅值裕量为-6 dB，系统是不稳定的，需要引入校正装置。由于 $\gamma<0$，对于这样的系统，一般考虑引入相位滞后校正装置。

(3) 确定校正后的幅值穿越频率 ω'_c。由下式确定校正后的幅值穿越频率 ω'_c。

$$\varphi(\omega'_c) = -180° + \gamma' + \Delta$$

式中,Δ 为补偿角度,用于补偿因滞后校正装置的引入可能产生的相位滞后。本例取 $\Delta = 5°$,则有

$$\varphi(\omega'_c) = -180° + 40° + 5° = -135°$$

从而得到校正后的幅值穿越频率为

$$\omega'_c = 0.7 \text{ rad/s}$$

(4) 确定校正参数 β。由校正后的幅值穿越频率性质,有

$$L_c(\omega'_c) + L_0(\omega'_c) = 0$$

又 $L_c(\omega'_c) = -20\lg\beta$,代入上式,有

$$L_0(\omega'_c) = 20\lg\beta$$

得到

$$\beta = 11.53$$

(5) 确定校正装置的转折频率。为了使滞后校正装置的最大相角滞后量远离校正后的幅值穿越频率,一般选择 $\omega_2 = \left(\frac{1}{5} \sim \frac{1}{10}\right)\omega'_c$,本例中取

$$\omega_2 = \frac{1}{10} \cdot \omega'_c = 0.07 \text{ rad/s}$$

由 $\omega_2 = \frac{1}{T}$ 得到

$$T = 14.3 \text{ s}$$

则滞后校正装置的传递函数为

$$G_c(s) = \frac{Ts + 1}{\beta Ts + 1} = \frac{14.3s + 1}{164.9s + 1}$$

(6) 验算。绘制校正后的系统对数频率特性曲线,校验系统的相角裕量是否满足性能要求。校正后的开环传递函数为

$$G(s) = G_c(s)G_0(s) = \frac{10(14.3s + 1)}{s(164.9s + 1)(s + 1)(0.25s + 1)}$$

画出校正后的伯德图。由图可看出,校正后的相角裕量约为 40°,满足要求。

综上所述,滞后校正有如下特点:滞后校正装置具有低通滤波的特性,利用它的高频衰减特性降低系统的穿越频率,可以提高系统的相角裕量,改善系统的动态性能。此外,滞后校正的高频衰减特性可以降低高频噪声对系统的影响,从而提高系统的抗干扰能力。但滞后校正减小了系统的带宽,降低了系统的响应速度。因此对响应速度要求较高的系统,不宜采用滞后校正。

6.2.3 相位滞后-超前校正

由上面分析可知,超前校正提高了系统的响应速度和相对稳定性,但易受噪声干扰的影响;滞后校正可以提高系统的稳态性能,有良好的高频衰减特性,但使系统响应速度降低。采用滞后-超前校正环节,则可兼有超前校正和滞后校正的优点,可有效提高系统的相对稳

定性和响应速度，提高稳态精度。

1. 滞后-超前校正装置

图 6-11 所示是由 RC 网络构成的滞后-超前校正装置，其传递函数为

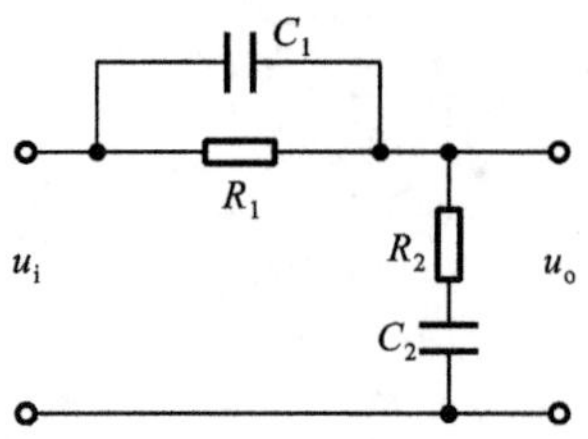

$$G_c(s)=\frac{U_o(s)}{U_i(s)}=\frac{(R_1C_1s+1)(R_2C_2s+1)}{(R_1C_1s+1)(R_2C_2s+1)+R_1C_2s} \tag{6-19}$$

图 6-11　滞后-超前校正网络

令 $R_1C_1=T_1$，$R_2C_2=T_2(T_2>T_1)$ 及 $R_1C_1+R_2C_2+R_1C_2=\frac{T_1}{\alpha}+\alpha T_2(\alpha>1)$，则上式简化为

$$G_c(s)=\frac{(T_1s+1)(T_2s+1)}{\left(\frac{T_1}{\alpha}s+1\right)(\alpha T_2s+1)} \tag{6-20}$$

式中，$\frac{(T_1s+1)}{\left(\frac{T_1}{\alpha}s+1\right)}$项代表超前网络，$\frac{(T_2s+1)}{(\alpha T_2s+1)}$项代表滞后网络。滞后-超前校正装置的幅频特性和相频特性分别为

$$A(\omega)=|G_c(\mathrm{j}\omega)|=\left|\frac{(1+\mathrm{j}T_1\omega)(1+\mathrm{j}T_2\omega)}{\left(1+\mathrm{j}\frac{T_1}{\alpha}\omega\right)(1+\mathrm{j}\alpha T_2\omega)}\right|=\frac{\sqrt{1+(T_1\omega)^2}\cdot\sqrt{1+(T_2\omega)^2}}{\sqrt{1+\left(\frac{T_1}{\alpha}\omega\right)^2}\cdot\sqrt{1+(\alpha T_2\omega)^2}}$$

$$\varphi(\omega)=\arctan(\omega T_1)+\arctan(\omega T_2)-\arctan\left(\omega\frac{T_1}{\alpha}\right)-\arctan(\omega\alpha T_2)$$

滞后-超前校正装置的对数频率特性如图 6-12 所示。其转角频率分别为 $\omega_1=\frac{1}{\alpha T_2}$、$\omega_2=\frac{1}{T_2}$、$\omega_3=\frac{1}{T_1}$及 $\omega_4=\frac{\alpha}{T_1}$。从伯德图中可以看出：在 $0<\omega<\omega_1$ 频段里，具有滞后校正作用；在 $\omega_1<\omega<\infty$频段里，具有超前校正作用。从图中知道 ω_1 处的相角为 0°，不难计算出 ω_1 的值为

$$\omega_1=\frac{1}{\sqrt{T_1T_2}} \tag{6-21}$$

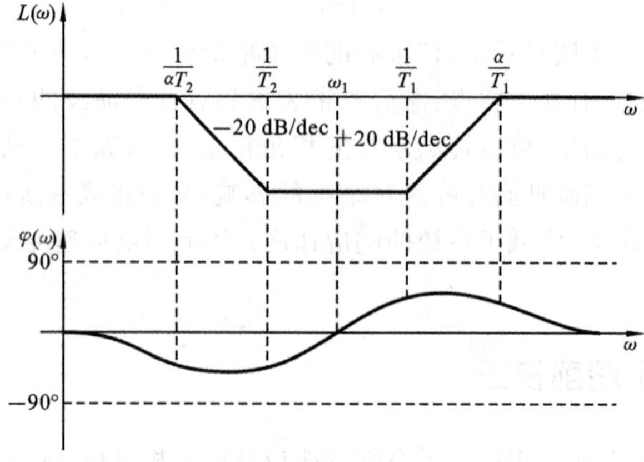

图 6-12　滞后-超前校正装置的对数频率特性

2. 用伯德图进行相位滞后-超前校正装置设计

滞后-超前校正综合了超前和滞后校正各自的特点，利用校正装置的超前部分改善系统的动态性能，利用校正装置的滞后部分改善系统的稳态性能。下面举例说明滞后-超前校正装置设计的一般方法和步骤。

例 6-3　设有单位负反馈控制系统，其开环传递函数为

$$G_0(s)=\frac{K}{s(s+1)(0.5s+1)}$$

要求系统在单位斜坡输入时的稳态误差为 $e_{ss}=0.1$，相角裕量 $\gamma'=50°$，幅值裕量 $20\lg K_g \geqslant 10$ dB，试确定滞后-超前校正装置的参数。

解　(1) 根据稳态误差确定开环增益 K。本例是 Ⅰ 型系统，有

$$K=\frac{1}{e_{ss}}=\frac{1}{0.1}=10$$

则校正前系统的开环传递函数为

$$G_0(s)=\frac{10}{s(s+1)(0.5s+1)}$$

令 $s=\mathrm{j}\omega$，代入上式，得到系统的频率特性：

$$G_0(\mathrm{j}\omega)=\frac{10}{\mathrm{j}\omega(\mathrm{j}\omega+1)(\mathrm{j}0.5\omega+1)}$$

幅频特性：

$$A(\omega)=|G_0(\mathrm{j}\omega)|=\frac{10}{\omega\sqrt{\omega^2+1}\sqrt{(0.5\omega)^2+1}}$$

相频特性：

$$\varphi(\omega)=-90°-\arctan\omega-\arctan(0.5\omega)$$

(2) 绘制未校正系统的伯德图，如图 6-13 所示。

由 $A(\omega_c)=1$ 求得幅值穿越频率的近似值为 $\omega_c=2.7$。此时的相角裕量为

$$\gamma=180°+\varphi(\omega_c)=180°+[-90°-\arctan(\omega_c)-\arctan(0.5\omega_c)]=-33°$$

不满足要求。

(3) 确定校正后的穿越频率 ω_c'。

当相位角为 $-180°$ 时对应的频率为

$$\varphi(\omega_g)=-90°-\arctan\omega_g-\arctan(0.5\omega_g)=-180°$$

即 $\omega_g=1.4$ rad/s，因此可以选择穿越频率 $\omega_c'=1.5$ rad/s 满足相角裕量 50°的要求。

(4) 确定校正装置滞后部分的传递函数。

为了减小滞后校正装置部分的相位滞后对相角裕量的影响，令第二个转折频率为

$$\omega_2=\frac{1}{T_2}=\frac{1}{10}\omega'_c=0.15\ \text{rad/s}$$

则

$$T_2=6.67\ \text{s}$$

取 $\alpha=10$，此时对应的最大相位角 $\varphi_m=\arcsin\dfrac{\alpha-1}{\alpha+1}=54.9°$，满足要求，因此可以选择 $\alpha=10$，则

$$\alpha T_2=66.7\ \text{s}$$

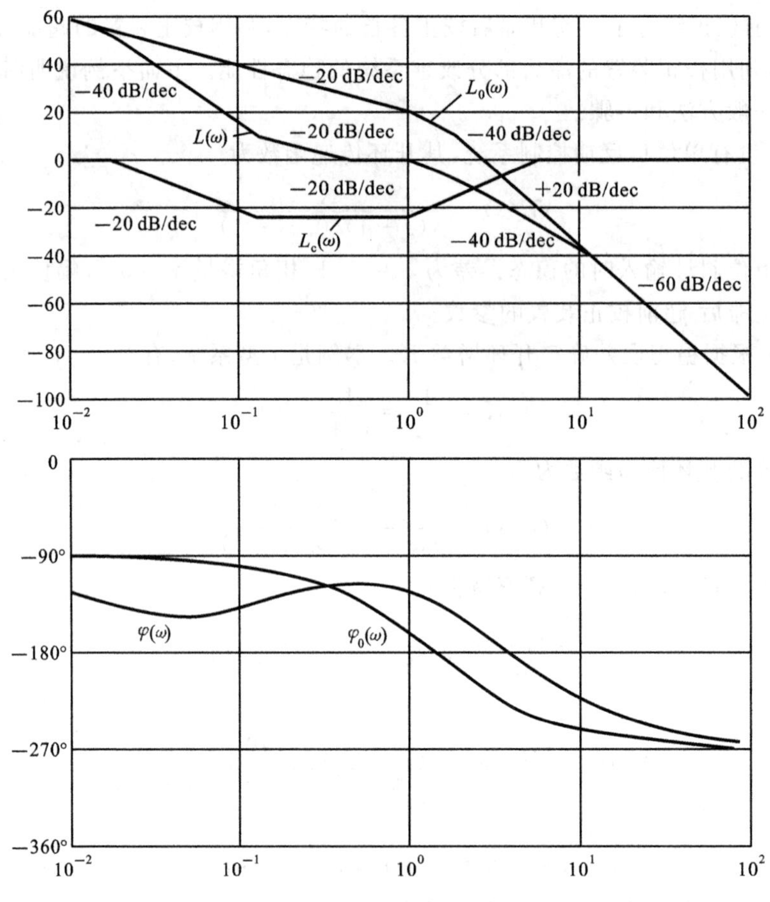

图 6-13　控制系统伯德图

校正装置的滞后部分的传递函数为

$$G_{c1}(s) = \frac{1+6.67s}{1+66.7s}$$

(5) 确定校正装置超前部分的传递函数。

未校正系统在 $\omega=1.5$ rad/s 处的幅值为

$$L_0(\omega) = 20\lg A(\omega) = 13 \text{ dB}$$

要使得此频率为校正后的穿越频率，需校正装置在此处的幅值为−13 dB。根据超前装置的特点，过点(1.5，−13)作斜率为 20 dB 的直线，由该直线与−20 dB 的交点确定超前装置的转折频率，即

$$\omega_1 = \frac{1}{T_1} = 0.7, \quad 即 \quad T_1 = 1.43 \text{ s}$$

$$\omega_2 = \frac{\alpha}{T_1} = 7, \quad 即 \quad \frac{T_1}{\alpha} = 0.143 \text{ s}$$

校正装置的超前部分的传递函数为

$$G_{c2}(s) = \frac{1+1.43s}{1+0.143s}$$

(6) 滞后-超前校正装置的传递函数为

$$G_c(s) = G_{c1}(s)G_{c2}(s) = \frac{1+6.67s}{1+66.7s} \cdot \frac{1+1.43s}{1+0.143s}$$

对应的伯德图如图 6-13 所示。

(7) 校正后系统的传递函数为

$$G(s) = G_0(s)G_c(s) = \frac{10(1+6.67s)(1+1.43s)}{s(s+1)(0.5s+1)(1+66.7s)(1+0.143s)}$$

校正后的相角裕量约为 50°,幅值裕量 $20\lg K_g = 16$ dB,满足设计要求。

综上所述,在系统的动态性能和稳态性能都有待改善时,单纯采用超前或滞后校正往往难以奏效,在这种情况下采用滞后-超前校正效果较好。利用校正装置的滞后作用改善系统的稳态性能,提高系统精度;而利用它的超前作用来改善系统的动态性能,提高系统的相角裕量和响应速度等。在校正的步骤上,可以先满足系统的动态性能确定出校正装置中超前部分的参数,然后再根据稳态性能确定出滞后部分的参数,也可以按相反的顺序设计。

6.3 控制系统的 PID 校正

系统的稳态性能取决于系统的型次和开环增益,而系统的动态性能取决于系统的零、极点分布。如果在系统中加入一个环节,能使系统的零、极点分布按性能要求来配置,这个环节就是调节器。大家所熟知的是 PID 调节器,它由比例(P)、积分(I)、微分(D)环节构成,一般串接在系统的前向通道中,起着串联校正的作用。在图 6-14 中,$G_c(s)$是 PID 控制器的传递函数,$G_0(s)$为系统固有部分的传递函数。PID 控制器的数学描述为

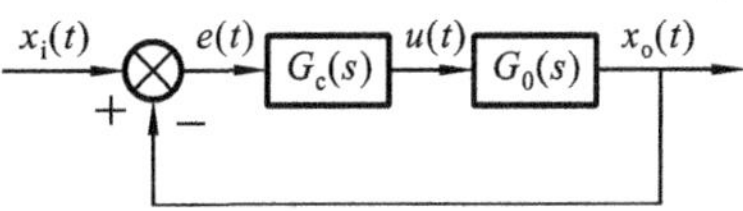

图 6-14 PID 控制系统结构图

$$u(t) = K_p\left[e(t) + \frac{1}{T_I}\int_0^t e(\tau)\mathrm{d}\tau + T_D \frac{\mathrm{d}}{\mathrm{d}t}e(t)\right] \tag{6-22}$$

式中,$u(t)$为控制输入,$e(t)=x_i(t)-x_o(t)$为误差信号。

下面对 PID 中常用的比例、比例-积分、比例-微分及比例-积分-微分调节器做简要分析。

6.3.1 比例控制器

比例控制器又称 P 控制器,其时域表达式和传递函数为

$$u(t) = K_p e(t), \quad G_c(s) = K_p \tag{6-23}$$

比例控制器能实时成比例地反映系统的偏差信号,如果系统产生偏差,控制器立即产生控制作用,从而使偏差减小。

根据前面分析,为了提高系统的静态性能指标,减少系统的静态误差,可行的办法是增加系统的开环增益 K_p。同时,开环增益 K_p 增大,穿越频率也增大,系统频带加宽,使系统响应速度提高。但若系统的相频特性曲线在穿越频率变化区段内是单调下降的,则穿越频率的增大将使系统的相位裕量变小。这就是说,K_p 的增大导致系统的稳定性变差。

6.3.2 比例-积分控制器

比例-积分控制器，简称PI控制器，是产生比例和积分控制作用的控制器。在PID调节器中，当$T_D\to 0$时，控制输出与误差具有如下关系：

$$u(t)=K_p\left[e(t)+\frac{1}{T_I}\int_0^t e(\tau)\mathrm{d}\tau\right] \tag{6-24}$$

通过比较比例调节器和比例-积分调节器可以发现：若采用P调节器，要使$e(t)\to 0$，则势必$K_p\to\infty$，如$|e(t)|$存在较大扰动，必导致输出$u(t)$很大，不仅影响系统的动态性能，也使执行器频繁处于大幅振动中；若采用PI调节器，当$e(t)\to 0$时，控制器输出$u(t)$由$\frac{1}{T_I}\int_0^t e(\tau)\mathrm{d}\tau$得到一个常数，从而使输出$u(t)$稳定于期望值。从参数调节来看，比例调节器仅可调节一个参数K_p，而PI调节器可以调节两个参数K_p和T_I，调节灵活，容易得到理想的动、静性能指标。

PI控制器的传递函数为

$$G_c(s)=K_p\left(1+\frac{1}{T_I s}\right) \tag{6-25}$$

其伯德图如图6-15所示，可以看出，PI调节器实质上是一个滞后环节。由滞后校正原理，要求转折频率$\left(\frac{1}{T_I}\right)<\omega_c$且远离$\omega_c$。这表明在考虑系统稳定性时，$T_I$应足够大。然而，$T_I$太大，PI调节器的积分作用就会变小，导致系统响应速度变慢。此时可通过合理调节K_p和T_I的参数，使系统的动态性能和静态性能均满足要求。

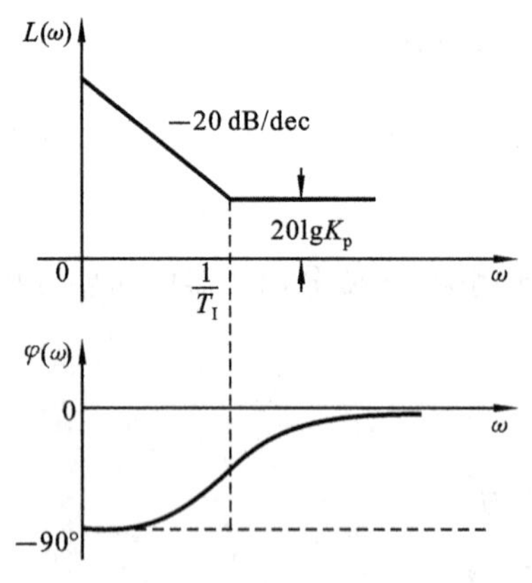

图6-15　PI控制器的伯德图

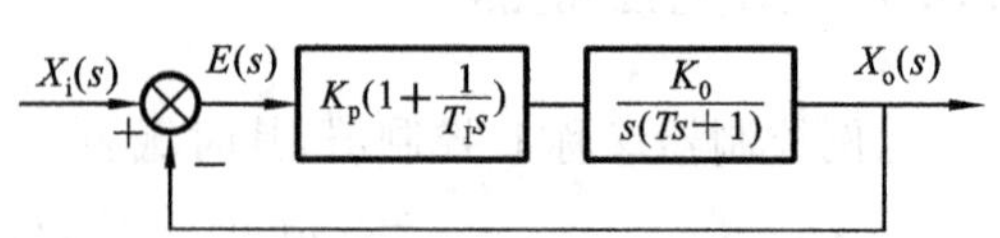

图6-16　控制系统方框图

例6-4　设某单位反馈系统的方框图如图6-16所示，其不可变部分的传递函数为

$$G_0(s)=\frac{K_0}{s(Ts+1)}$$

试分析PI控制器在改善给定系统稳定性能方面的作用。

解　由图6-16求得给定系统含PI控制器时的开环传递函数为

$$G(s)=\frac{K_pK_0(T_Is+1)}{T_Is^2(Ts+1)}$$

系统由原来的Ⅰ型提高到Ⅱ型。对于控制信号 $x_i(t)=Rt$ 来说，无 PI 控制器时，系统的误差传递函数为

$$E(s)=\frac{s(Ts+1)}{s(Ts+1)+K_0}$$

稳态误差为

$$e_{ss}(t)=\lim_{s\to 0}sE(s)=\lim_{s\to 0}s\frac{s(Ts+1)}{s(Ts+1)+K_0}\frac{R}{s^2}=\frac{R}{K_0}$$

加入 PI 控制器后的误差传递函数为

$$E(s)=\frac{1}{1+K_p\left(1+\dfrac{1}{T_Is}\right)\dfrac{K_0}{s(Ts+1)}}=\frac{T_Is^2(Ts+1)}{T_Is^2(Ts+1)+K_pK_0(1+T_Is)}$$

稳态误差为

$$e_{ss}(t)=\lim_{s\to 0}sE(s)=\lim_{s\to 0}s\frac{T_Is^2(Ts+1)}{T_Is^2(Ts+1)+K_pK_0(1+T_Is)}\frac{R}{s^2}=0$$

由此可见，采用 PI 控制器可以消除系统响应匀速信号的稳态误差。PI 控制器改善了给定Ⅰ型系统的稳态性能。

例 6-5　某控制系统结构图如图 6-17 所示。已知：$K_0=55.58$，$T_1=0.049$，$T_2=0.026$，$T_s=0.001\,67$。要求采用 PI 控制器进行校正，使系统实现阶跃信号输入下无静差，并具有足够的稳定裕量。

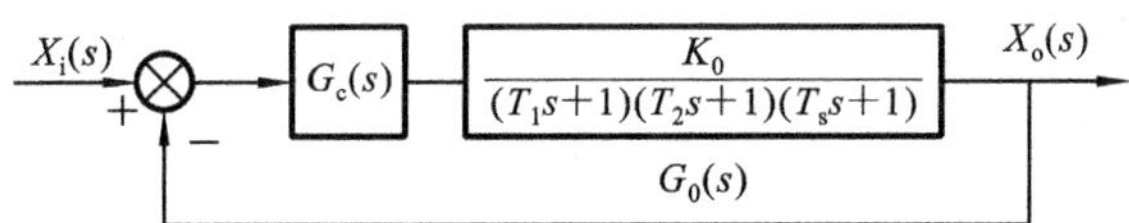

图 6-17　控制系统结构图

解　绘制系统未校正时的伯德图(见图 6-18)，其穿越频率 $\omega_c=208.9$，相应的相位裕量为

$$\gamma=180^\circ-\arctan T_1\omega_c-\arctan T_2\omega_c-\arctan T_s\omega_c=-3.2^\circ$$

可见，原系统不稳定。

根据要求，采用 PI 控制器进行校正。为了方便，取 $\tau_1=T_1$。为了使校正后的系统稳定并具有足够的稳定裕量，选定校正后系统的对数幅频曲线的穿越频率 $\omega_c'=30$。从图中可以看出，原系统在该处的对数幅频值为 31.5 dB，故由控制器对数幅频特性有

$$20\lg K_p=-31.5\text{ dB},\quad 即\quad K_p=0.026\,6$$

因此，有

$$G_c(s)=K_p\frac{(\tau_1s+1)}{\tau_1s}=0.026\,6\frac{0.049s+1}{0.049s}$$

控制器及校正后的伯德图如图 6-18 所示。从图中可以看出，系统由 0 型被校正成Ⅰ型，校正后系统的相位裕量为

$$\gamma'=180^\circ-90^\circ-\arctan T_2\omega'_c-\arctan T_s\omega'_c=49.2^\circ$$

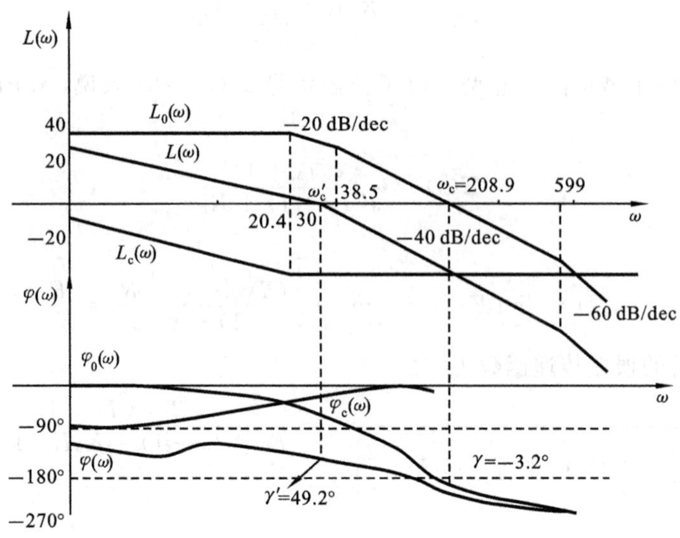

图 6-18　系统伯德图

6.3.3　比例-微分控制器

比例-微分控制器，简称 PD 控制器，是产生比例和微分控制作用的控制器。其传递函数为

$$G_c(s) = K_p(1 + T_D s) \tag{6-26}$$

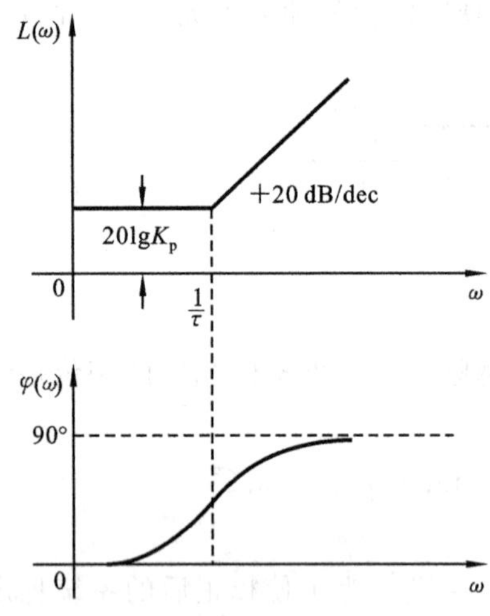

图 6-19　PD 控制器的伯德图

PD 控制器的伯德图如图 6-19 所示。从图中可以看出，PD 控制器具有相位超前的特性，幅频特性在转折频率后呈正斜率，因而它是一种超前校正装置。

PD 控制器使系统增加了一个开环零点，使系统的稳定性及平稳性得到改善；当参数选择适当时，将使系统的调节时间变短，使系统抗高频干扰的能力下降。

例 6-6　设具有 PD 控制器的控制系统方框图如图 6-20 所示，试分析比例-微分控制特性对该系统性能的影响。

解　(1) 无 PD 控制器时，系统的闭环传递函数为

$$G_0(s) = \frac{X_o(s)}{X_i(s)} = \frac{\dfrac{1}{Js^2}}{1 + \dfrac{1}{Js^2}} = \frac{1}{Js^2 + 1}$$

系统的特征方程为

$$Js^2 + 1 = 0$$

阻尼比等于 0，其输出信号具有不衰减的等幅振荡形式。

(2) 加入 PD 控制器后，系统的闭环传递函数为

$$G_0(s)=\frac{X_o(s)}{X_i(s)}=\frac{K_p(1+\tau s)\dfrac{1}{Js^2}}{1+K_p(1+\tau s)\dfrac{1}{Js^2}}$$

$$=\frac{K_p(1+\tau s)}{Js^2+K_p(1+\tau s)}$$

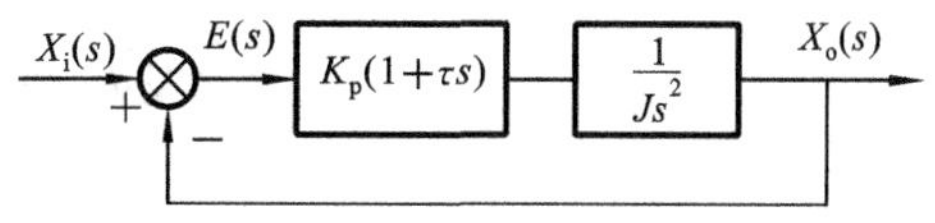

图 6-20　控制系统结构图

系统的特征方程为

$$Js^2+K_p\tau s+K_p=0$$

阻尼比 $\xi=\dfrac{\tau\times\sqrt{K_p}}{2\sqrt{J}}>0$，因此系统是闭环稳定的。

6.3.4　比例-积分-微分控制器

在实际应用中，单纯采用 PD 控制器的系统较少，原因在于：纯微分环节在实际中无法实现，同时，系统各环节中的任何扰动均对系统的输出产生较大波动，不利于系统动态性能的改善。一般都采用比例-积分-微分控制器(PID 控制器)，其传递函数为

$$G_c(s)=K_p\left(1+\frac{1}{T_I s}+T_D s\right)\tag{6-27}$$

PID 控制器的伯德图如图 6-21 所示，它相当于滞后-超前网络校正。在低频段，主要是 PI 控制特性起作用，提高系统型别，消除或减少稳态误差；在中、高频段，主要是 PD 控制特性起作用，增大截止频率和相角裕量，提高响应速度。因此，PID 控制器可以全面地提高系统的控制性能。

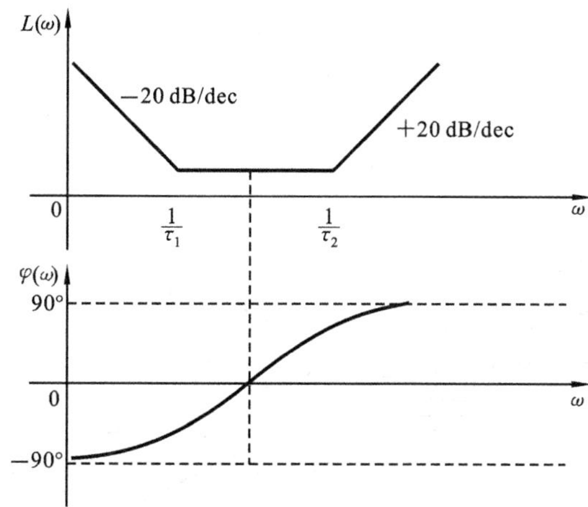

图 6-21　PID 控制器的伯德图

例 6-7　已知系统结构图如图 6-22 所示，其固有传递函数为

$$G_0(s)=\frac{K_0}{s(T_{01}s+1)(T_{02}s+1)}$$

式中，$K_0=35$，$T_{01}=0.01$，$T_{02}=0.2$。根据工程实际的需要，要求系统在斜坡信号输入下无静差，并使相位裕量 $\gamma'\geqslant 50°$。试设计校正装置的结构和参数。

解　未校正系统的伯德图如图 6-23 所示。此时，$\omega_c=13.5$，系统相位裕量为

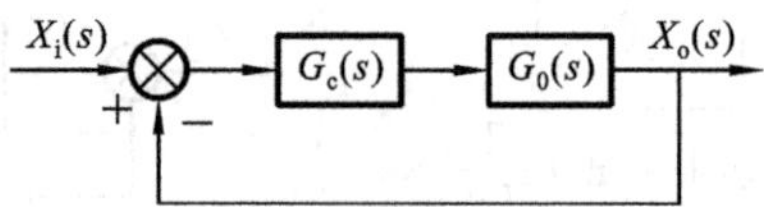

图 6-22 例 6-7 系统传递函数框图

$$\gamma = 180° - 90° - \arctan 0.2\omega_c - \arctan 0.01\omega_c = 12.6°$$

可见，系统不满足性能指标的要求。另外，系统为Ⅰ型系统，在斜坡信号输入下有静差。为了满足要求，需将系统校正成典型Ⅱ型系统。典型Ⅱ型系统的传递函数为

$$G(s) = \frac{K(T_2 s + 1)}{s^2(T_1 s + 1)} \tag{6-28}$$

其中 $T_2 > T_1$。校正环节可采用 PID 控制器，即

$$G_c(s) = \frac{(\tau_1 s + 1)(\tau_2 s + 1)}{Ts} \tag{6-29}$$

校正后系统的开环传递函数为

$$G(s) = \frac{K_0(\tau_1 s + 1)(\tau_2 s + 1)}{Ts^2(T_{01} s + 1)(T_{02} s + 1)} = \frac{35(\tau_1 s + 1)(\tau_2 s + 1)}{Ts^2(0.2s + 1)(0.01s + 1)} \tag{6-30}$$

取 $\tau_1 = 0.2$，式(6-30)可表示成

$$G(s) = \frac{35(\tau_2 s + 1)}{Ts^2(0.01s + 1)} \tag{6-31}$$

选取 $\tau_1 = 0.1$，$T = 0.11$，因此，校正装置的传递函数为

$$G_c(s) = \frac{(0.2s + 1)(0.1s + 1)}{0.11s}$$

校正后的传递函数为

$$G(s) = \frac{316.5(0.1s + 1)}{s^2(0.01s + 1)}$$

其伯德图如图 6-23 所示。由图可知，校正后的穿越频率 $\omega_c' = 31.5$，此时的相位裕量为

$$\gamma = 180° - 180° + \arctan 0.1\omega'_c - \arctan 0.01\omega'_c = 61°$$

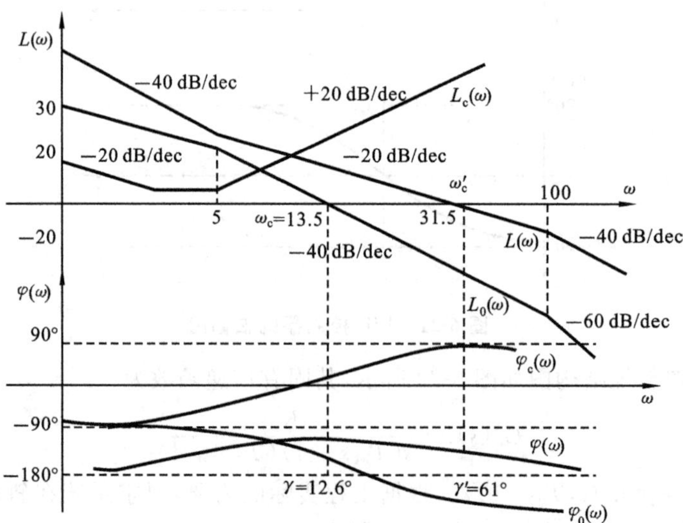

图 6-23 系统伯德图

满足设计要求。

小结

1. 系统的校正是指当调整系统的参数不能同时满足系统的各项性能指标要求时，需要在系统中增加新的装置（元件或环节），以改变系统的结构，从而改善系统性能的方法。在系统校正中引入的新增装置称为校正装置。

2. 根据校正装置在系统中的连接方式不同，校正可分为串联校正、并联校正（反馈校正和顺馈校正）及 PID 校正；根据校正原理的不同，校正可分为超前校正、滞后校正及滞后-超前校正。

3. 串联超前校正装置在系统中的作用是：利用该装置的相位超前，来提高系统的稳定裕量，从而改善系统的稳定性；校正后的穿越频率变大，提高了系统的快速性。其缺点是降低了系统抗高频干扰的能力。当采用无源 RC 网络来实现校正作用时，为消除其低频衰减对系统稳态性能的影响，应在系统中加入相应的附加放大器。PD 控制器就是一种超前校正装置。

4. 串联滞后校正装置的作用：利用其高频衰减使系统的幅值截止频率下降、稳定裕量提高，从而提高系统的稳定性；或者在保持系统动态性能变化不大的情况下，提高低频增益，从而提高系统的稳定性。虽能改善系统的静态精度，但该装置的负相位对系统稳定性有不良影响，高频增益的衰减使系统的频带变窄，响应速度变慢。如果要求系统在校正后既有快速性又有稳态精度，应采用滞后-超前校正。PI 控制器就是一种滞后校正装置。

5. 串联滞后-超前校正装置综合了滞后和超前的优点：利用校正装置的超前部分，改善系统的动态性能；利用校正装置的滞后部分，改善系统的稳态精度。PID 控制器就是一种滞后-超前校正装置。

习题

1. 设系统的开环传递函数为

$$G(s)=\frac{K}{s(s+1)}$$

要求单位斜坡输入时，位置输出稳态误差 $e_{ss}\leqslant 0.1(r(t)=t)$；开环系统截止频率 $\omega_c\geqslant 4.4$ rad/s；相角裕量 $\gamma\geqslant 45°$，幅值裕量不小于 4.4 dB。试设计校正装置。

2. 设某一单位反馈系统的开环传递函数为

$$G(s)=\frac{2\,500}{s(s+25)}$$

要求相位裕量 $\gamma\geqslant 45°$，试设计校正环节。

3. 设单位反馈系统的开环传递函数为

$$G(s)=\frac{K}{s(s+3)(s+9)}$$

(1) 如果要求系统在单位阶跃输入作用下的超调量 $\sigma\%=20\%$，试确定 K 值。

(2) 根据所确定的 K 值，求出系统在单位阶跃输入作用下的调节时间 t_s，以及静态速度误差系数。

(3) 设计一串联校正装置，使系统 $K_v\geqslant 20$，$\sigma\%\leqslant 15\%$，t_s 减少 2 倍以上。

4. 设某控制系统的开环传递函数为

$$G(s)=\frac{10}{(0.25s+1)(0.05s+1)}$$

要求校正后系统的谐振峰值 $M_r=1.4$，谐振频率 $\omega_r>10$ rad/s，试设计串联校正装置。

5. 某单位反馈系统的开环传递函数为

$$G(s)=\frac{K(0.5s+1)}{s(s+1)(0.2s+1)(0.1s+1)}$$

要求校正后系统的开环增益 $K=8$，相角裕量 $\gamma'\geqslant 35^\circ$，幅值裕量 $h''\geqslant 6$ dB，试设计串联校正装置。

6. 设某单位负反馈系统的开环传递函数为

$$G(s)=\frac{K}{s(0.01s+1)(0.1s+1)}$$

试设计串联校正装置，使系统期望特性满足下列指标：

(1) 静态速度误差系数 $K_v\geqslant 250s^{-1}$；

(2) 截止频率 $\omega_c\geqslant 30$ rad/s；

(3) 相角裕量 $\gamma(\omega_c)\geqslant 45^\circ$。

7. 已知某单位负反馈系统的开环传递函数为

$$G(s)=\frac{40}{s(0.01s+1)(0.1s+1)}$$

要求系统的相角裕量 $\gamma(\omega_c)=45^\circ$，输入 $r(t)=t$ 时的稳态误差 $e_{ss}=0.01$，试确定串联校正环节的传递函数。

第7章　离散控制系统

随着计算机控制技术的发展，计算机作为控制器在自动控制系统中得到广泛的应用。由于计算机处理的是离散的、数字化的信号，故用计算机控制的系统称为离散控制系统，也称数字系统。

本章首先简要介绍离散信号和离散系统；然后讨论采样和采样定理；在此基础上引入 Z 变换和建立离散系统的脉冲传递函数；最后分析线性离散系统的稳定性，介绍线性离散系统的数字校正。

7.1　概述

7.1.1　离散控制系统的基本结构

按所处理信号的连续性来划分，系统可分为连续系统和离散系统。连续系统中每处的信号都是时间 t 的连续函数，称其为连续信号；而离散系统中一处或几处的信号则是时间 t 的离散函数（脉冲或数码），称其为离散信号。连续信号通过采样开关的采样可以得到离散信号。

离散控制系统的一般结构如图 7-1 所示。图中，连续信号 $e(t)$ 经采样开关按一定的时间 T 重复闭合（每次闭合时间为 τ，$\tau<T$）后转换成如图 7-2 所示的脉冲序列 $e^*(t)$，它作为脉冲控制器的输入，而控制器的输出为离散信号 $u^*(t)$。当离散信号不能直接驱动被控对象时，就需要经过保持器使之变成相对应的连续信号 $u_b(t)$ 后，再去驱动被控对象。

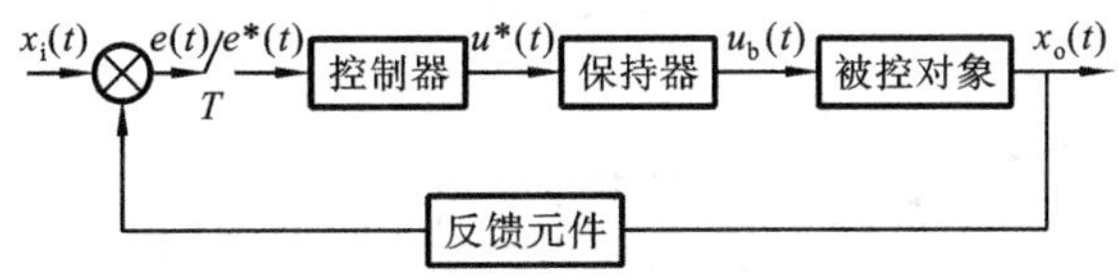

图 7-1　离散控制系统结构图

在图 7-1 所示的离散系统中，分别用模数转换器（A/D）、计算机和数模转换器（D/A）来代替采样开关、脉冲控制器和保持器，就构成了计算机控制系统（又称数字控制系统）。计算机控制系统结构如图 7-3 所示。

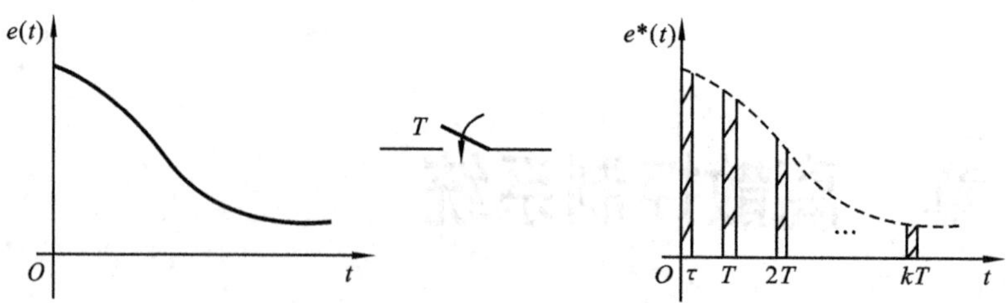

图 7-2 连续信号的采样

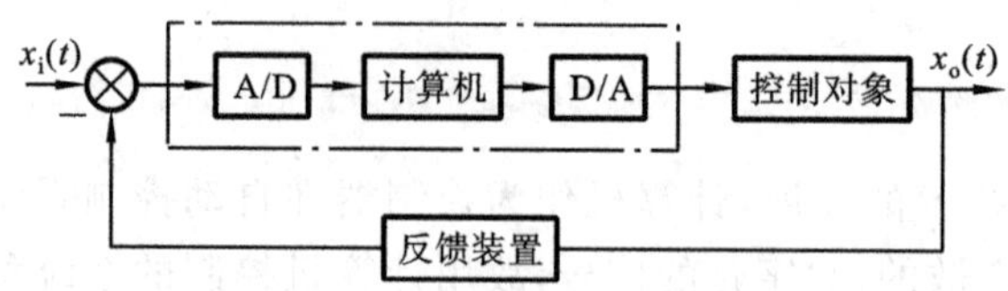

图 7-3 计算机控制系统结构图

7.1.2 信号的采样与采样定理

1. 信号的采样

采样是把连续时间信号变成离散时间脉冲序列的过程。在图 7-2 中，连续信号 $e(t)$通过采样开关 T(也称采样器)转换为脉冲序列 $e^*(t)$(也称采样函数)。采样开关的采样周期为 T,采样频率为

$$f_s=\frac{1}{T}$$

而采样的角频率为

$$\omega=\frac{2\pi}{T}=2\pi f_s \quad \mathrm{rad/s}$$

采样开关的闭合时间为 τ,由于 τ 远小于 T,因此分析离散控制系统时可视 τ 为零。这样,采样过程可看做 $e(t)$对理想脉冲序列 $\delta_T(t)$幅值的调制过程,采样开关相当于一个幅值调制器,$e(t)$为调制信号,$\delta_T(t)$为载波,$e(t)$控制 $\delta_T(t)$的幅值,如图 7-4 所示。经过采样开关之后,连续信号 $e(t)$就变成离散信号 $e^*(t)$。

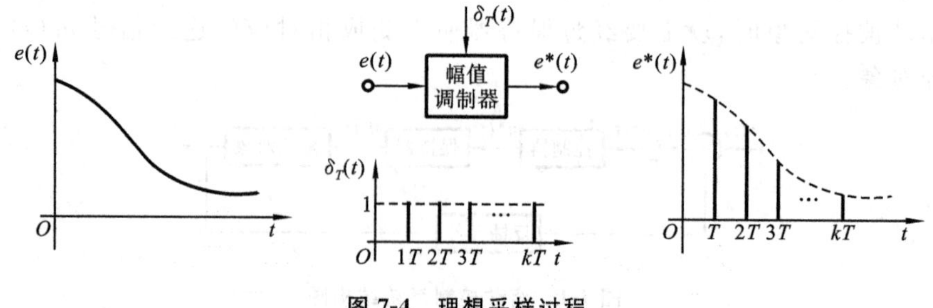

图 7-4 理想采样过程

载波 $\delta_T(t)$的数学表达式为

$$\delta_T(t)=\sum_{k=0}^{\infty}\delta(t-kT) \tag{7-1}$$

采样函数 $e^*(t)$ 可通过下式求得

$$e^*(t) = e(t)\delta_T(t) = e(t)\sum_{k=0}^{\infty}\delta(t-kT) \tag{7-2}$$

2. 采样定理

在离散系统中，采样频率的选择是很重要的。若采样频率太高(采样间隔小)，采样点太多，对定长的时间记录来说，其数字序列长，计算工作量增大；如果数字序列长度一定，则处理的时间历程就短，可能产生较大的误差。若采样频率太低(采样间隔大)，采样点太少，如图 7-5(a)所示，则在两个采样点之间会丢失信号中的重要信息。适当增大采样频率，如图 7-5(b)所示，则得到的离散信号就保留了原信号的特征。

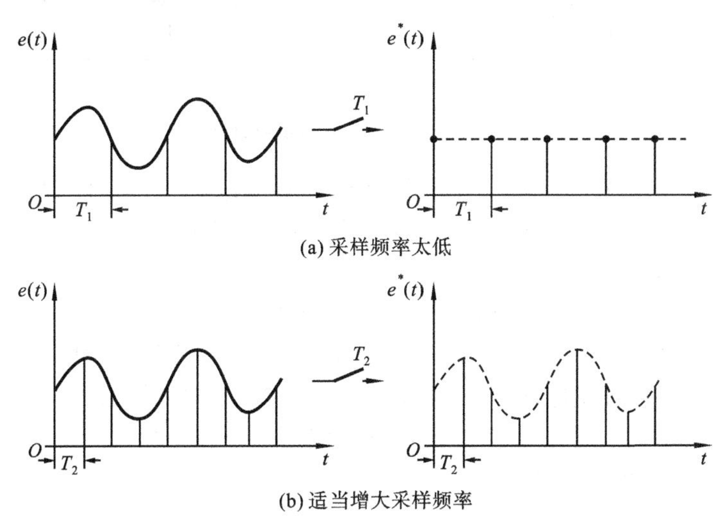

图 7-5　采样周期(采样频率)对采样信号的影响

为了使离散信号 $e^*(t)$ 保留原信号 $e(t)$ 的特征，必须考虑采样频率 f_s 与 $e(t)$ 中含有的最高次谐波频率 f_h 之间的关系。通过对 $e(t)$ 与 $e^*(t)$ 的频谱分析得出，要在离散信号中保留原信号 $e(t)$ 的全部信息，f_s 和 f_h 应满足如下关系：

$$f_s \geqslant f_h \tag{7-3}$$

这就是采样定理，也称香农(Shannon)定理。采样定理指出了保留原信号特征所必需的最低采样频率。

3. 采样信号的复现

当离散控制系统的被控对象只能由连续信号驱动时，必须将系统的离散信号恢复成相应的连续信号。D/A 转换器就是一种将数字信号转换成模拟信号的装置，其转换的过程分为解码和保持。

解码是根据 D/A 转换器所采用的编码规则，将数字信号换算成相对应的电压或电流值 $e(kT)$。$e(kT)$ 仅仅对应各采样时刻的值，而相邻的两采样时刻之间的值不确定。

保持的任务是解决各相邻采样时刻之间的插值问题和将离散信号转换为连续时间信号。实现保持功能的器件称为保持器。保持器是一种在时域中对采样值进行外推的装置，通常，把具有恒值、线性和抛物线外推规律的保持器分别称为零阶、一阶和二阶保持器。下面仅介绍工程上常用的零阶保持器。

零阶保持器将前一采样时刻 kT 的采样值 $e(kT)$ 不增不减地保持到下一个采样时刻 $(k+1)T$，零阶保持器输出的模拟信号 $e_h(t)$ 为

$$e_h(kT+\Delta t)=e(kT)\quad(0\leqslant\Delta t<T)\tag{7-4}$$

零阶保持器及其输入信号和输出信号的关系分别如图 7-6和图 7-7 所示。

$e(t)$ 　T 　$e^*(t)$ 　保持器 　$e_h(t)$

图 7-6　零阶保持器

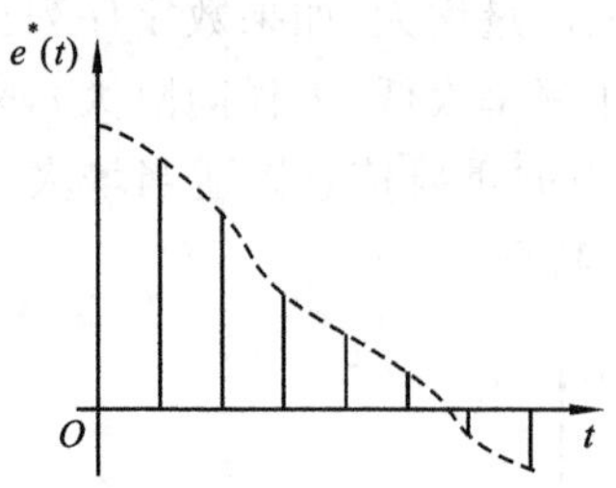

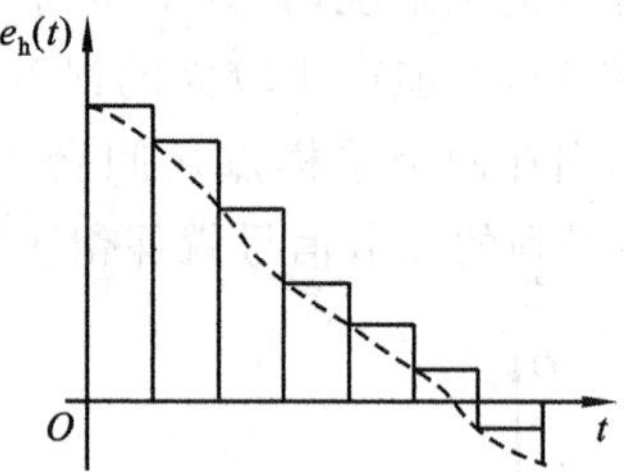

图 7-7　输入信号和输出信号的关系

式(7-4)表明，零阶保持器是一种按常值外推的保持器，它把前一时刻 kT 的采样值 $e(kT)$ 一直保持到下一采样时刻 $(k+1)T$ 到来之前，其保持时间只有一个采样周期。这样，零阶保持器就将采样信号 $e^*(t)$ 变成阶梯信号 $e_h(t)$ 了。

零阶保持器输出 $e_h(t)$ 的平均响应为 $e[t-(T/2)]$，这表明输出比输入在时间上要滞后 $T/2$，相当于给系统增加了一个延时环节，使系统总的相角滞后增大，对系统稳定性不利。

式(7-4)还表明，零阶保持过程是理想脉冲 $e(kT)\delta(t-kT)$ 作用的结果。如果给零阶保持器以理想单位脉冲 $\delta(t)$ 激励，则其单位脉冲响应是一个幅值为 1、持续时间为 T 的矩形脉冲，并可表示成两个阶跃函数的叠加：

$$e_h(t)=1(t)-1(t-T)\tag{7-5}$$

式(7-5)也可用图 7-8 来说明。

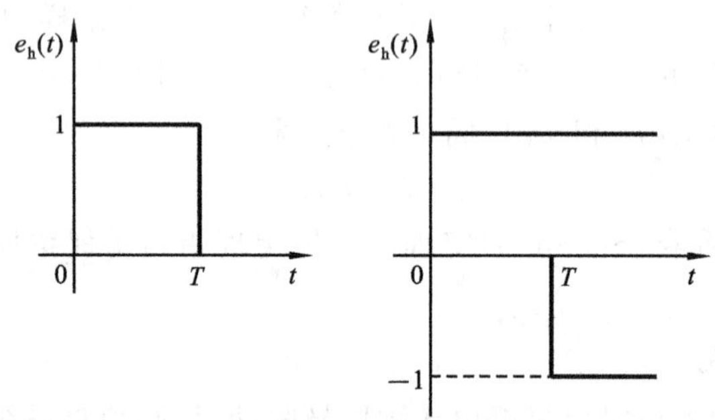

图 7-8　零阶保持器的时域特性

对式(7-5)取拉氏变换，可得零阶保持器的传递函数

$$E_h(s)=\frac{1}{s}-\frac{e^{-Ts}}{s}=\frac{1-e^{-Ts}}{s}\tag{7-6}$$

零阶保持器的频率特性为

$$E_h(j\omega)=\frac{1-e^{-j\omega T}}{j\omega}=\frac{2e^{-j\omega T/2}(e^{j\omega T/2}-e^{-j\omega T/2})}{2j\omega}=T\frac{\sin(\omega T/2)}{(\omega T/2)}e^{-j\omega T/2}\tag{7-7}$$

若以采样频率 $\omega_s=2\pi/T$ 来表示，式(7-7)可表示成

$$E_h(j\omega) = \frac{2\pi}{\omega_s} \frac{\sin\pi(\omega/\omega_s)}{\pi(\omega/\omega_s)} e^{-j\pi\omega/\omega_s} \tag{7-8}$$

由图 7-9 知，零阶保持器的幅值随频率的增大而快速地衰减，说明零阶保持器是具有高频衰减特性的低通滤波器，$\omega \to 0$ 时的幅值为 T。由相频特性可见，零阶保持器要产生相角滞后，且随 ω 的增大而加大，在 $\omega = \omega_s$ 处，相角滞后达 $-180°$，这将使闭环系统的稳定性变差。

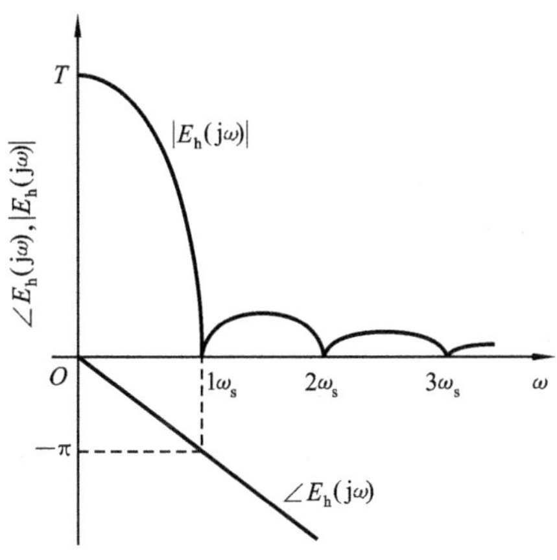

图 7-9　零阶保持器的频率特性

7.2　Z 变换

线性连续系统用线性微分方程来描述其运动规律，用拉普拉斯变换分析其动态和稳态过程。而在线性离散系统中涉及离散信号，就要用差分方程来描述其运动规律，用 Z 变换定量分析离散系统的性能。

7.2.1　Z 变换的定义

对离散函数 $e^*(t) = \sum\limits_{k=0}^{\infty} e(kT)\delta(t-kT)$ 求拉氏变换，得

$$L[e^*(t)] = X^*(s) = L\left[\sum_{k=0}^{+\infty} e(kT)\delta(t-kT)\right] = \int_0^{\infty}\left[\sum_{k=0}^{+\infty} e(kT)\delta(t-kT)\right]e^{-st}dt$$

$$= \sum_{k=0}^{+\infty} e(kT)\int_0^{\infty}\delta(t-kT)e^{-st}dt = \sum_{k=0}^{+\infty} e(kT)e^{-kTs}$$

式中，e^{-kTs} 为超越函数。引入新变量 $z = e^{Ts}$，则有

$$E(z) = \sum_{k=0}^{+\infty} e(kT)z^{-k} \tag{7-9}$$

$E(z)$ 称为离散函数 $e^*(t)$ 的 Z 变换。在 Z 变换中，考虑的是连续时间信号经采样后的离散时间信号，即连续时间函数在采样时刻的采样值，而不考虑采样时刻之间的值。

$e^*(t)$ 的 Z 变换可记为

$$E(z) = Z[e^*(t)] \tag{7-10}$$

7.2.2 Z 变换的求法

求 Z 变换的方法有多种，这里列举常用的三种方法。

1. 级数求和法

将式(7-9)展开，得

$$\begin{aligned} E(z) &= \sum_{k=0}^{+\infty} e(kT)z^{-k} \\ &= e(0)z^0 + e(T)z^{-1} + e(2T)z^{-2} + e(3T)z^{-3} + \cdots + e(kT)z^{-k} + \cdots \end{aligned} \tag{7-11}$$

式(7-11)中，$e(kT)$表示采样脉冲的幅值，z^{-k}表示相应的采样时刻。所以，$E(z)$中包含了信号的量值和时间信息。

例 7-1 求单位阶跃函数 $u(t)$的 Z 变换。

解 因为 $u(t)$在任何采样时刻的值均为 1，即

$$x(kT) = u(kT) = 1(kT) = 1 \quad (k = 0, 1, 2, \cdots)$$

由式(7-11)得

$$X(z) = \sum_{k=0}^{+\infty} x(kT)z^{-k} = 1 \cdot z^{-0} + 1 \cdot z^{-1} + 1 \cdot z^{-2} + \cdots + 1 \cdot z^{-k} + \cdots$$

若$|z|>1$，上式可写成如下的封闭形式：

$$X(z) = Z[1(t)] = \frac{1}{1-z^{-1}} = \frac{z}{z-1}$$

例 7-2 求指数函数 $f(t)=\mathrm{e}^{-at}(a>0)$的 Z 变换。

解 已知 $f(t)=\mathrm{e}^{-at}$，则有 $f(kT)=\mathrm{e}^{-akT}$，其 Z 变换为

$$F(z) = Z[\mathrm{e}^{-at}] = \sum_{k=0}^{+\infty} f(kT)z^{-k} = 1 + \mathrm{e}^{-aT}z^{-1} + \mathrm{e}^{-2aT}z^{-2} + \cdots + \mathrm{e}^{-kaT}z^{-k} + \cdots$$

若$|z\mathrm{e}^{at}|>1$，则上式可写成如下封闭的形式：

$$F(z) = Z[\mathrm{e}^{-at}] = \frac{1}{1-\mathrm{e}^{-aT}z^{-1}} = \frac{z}{z-\mathrm{e}^{-aT}}$$

例 7-3 求单位脉冲函数的 Z 变换。

解 已知 $x(t)=\delta(t)$，则 $x(kT)=\delta(kT)$，其 Z 变换为

$$X(z) = \sum_{k=0}^{+\infty} x(kT)z^{-k} = 1$$

例 7-4 求出正弦函数的 Z 变换。

解 已知 $x(t)=\sin\omega t=\dfrac{\mathrm{e}^{\mathrm{j}\omega t}-\mathrm{e}^{-\mathrm{j}\omega t}}{2\mathrm{j}}$，则 $x(kT)=\dfrac{\mathrm{e}^{\mathrm{j}\omega kT}-\mathrm{e}^{-\mathrm{j}\omega kT}}{2\mathrm{j}}$，其 Z 变换为

$$\begin{aligned} X(z) &= Z[\sin\omega t] = Z\left[\frac{\mathrm{e}^{\mathrm{j}\omega t}-\mathrm{e}^{-\mathrm{j}\omega t}}{2\mathrm{j}}\right] = \frac{1}{2\mathrm{j}}(Z[\mathrm{e}^{\mathrm{j}\omega t}] - Z[\mathrm{e}^{-\mathrm{j}\omega t}]) \\ &= \frac{1}{2\mathrm{j}}\left(\frac{z}{z-\mathrm{e}^{\mathrm{j}\omega T}} - \frac{z}{z-\mathrm{e}^{-\mathrm{j}\omega T}}\right) = \frac{1}{2\mathrm{j}} \cdot \frac{z(\mathrm{e}^{\mathrm{j}\omega T}-\mathrm{e}^{-\mathrm{j}\omega T})}{z^2-(\mathrm{e}^{\mathrm{j}\omega T}+\mathrm{e}^{-\mathrm{j}\omega T})+1} \\ &= \frac{z\sin\omega T}{z^2-2z\cos\omega T+1} \end{aligned}$$

同理，可求得 $x(t)=\cos\omega t$ 的 Z 变换为

$$X(z)=Z[\cos\omega t]=\frac{z(z-\cos\omega T)}{z^2-2z\cos\omega T+1}$$

例 7-5　求单位斜坡函数的 Z 变换。

解　已知 $x(t)=t$，则 $x(kT)=kT$，其 Z 变换为

$$X(z)=Z[t]=\sum_{k=0}^{+\infty}x(kT)z^{-k}=Tz^{-1}+2Tz^{-2}+3Tz^{-3}+\cdots+kTz^{-k}+\cdots$$

若 $|z|>1$，则上式可写成如下封闭的形式：

$$X(z)=Z[t]=\frac{Tz^{-1}}{(1-z^{-1})^2}=\frac{Tz}{(z-1)^2}$$

2. 部分分式法

设连续函数 $x(t)$ 的拉氏变换为 $X(s)$，并具有如下形式：

$$X(s)=\frac{M(s)}{N(s)}=\frac{b_m s^m+b_{m-1}s^{m-1}+\cdots+b_0}{a_n s^n+a_{n-1}s^{n-1}+\cdots+a_0}\quad(n\geqslant m)\tag{7-12}$$

首先将式(7-12)展开为部分分式和的形式，即

$$X(s)=\sum_{i=1}^{n}\frac{A_i}{s-p_i}\tag{7-13}$$

式中：p_i 为 $X(s)$ 的极点；A_i 为待定系数。

式(7-13)中的每一项对应简单的时间函数，然后分别求出每一项的 Z 变换，最后通分化简，就可求出 $x(t)$ 的 Z 变换 $X(z)$。

例 7-6　用部分分式法求出正弦函数的 Z 变换。

解　已知 $L[\sin\omega t]=\frac{\omega}{s^2+\omega^2}$，将 $\frac{\omega}{s^2+\omega^2}$ 分解为部分分式和的形式，即有

$$L[\sin\omega t]=\frac{\omega}{s^2+\omega^2}=-\frac{1}{2\mathrm{j}}\cdot\frac{1}{s+\mathrm{j}\omega}+\frac{1}{2\mathrm{j}}\cdot\frac{1}{s-\mathrm{j}\omega}$$

再根据式(7-9)进行 Z 变换可得

$$\begin{aligned}Z[\sin\omega t]&=Z\left[\frac{\omega}{s^2+\omega^2}\right]=Z\left[-\frac{1}{2\mathrm{j}}\cdot\frac{1}{s+\mathrm{j}\omega}+\frac{1}{2\mathrm{j}}\cdot\frac{1}{s-\mathrm{j}\omega}\right]\\&=-\frac{1}{2\mathrm{j}}\cdot\frac{z}{z-\mathrm{e}^{-\mathrm{j}\omega T}}+\frac{1}{2\mathrm{j}}\cdot\frac{z}{z-\mathrm{e}^{\mathrm{j}\omega T}}=\frac{z\sin\omega T}{z^2-(2\cos\omega T)z+1}\end{aligned}$$

例 7-7　已知连续函数 $x(t)$ 的拉氏变换为 $X(s)=\frac{1}{s(s+1)}$，用部分分式法求 $x(t)$ 的 Z 变换。

解　将 $x(t)$ 展开为部分分式，有

$$X(s)=\frac{1}{s(s+1)}=\frac{1}{s}-\frac{1}{s+1}$$

逐项求 Z 变换后得

$$X(z)=\frac{z}{z-1}-\frac{z}{z-\mathrm{e}^{-T}}=\frac{z(1-\mathrm{e}^{-T})}{z^2-(1+\mathrm{e}^{-T})z+\mathrm{e}^{-T}}$$

3. 留数计算法

若已知连续函数 $x(t)$ 的拉氏变换 $X(s)$ 及全部极点 $s_i(i=1,2,3,\cdots,n)$，则 $x(t)$ 的 Z 变

换 $X(z)$ 可通过留数计算公式求得。

$$X(z)=\sum_{i=1}^{n}\text{Res}\left[\frac{zX(s)}{z-e^{Ts}}\right]_{s=s_i} \tag{7-14}$$

若 s_i 为 $X(s)$ 的单极点，则

$$\text{Res}\left[\frac{zX(s)}{z-e^{Ts}}\right]_{s=s_i}=\lim_{s\to s_i}\left[(s-s_i)\frac{zX(s)}{z-e^{Ts}}\right] \tag{7-15}$$

若 $X(s)$ 在 s_i 处具有 r 个重极点，则

$$\text{Res}\left[\frac{zX(s)}{z-e^{Ts}}\right]_{s=s_i}=\frac{1}{(r-1)!}\lim_{s\to s_i}\frac{d^{r-1}}{ds^{r-1}}\left[(s-s_i)^r\frac{zX(s)}{z-e^{sT}}\right] \tag{7-16}$$

例 7-8 已知连续函数 $x(t)$ 的拉氏变换为 $X(s)=\dfrac{s+3}{(s+1)(s+2)}$，用留数计算法求 $x(t)$ 的 Z 变换。

解 $X(s)$ 的极点为单极点，即 $s_1=-1,s_2=-2$，则

$$\begin{aligned}X(z)&=\text{Res}\left[\frac{zX(s)}{z-e^{Ts}}\right]_{s=-1}+\text{Res}\left[\frac{zX(s)}{z-e^{Ts}}\right]_{s=-2}\\&=\lim_{s\to-1}\left[(s+1)\frac{zX(s)}{z-e^{Ts}}\right]+\lim_{s\to-2}\left[(s+2)\frac{zX(s)}{z-e^{Ts}}\right]\\&=\lim_{s\to-1}\left[\frac{(s+3)z}{(s+2)(z-e^{Ts})}\right]+\lim_{s\to-2}\left[\frac{(s+3)z}{(s+1)(z-e^{Ts})}\right]\\&=\frac{2z}{z-e^{-T}}-\frac{z}{z-e^{-2T}}\\&=\frac{z[z+(e^{-T}-2e^{-2T})]}{z^2-(e^{-T}+e^{-2T})z+e^{-3T}}\end{aligned}$$

例 7-9 连续函数 $x(t)$ 的拉氏变换为 $X(s)=\dfrac{s(2s+3)}{(s+1)^2(s+2)}$，用留数计算法求 $x(t)$ 的 Z 变换。

解 $X(s)$ 的极点为 $s_{1,2}=-1$（二重极点，$r=2$）；$s_3=-2$。由式(7-16)可得

$$\begin{aligned}X(z)=&\frac{1}{(2-1)!}\lim_{s\to-1}\frac{d}{ds}\left[\frac{s(2s+3)}{(s+1)^2(s+2)}\frac{z}{z-e^{sT}}(s+1)^2\right]\\&+\lim_{s\to-2}\left[\frac{s(2s+3)}{(s+1)^2(s+2)}\frac{z}{z-e^{sT}}(s+2)\right]\\=&\frac{-Tze^{-T}}{(z-e^{-T})^2}+\frac{2z}{z-e^{-2T}}\end{aligned}$$

常用函数的 Z 变换表见本书附录。

7.2.3 Z 变换的基本定理

Z 变换具有一些基本的定理，它使 Z 变换的运算变得简单。

1. 线性定理

若 $Z[x_1(t)]=X_1(z)$，$Z[x_2(t)]=X_2(z)$，则

$$Z[ax_1(t)+bx_2(t)]=aX_1(z)+bX_2(z)\quad(a,b\text{ 为常数}) \tag{7-17}$$

该定理运用 Z 变换定义不难证明。

2. 实数位移定理(平移定理)

若连续函数 $x(t)$在 $t<0$ 时 $x(t)=0$,$Z[x(t)]=X(z)$,则

$$Z[x(t-nT)]=z^{-n}X(z) \tag{7-18}$$

$$Z[x(t+nT)]=z^{n}\left[X(z)-\sum_{k=0}^{n-1}x(kT)z^{-k}\right] \tag{7-19}$$

式(7-18)称为滞后定理;式(7-19)称为超前定理。

例 7-10　设 $x(t)=t$,求 $Z[x(t-T)]$。

解　因 $X(z)=Z[x(t)]=Z[t]=\dfrac{Tz}{(z-1)^2}$,由滞后定理得

$$Z[x(t-T)]=z^{-1}X(z)=z^{-1}\frac{Tz}{(z-1)^2}=\frac{T}{(z-1)^2}$$

例 7-11　设阶跃函数 $x(t)=1(t)$,求 $Z[x(t+2T)]$。

解　因 $X(z)=Z[x(t)]=Z[1(t)]=\dfrac{z}{z-1}$,由超前定理得

$$Z[x(t+2T)]=Z[1(t+2T)]=z^2\frac{z}{z-1}-z^2[x(0)z^0+x(T)z^{-1}]=\frac{z}{z-1}$$

3. 复数位移定理

若 $Z[x(t)]=X(z)$,则有

$$Z[e^{\pm at}x(t)]=X(ze^{\mp aT}) \tag{7-20}$$

式中,a 为常数。

例 7-12　设连续函数 $x(t)=t$,求 $Z[te^{-at}]$。

解　因 $Z[t]=\dfrac{Tz}{(z-1)^2}$,则由复数位移定理得

$$Z[te^{-at}]=\frac{Tze^{aT}}{(ze^{aT}-1)^2}$$

4. 初值定理

若 $Z[x(t)]=X(z)$,且$\lim\limits_{z\to\infty}X(z)$存在,则有

$$x(0)=\lim_{t\to 0}x(t)=\lim_{k\to 0}x(kT)=\lim_{z\to\infty}X(z) \tag{7-21}$$

5. 终值定理

若 $Z[x(t)]=X(z)$,且$(z-1)X(z)$的全部极点位于 Z 平面的单位圆内,则有

$$x(\infty)=\lim_{t\to\infty}x(t)=\lim_{k\to\infty}x(kT)=\lim_{z\to 1}(z-1)X(z) \tag{7-22}$$

例 7-13　设 $x(t)$的 Z 变换为 $X(z)=\dfrac{0.831z}{(z-1)(z^2-0.362z+0.193)}$,求 $x(t)$的终值。

解　由终值定理得

$$x(\infty)=\lim_{z\to 1}(z-1)X(z)=\lim_{z\to 1}(z-1)\frac{0.831z}{(z-1)(z^2-0.362z+0.193)}$$

$$=\lim_{z\to 1}\frac{0.831z}{z^2-0.362z+0.193}$$

Z 变换的其他性质可参考相关文献。

7.2.4 Z 反变换

从函数 $X(z)$ 求出原函数 $x^*(t)$ 的过程称为 Z 反变换，记为

$$Z^{-1}[X(z)]=x^*(t) \tag{7-23}$$

由于 $X(z)$ 只含有连续函数 $x(t)$ 在采样时刻的信息，因此通过反变换只能获得在各采样时刻 $0,T,2T,3T,\cdots$ 上连续时间函数 $x(t)$ 的函数值 $x^*(t)=x(nT)$，而在非采样时刻的时间上就得不到 $x(t)$ 的信息。求 Z 反变换的方法如下。

1. 长除法

设 $X(z)$ 的一般表达式为

$$X(z)=\frac{b_m z^m+b_{m-1}z^{m-1}+\cdots+b_0}{a_n z^n+a_{n-1}z^{n-1}+\cdots+a_0}\quad (n\geqslant m) \tag{7-24}$$

将式(7-24)展开成 z^{-1} 的无穷级数，即

$$X(z)=\sum_{k=0}^{\infty}x(kT)z^{-k}=x(0)+x(T)z^{-1}+x(2T)z^{-2}+\cdots+x(kT)z^{-k}+\cdots \tag{7-25}$$

根据滞后定理，对 $X(z)$ 求反变换，得采样后的离散信号 $x^*(t)$，即

$$x^*(t)=x(0)\delta(t)+x(T)\delta(t-T)+x(2T)\delta(t-2T)+\cdots \tag{7-26}$$

例 7-14 求 $X(z)=\dfrac{z}{z-1}$ 的反变换。

解 用 $X(z)$ 的分子除以分母，得

$$\begin{aligned}X(z)&=1+z^{-1}+z^{-2}+z^{-3}+\cdots\\&=x(0)+x(T)z^{-1}+x(2T)z^{-2}+x(3T)z^{-3}+\cdots\end{aligned}$$

其反变换为

$$\begin{aligned}x^*(t)&=x(0)\delta(t)+x(T)\delta(t-T)+x(2T)\delta(t-2T)+\cdots\\&=\delta(t)+\delta(t-T)+\delta(t-2T)+\cdots\end{aligned}$$

例 7-15 求 $X(z)=\dfrac{1}{1-0.5z^{-1}}$ 的反变换。

解 用 $X(z)$ 的分子除以分母，得

$$\begin{aligned}X(z)&=\frac{1}{1-0.5z^{-1}}=1+0.5z^{-1}+0.25z^{-2}+0.125z^{-3}+\cdots\\&=x(0)+x(T)z^{-1}+x(2T)z^{-2}+x(3T)z^{-3}+\cdots\end{aligned}$$

相应的离散函数为

$$x^*(t)=1\delta(t)+0.5\delta(t-T)+0.25\delta(t-2T)+0.125\delta(t-3T)+\cdots$$

长除法使用方便，并可得到离散 $x^*(t)$ 的分布，但不易得到 $x^*(t)$ 的通项表达式。

2. 部分分式法

利用部分分式法求取 Z 反变换的过程，与部分分式法求取拉氏反变换的过程相似。由于 Z 变换的分子上通常含有 z，为了便于求 Z 反变换，应将 $X(z)/z$ 展开为部分分式，然后将所得到的展开式的每一项都乘以 z，即得到 $X(z)$ 的展开式。最后分别对 $X(z)$ 的展开式的每一项求反变换。

例 7-16 求 $X(z)=\dfrac{10z}{(z-1)(z-2)}$ 的反变换。

解　$\dfrac{X(z)}{z}=\dfrac{10}{(z-1)(z-2)}=\dfrac{-10}{z-1}+\dfrac{10}{z-2}$，　$X(z)=\dfrac{-10z}{z-1}+\dfrac{10z}{z-2}$

由于

$$Z^{-1}\left[\frac{z}{z-1}\right]=1\ ,\quad Z^{-1}\left[\frac{z}{z-2}\right]=2^k$$

所以，$X(z)$的反变换为

$$x(kT)=10(-1+2^k)\quad (k=0,1,2,\cdots)$$

$$x^*(t)=10\sum_{k=0}^{\infty}(-1+2^k)\delta(t-kT)$$

求 Z 反变换除了用到长除法、部分分式法外，还用到留数法。读者可参考相关书籍，这里不作叙述。

7.3　线性离散系统的数学模型

线性离散系统的数学模型有差分方程、脉冲传递函数和离散状态空间表达式三种。这里仅介绍差分方程和脉冲传递函数。

7.3.1　线性常系数差分方程

1. 差分的定义

离散函数的两离散值之差称为差分。差分可分为前向差分和后向差分。差分的图示如图 7-10 所示。图中，令 $T=1\text{s}$。

前向差分的定义：

一阶前向差分为

$$\Delta e(k)=e(k+1)-e(k) \tag{7-27}$$

二阶前向差分为

$$\begin{aligned}\Delta^2 e(k)&=\Delta[\Delta e(k)]=\Delta[e(k+1)-e(k)]\\&=\Delta e(k+1)-\Delta e(k)\\&=e(k+2)-e(k+1)-e(k+1)+e(k)\\&=e(k+2)-2e(k+1)+e(k)\end{aligned} \tag{7-28}$$

n 阶前向差分为

$$\Delta^n e(k)=\Delta^{n-1}e(k+1)-\Delta^{n-1}e(k) \tag{7-29}$$

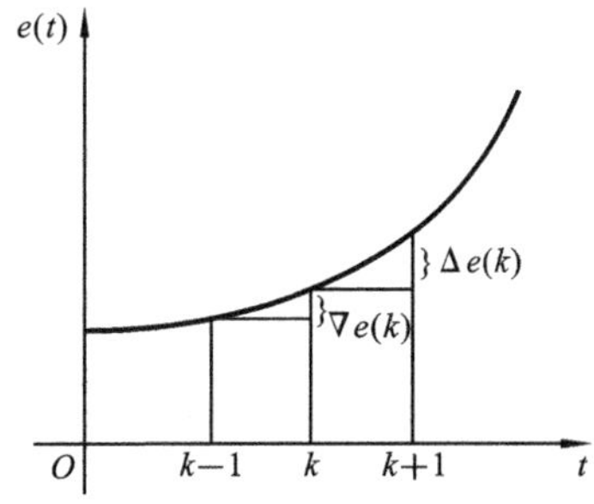

图 7-10　差分的图示

同理可得后向差分的定义：

一阶后向差分为

$$\nabla e(k)=e(k)-e(k-1) \tag{7-30}$$

二阶后向差分为

$$\begin{aligned}\nabla^2 e(k)&=\nabla[\nabla e(k)]=\nabla[e(k)-e(k-1)]\\&=\nabla e(k)-\nabla e(k-1)\\&=e(k)-e(k-1)-e(k-1)+e(k-2)\end{aligned}$$

$$= e(k) - 2e(k-1) + e(k-2) \tag{7-31}$$

n 阶后向差分为

$$\nabla^n e(k) = \nabla^{n-1} e(k) - \nabla^{n-1} e(k-1) \tag{7-32}$$

2. 差分方程

若 $e(k)$ 的离散方程中含有 $e(k)$ 的差分，则此方程称为差分方程。对于一般线性离散系统，k 时刻的输出 $x_o(k)$ 既与 k 时刻的输入 $x_i(k)$ 有关，也与 k 时刻以前的输入 $x_i(k-1)$，$x_i(k-2)$，…有关，还与 k 时刻以前的输出 $x_o(k-1)$，$x_o(k-2)$，…有关。这种关系可用 n 阶差分方程来描述。

$$\begin{aligned} &a_n x_o(k+n) + a_{n-1} x_o(k+n-1) + \cdots + a_1 x_o(k+1) + x_o(k) \\ &= b_m x_i(k+m) + b_{m-1} x_i(k+m-1) + \cdots + b_1 x_i(k+1) + x_i(k) \end{aligned} \tag{7-33}$$

式(7-33)可表示成

$$x_o(k) = -\sum_{i=1}^{n} a_i x_o(k+i) + \sum_{j=0}^{m} b_j x_i(k+j) \quad (n \geqslant m) \tag{7-34}$$

下面举例说明如何由 Z 变换和微分方程求差分方程。

例 7-17 已知离散系统输出的 Z 变换函数为

$$X_o(z) = \frac{1+10z^{-1}}{2-3z^{-1}+6z^{-2}} X_i(z)$$

求系统的差分方程。

解 根据 $X_o(z)$ 的表达式有

$$(2-3z^{-1}+6z^{-2})X_o(z) = (1+10z^{-1})X_i(z)$$

对上式两边取 Z 反变换，并由延迟定理，可得系统的差分方程为

$$2x_o(k) - 3x_o(k-1) + 6x_o(k-2) = x_i(k) + 10x_i(k-1)$$

例 7-18 将微分方程 $\dfrac{\mathrm{d}x_o(t)}{\mathrm{d}t} + Kx_o(t) = x_i(t)$ 离散化为差分方程。

解

$$\frac{\mathrm{d}x_o(t)}{\mathrm{d}t} \approx \frac{x_o[(k+1)T] - x_o(kT)}{T}$$

代入原式得

$$\frac{x_o[(k+1)T] - x_o(kT)}{T} + Kx_o(kT) = x_i(kT)$$

其中 $t=kT(k=0,1,2,\cdots)$ 整理后得

$$x_o[(k+1)T] + (KT-1)x_o(kT) = Tx_i(kT)$$

若 $T=1$，则差分方程为

$$x_o(k+1) + (K-1)x_o(k) = x_i(k)$$

若已知时域内的差分方程，则可将其转换为 Z 域内的代数方程；代数方程求解后，将其解进行 Z 反变换就可求得差分方程的时域解。

例 7-19 已知输入序列 $x_i(k)=1$，初始条件 $x_o(0)=0$，$x_o(1)=1$，求差分方程 $x_o(k+2)+3x_o(k+1)+2x_o(k)=x_i(k)$ 的解。

解 (1) 用迭代法。根据初始条件及递推关系，得

$$x_o(0) = 0$$

$$x_o(1) = 1$$

$$x_o(2)=x_i(0)-3x_o(1)-2x_o(0)=-2$$
$$x_o(3)=x_i(1)-3x_o(2)-2x_o(1)=5$$
$$x_o(4)=x_i(2)-3x_o(3)-2x_o(2)=-10$$
$$\vdots$$

故

$$\begin{aligned}x_o^*(t)&=x_o(0)\delta(t)+x_o(1)\delta(t-T)+x_o(2)\delta(t-2T)+\cdots\\&=\delta(t-T)-2\delta(t-2T)+5\delta(t-3T)-10\delta(t-4T)+\cdots\end{aligned}$$

(2) Z 变换法。对差分方程两端进行 Z 变换，根据超前定理得

$$[z^2X_o(z)-z^2x_o(0)-zx_o(1)]+3[zX_o(z)-zx_o(0)]+2X_o(z)=\frac{z}{z-1}$$

$$z^2X_o(z)-z+3zX_o(z)+2X_o(z)=\frac{z}{z-1}$$

$$\frac{X_o(z)}{z}=\frac{z}{(z-1)(z^2+3z+2)}=\frac{z}{(z-1)(z+1)(z+2)}$$

用部分分式法将 $X_o(z)$ 展开，得

$$X_o(z)=\frac{\frac{1}{6}z}{z-1}+\frac{\frac{1}{2}z}{z+1}-\frac{\frac{2}{3}z}{z+2}$$

求 Z 反变换得

$$x_o(kT)=\frac{1}{6}+\frac{1}{2}(-1)^k-\frac{2}{3}(-2)^k\quad(k=0,1,2,\cdots)$$

故

$$x_o^*(t)=\delta(t-T)-2\delta(t-2T)+5\delta(t-3T)-10\delta(t-4T)+\cdots$$

两种方法求解结果相同。

7.3.2　脉冲传递函数

在线性连续系统中，通过传递函数来分析系统的动态特性；而在线性离散系统中可通过脉冲传递函数来分析系统的动态特性。

1. 脉冲传递函数定义

线性离散系统如图 7-11 所示。$G(s)$是连续部分的传递函数，其输入是离散信号$x_i^*(t)$，输出信号 $x_o(t)$是连续的，$x_o(t)$经过虚设的采样开关转换为离散信号 $x_o^*(t)$。

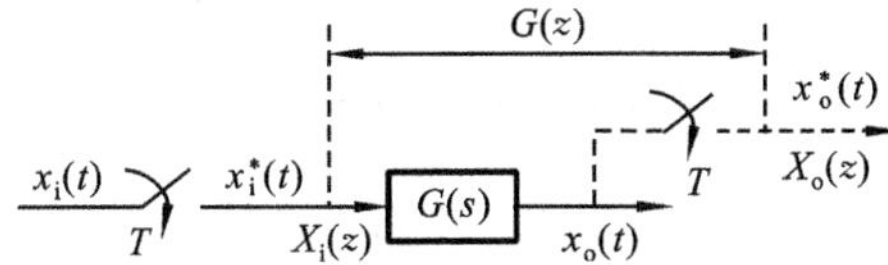

图 7-11　线性定常离散系统

在零初始条件下，线性离散系统输出 Z 变换 $X_o(z)$与输入 Z 变换 $X_i(z)$之比，即

$$\frac{X_o(z)}{X_i(z)}=G(z)\tag{7-35}$$

$G(z)$称为脉冲传递函数，也称 Z 传递函数。

值得强调的是，实际系统在输入为脉冲序列的作用下，其输出量是时间的连续函数，如图 7-11 中的 $x_o(t)$。由于 Z 变换只能表征连续时间函数在采样时刻的采样值，所以，脉冲传递函数应取系统输出的脉冲序列作为输出量，为此可在输出端虚设一个同步采样开关。实际系统中这个开关并不存在。

$G(s)$表示线性环节本身的传递函数，而 $G(z)$表示图 7-11 中的线性环节与采样开关组合形成的传递函数。

2. 串联环节的脉冲传递函数

求脉冲传递函数时，由于采样开关的位置不同，其等效的脉冲传递函数是不同的，如图 7-12 所示。

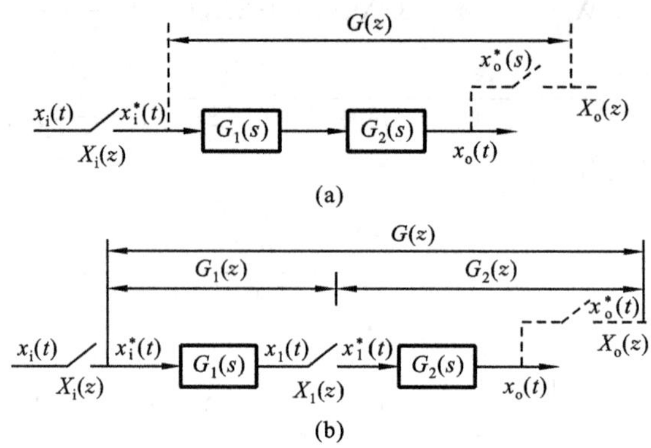

图 7-12 串联环节

在图 7-12(a)中，传递函数分别为 $G_1(s)$和 $G_2(s)$的两个环节串联，它们中间无采样开关，其脉冲传递函数 $G(z)$由以下步骤求得。

由图 7-12(a)得输出的离散信号与输入的离散信号的关系为

$$x_o^*(s)=[x_i^*(s)G_1(s)G_2(s)]^*=x_i^*(s)[G_1(s)G_2(s)]^*$$

将上式进行 Z 变换，得 $X_o(z)=X_i(z)G_1G_2(z)$，从而得两串联环节之间无采样开关时的脉冲传递函数为

$$G(z)=\frac{X_o(z)}{X_i(z)}=G_1G_2(z) \tag{7-36}$$

两串联环节之间无采样开关时的脉冲传递函数等于这两环节的传递函数的乘积的 Z 变换。此结论可推广到无采样开关的 n 个环节串联的情况，其脉冲传递函数为

$$G(z)=\frac{X_o(z)}{X_i(z)}=Z[G_1(s)G_2(s)\cdots G_n(s)]=G_1G_2\cdots G_n(z) \tag{7-37}$$

在图 7-12(b)中，传递函数分别为 $G_1(s)$和 $G_2(s)$的两个环节串联，它们中间有采样开关，其脉冲传递函数 $G(z)$由以下步骤求得。

由图 7-12(b)得输出的离散信号与输入的离散信号的关系为

$$x_1^*(s)=[x_i^*(s)G_1(s)]^*=x_i^*(s)G_1^*(s)$$
$$x_o^*(s)=[x_1^*(s)G_2(s)]^*=x_1^*(s)G_2^*(s)$$

将上述两式进行 Z 变换，得

$$X_1(z)=X_i(z)G_1(z),\quad X_o(z)=X_1(z)G_2(z)$$

则两串联环节之间有采样开关时的脉冲传递函数为

$$G(z)=\frac{X_o(z)}{X_i(z)}=G_1(z)G_2(z) \tag{7-38}$$

两串联环节之间有采样开关时的脉冲传递函数等于这两环节的脉冲传递函数的乘积。显然，此结论可推广到 n 个环节串联且环节之间都有采样开关的情况，其脉冲传递函数为

$$G(z)=\frac{X_o(z)}{X_i(z)}=Z[G_1^*(s)G_2^*(s)\cdots G_n^*(s)]=G_1(z)G_2(z)\cdots G_n(z) \tag{7-39}$$

例 7-20　已知 $G_1(s)=\frac{a}{s+a}$，$G_2(s)=\frac{1}{s}$，分别求两环节之间有采样开关和无采样开关时环节的脉冲传递函数。

解　(1) 无采样开关时，其脉冲传递函数为

$$\begin{aligned}G(z)&=G_1G_2(z)=Z[G_1(s)G_2(s)]=Z\left[\frac{a}{s+a}\cdot\frac{1}{s}\right]\\&=Z\left[\frac{1}{s}-\frac{1}{s+a}\right]=\frac{z}{z-1}-\frac{z}{z-\mathrm{e}^{-aT}}\\&=\frac{z(1-\mathrm{e}^{-aT})}{(z-1)(z-\mathrm{e}^{-aT})}\end{aligned}$$

(2) 有采样开关时，其脉冲传递函数为

$$\begin{aligned}G(z)&=G_1(z)G_2(z)=Z[G_1(s)]Z[G_2(s)]=Z\left[\frac{a}{s+a}\right]Z\left[\frac{1}{s}\right]\\&=\frac{z}{z-1}\cdot\frac{az}{z-\mathrm{e}^{-aT}}=\frac{az^2}{(z-1)(z-\mathrm{e}^{-aT})}\end{aligned}$$

可见，串联环节间有无采样开关，其脉冲传递函数是不相同的。还需注意

$$G_1G_2(z)\neq G_1(z)G_2(z)$$

$G_1G_2(z)$表示两个串联环节的传递函数相乘后再取 Z 变换，而 $G_1(z)G_2(z)$则表示 $G_1(s)$和 $G_2(s)$先各自取 Z 变换后再相乘。

3. 闭环系统的脉冲传递函数

在闭环系统中，采样开关的不同设置，同样影响脉冲传递函数。下面通过例子来说明。

例 7-21　求图 7-13 所示闭环系统的脉冲传递函数。

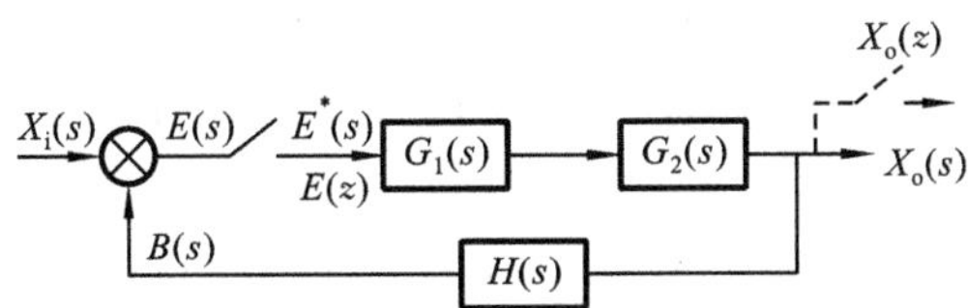

图 7-13　闭环离散系统

解　由图 7-13 可得

$$X_o(s)=E^*(s)G_1(s)G_2(s)$$

对 $X_o(s)$离散化，有

$$X_o^*(s)=[E^*(s)G_1(s)G_2(s)]^*=E^*(s)[G_1(s)G_2(s)]^*$$

对上式两边求 Z 变换，有

$$X_o(z)=E(z)G_1G_2(z)$$

因为

$$\begin{aligned}E(s)&=X_i(s)-B(s)=X_i(s)-X_o(s)H(s)\\&=X_i(s)-E^*(s)G_1(s)G_2(s)H(s)\end{aligned}$$

对上式离散化后进行 Z 变换，整理得

$$E^*(s)=X_i^*(s)-E^*(s)\left[G_1(s)G_2(s)H(s)\right]^*$$

$$E(z)=X_i(z)-E(z)G_1G_2H(z)$$

$$E(z)=\frac{X_i(z)}{1+G_1G_2H(z)}$$

将其代入 $X_o(z)=E(z)G_1G_2(z)$，得到该闭环离散系统的脉冲传递函数为

$$\frac{X_o(z)}{X_i(z)}=\frac{G_1G_2(z)}{1+G_1G_2H(z)}$$

例 7-22 求图 7-14 所示闭环系统的脉冲传递函数。

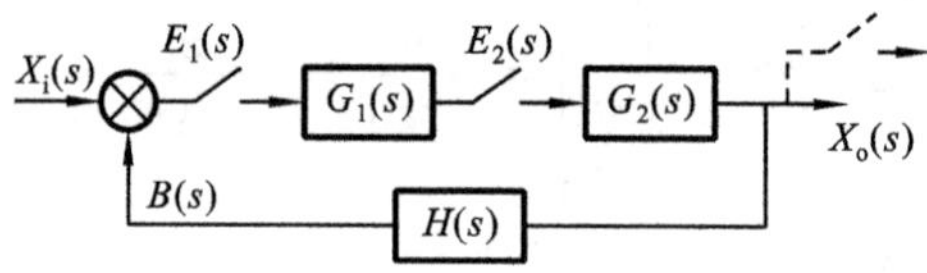

图 7-14 闭环系统

解 由图 7-14 可得

$$X_o(s)=E_2^*(s)G_2(s),\quad E_2(s)=E_1^*(s)G_1(s)$$

将上面两式离散化，有

$$X_o^*(s)=E_2^*(s)G_2^*(s),\quad E_2^*(s)=E_1^*(s)G_1^*(s)$$

于是求得

$$X_o^*(s)=E_1^*(s)G_1^*(s)G_2^*(s)$$

将上式 Z 变换，得

$$X_o(z)=E_1(z)G_1(z)G_2(z)$$

又

$$\begin{aligned}E_1(s)&=X_i(s)-B(s)=X_i(s)-X_o(s)H(s)\\&=X_i(s)-E_2^*(s)G_2(s)H(s)\\&=X_i(s)-E_1^*(s)G_1^*(s)G_2(s)H(s)\end{aligned}$$

将其离散化得

$$E_1^*(s)=X_i^*(s)-E_1^*(s)G_1^*(S)\left[G_2(s)H(s)\right]^*$$

Z 变换后，得

$$E_1(z)=X_i(z)-E_1(z)G_1(z)G_2H(z)$$

$$E_1(z)=\frac{X_i(z)}{1+G_1(z)G_2H(z)}$$

将其代入 $X_o(z)=E_1(z)G_1(z)G_2(z)$，得闭环离散系统的脉冲传递函数为

$$\frac{X_o(z)}{X_i(z)}=\frac{G_1(z)G_2(z)}{1+G_1(z)G_2H(z)}$$

根据采样开关在闭环系统中的不同位置所构成的闭环离散系统的典型结构图及其输出信号的 Z 变换 $X_o(z)$ 如表 7-1 所示。

表 7-1　闭环离散系统的典型结构图及其输出量

序号	系统结构图	输出量 $X_o(z)$
1	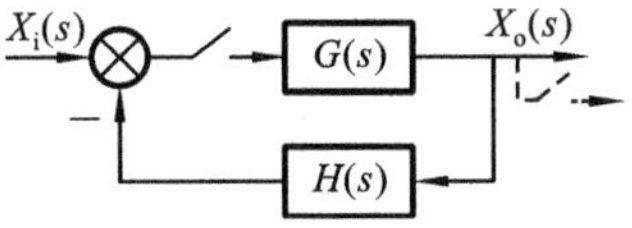	$\dfrac{G(z)X_i(z)}{1+GH(z)}$
2	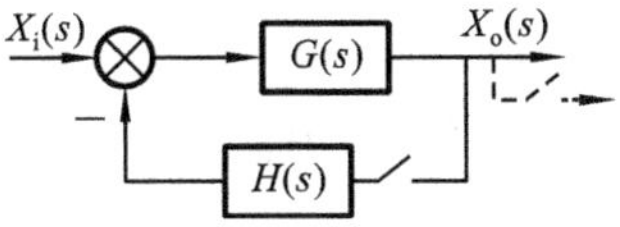	$\dfrac{X_iG(z)}{1+GH(z)}$
3	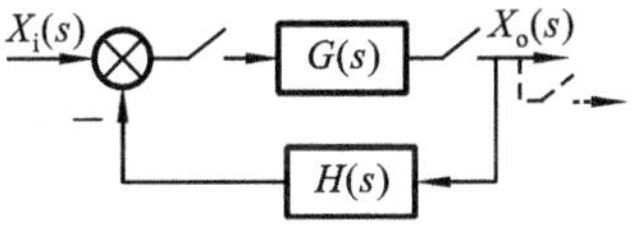	$\dfrac{G(z)X_i(z)}{1+G(z)H(z)}$
4	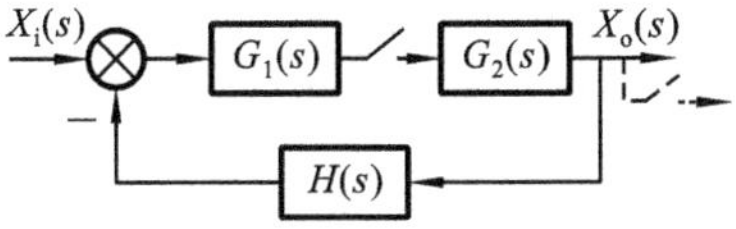	$\dfrac{X_iG_1(z)G_2(z)}{1+G_1G_2H(z)}$
5	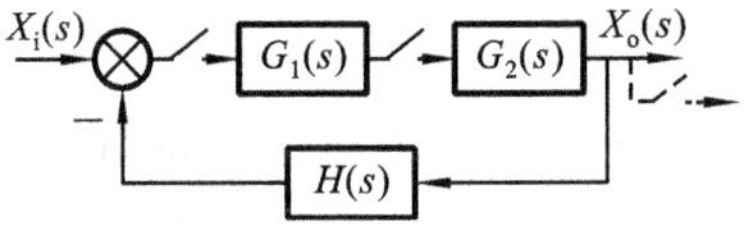	$\dfrac{G_1(z)G_2(z)X_i(z)}{1+G_1(z)G_2H(z)}$
6	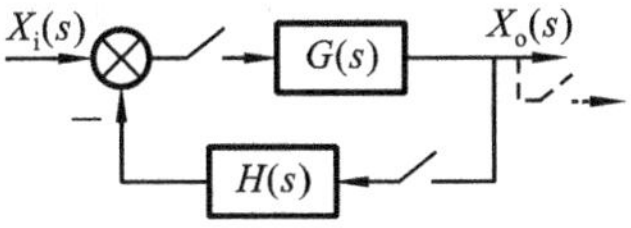	$\dfrac{G(z)X_i(z)}{1+G(z)H(z)}$

下面举例讨论线性离散系统的连续部分有扰动输入时的脉冲传递函数。

例 7-23　求图 7-15 所示的闭环系统输出的 Z 变换。

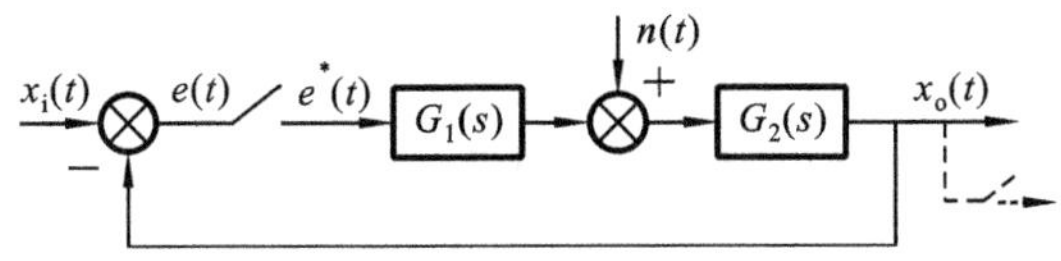

图 7-15　例 7-23 中的线性离散系统

解　分别求出 $x_i(t)$ 和 $n(t)$ 作用下的闭环离散系统的输出 Z 变换，然后求和即得。

(1) 仅 $x_i(t)$ 作用而 $n(t)=0$ 时，图 7-15 可化为图 7-16。

由图 7-16 可知：

$$x_{o1}(t)=e^*(t)G_1(s)G_2(s),\quad e^*(t)=x_i(t)-x_{o1}(t)$$

离散化得

$$x_{o1}^*(t)=e^*(t)\left[G_1(s)G_2(s)\right]^*,\quad e^*(t)=x_i^*(t)-x_{o1}^*(t)$$

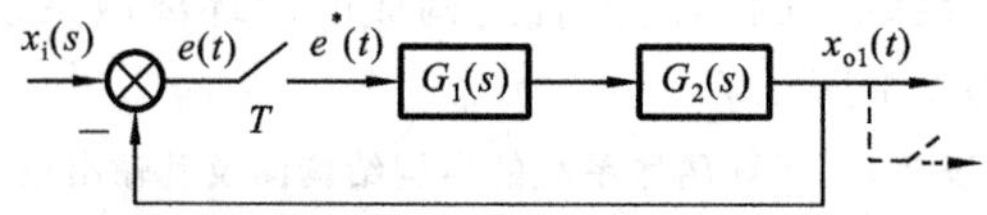

图 7-16　仅 $x_i(t)$ 作用时的系统框图

再 Z 变换得

$$X_{o1}(z)=E(z)G_1G_2(z),\quad E(z)=X_i(z)-X_{o1}(z)$$

整理得

$$X_{o1}(z)=\frac{X_i(z)G_1G_2(z)}{1+G_1G_2(z)}$$

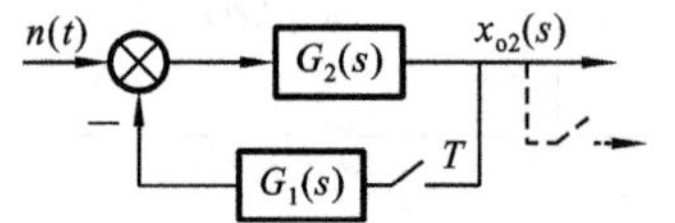

图 7-17　仅 $n(t)$ 作用时的系统框图

（2）仅 $n(t)$ 作用而 $x_i(t)=0$ 时，图 7-15 可化为图 7-17。

对照表 7-1 可得

$$X_{o2}(z)=\frac{NG_2(z)}{1+G_1G_2(z)}$$

（3）$x_i(t)$ 和 $n(t)$ 同时作用时，

$$X_o(z)=X_{o1}(z)+X_{o2}(z)=\frac{X_i(z)G_1G_2(z)}{1+G_1G_2(z)}+\frac{NG_2(z)}{1+G_1G_2(z)}$$

7.4　线性离散系统的稳定性

线性连续系统稳定性的充要条件是系统闭环特征方程的根都具有负的实部，采用劳斯稳定判据、奈奎斯特稳定判据等方法可判断其稳定性。线性离散系统的数学模型建立在 Z 变换的基础上，为了将线性连续系统在 s 平面上的稳定性理论移植到 z 平面上分析离散系统的稳定性，首先要搞清楚 s 平面与 z 平面的映射关系。

7.4.1　s 平面到 z 平面的映射关系

定义 Z 变换时，给出了平面 s 到平面 z 的关系。s 平面上的任意一点可表示为

$$s=\sigma+\mathrm{j}\omega$$

映射到 z 平面为

$$z=\mathrm{e}^{Ts}=\mathrm{e}^{T\sigma}\mathrm{e}^{\mathrm{j}T\omega}=|z|\mathrm{e}^{\mathrm{j}\theta}$$

上式中，

$$|z|=\mathrm{e}^{\sigma T},\quad \angle z=\theta=\omega T \tag{7-40}$$

由上述不难得出 s 平面与 z 平面的对应关系如表 7-2 所示。

表 7-2　s 平面与 z 平面的对应关系

系统状态	在 s 平面内	在 z 平面内
系统稳定	$\sigma<0$	$\lvert z\rvert<1$
临界稳定	$\sigma=0$	$\lvert z\rvert=1$
系统不稳定	$\sigma>0$	$\lvert z\rvert>1$

可见，s 平面的虚轴映射到 z 平面上为以原点为圆心的单位圆，s 平面的左半平面和右半平面映射到 z 平面上分别为以原点为圆心的单位圆的内部和外部区域。

7.4.2　线性离散系统的稳定条件

设线性离散控制系统具有如表 7-1 所列中序号 1 所示的结构。其闭环系统的特征方程为

$$1+GH(z)=0$$

则闭环特征方程的根 $z_1,z_2,\cdots,z_n$ 即为闭环脉冲传递函数的极点。根据 s 平面与 z 平面的关系，就得到线性离散系统稳定的充要条件：

$$|z_i|<1\quad (i=1,2,\cdots,n) \tag{7-41}$$

也就是说，当线性离散系统的全部特征根都在 z 平面上的单位圆内时，系统稳定；如果特征根在单位圆上，系统临界稳定；只要有特征根处在单位圆之外，系统就不稳定。此结论可用图 7-18 表示。

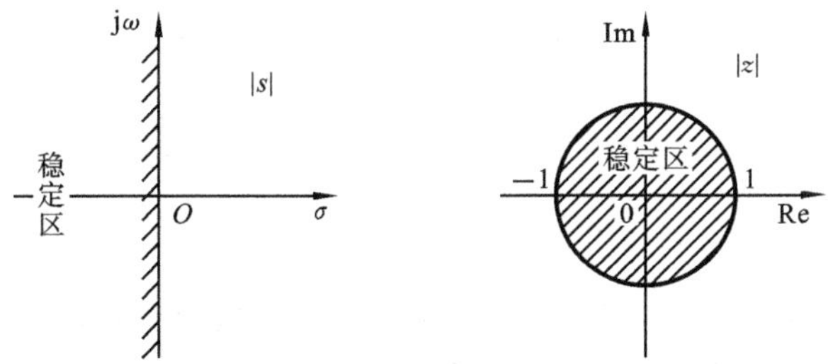

图 7-18　s 平面和 z 平面的稳定区域

7.4.3　线性离散系统的稳定判据

通过判断线性离散系统的闭环特征根（或闭环极点）是否在 z 平面的单位圆内来确定系统的稳定性，常用的方法有如下两种。

1. 通过线性离散系统的闭环极点判断稳定性

当线性离散系统的阶数较低时，就可直接通过求出系统的特征根来判断系统的稳定性。

例 7-24　线性离散系统如图 7-19 所示，其中 $G_1(s)=\dfrac{1-e^{-sT}}{s}$，$G_2(s)=\dfrac{K}{s+1}$。求使系统稳定的 K 值的范围。

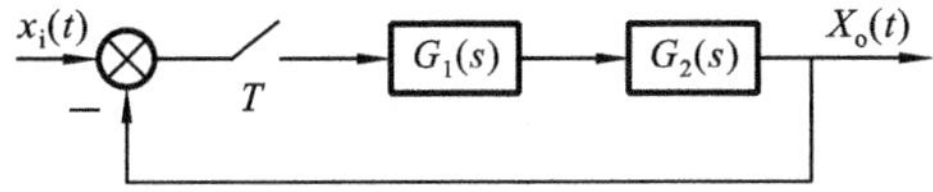

图 7-19　例 7-24 线性离散系统框图

解　先求出系统的闭环脉冲传递函数，即

$$G_b(z)=\frac{G_k(z)}{1+G_k(z)}$$

式中，$G_k(z)$为开环脉冲传递函数。

$$G_k(s)=\frac{1-e^{-sT}}{s}\cdot\frac{K}{s+1}=K\left[\frac{1}{s(s+1)}-\frac{e^{-sT}}{s(s+1)}\right]$$

查 Z 变换表得

$$Z\left[\frac{1}{s(s+1)}\right]=\frac{(1-e^{-T})z}{(z-1)(z-e^{-T})}$$

由滞后定理得

$$Z\left[\frac{e^{-sT}}{s(s+1)}\right]=\frac{(1-e^{-T})z}{(z-1)(z-e^{-T})}\cdot z^{-1}$$

$$G_k(z)=Z\left[K\left(\frac{1}{s(s+1)}-\frac{e^{-sT}}{s(s+1)}\right)\right]=K\left[\frac{(1-e^{-T})z}{(z-1)(z-e^{-T})}-\frac{(1-e^{-T})z}{(z-1)(z-e^{-T})}\cdot z^{-1}\right]$$

$$=\frac{Kz^{-1}(1-e^{-T})}{1-e^{-T}z^{-1}}$$

闭环特征方程为

$$1+G_k(z)=1-e^{-T}z^{-1}+K(1-e^{-T})z^{-1}=0$$

$$1-(Ke^{-T}+e^{-T}-K)z^{-1}=0$$

$$z=Ke^{-T}+e^{-T}-K$$

若要求闭环离散系统稳定，则要求$|z|\leqslant 1$，因此，必须满足以下条件：

$$-1<K<\frac{1+e^{-T}}{1-e^{-T}}$$

由例 7-24 可以看出，当线性离散系统特征方程的阶数较高时，求解特征根是很困难的，所以用上述方法来判断系统稳定性是很不方便的。

2. 线性离散系统的劳斯稳定判据

线性连续系统用劳斯稳定判据判断系统的稳定性的理论依据是特征方程的根是否在 s 平面虚轴的左边。但在线性离散系统中，稳定性的边界是单位圆而不是虚轴，所以不能直接用劳斯稳定判据。但是，采用一种新的变换：使 z 平面上的单位圆映射为新的复平面 w 上的虚轴；z 平面上单位圆外的区域映射为 w 平面上虚轴之右；z 平面上单位圆内的区域映射为 w 平面上虚轴之左。这种新的坐标变换被称为双线性变换，也称 W 变换。双线性变换公式如下：

$$z=\frac{w+1}{w-1} \tag{7-42}$$

$$w=\frac{z+1}{z-1} \tag{7-43}$$

双线性变换的证明如下：

设 $$z=x+jy,\quad w=u+jv$$

代入式(7-43)，得

$$w=u+jv=\frac{x+jy+1}{x+jy-1}=\frac{(x^2+y^2)-1}{(x-1)^2+y^2}-j\frac{2y}{(x-1)^2+y^2} \tag{7-44}$$

即有实部

$$u=\frac{(x^2+y^2)-1}{(x-1)^2+y^2}$$

当 $|z|=x^2+y^2=1$ 时，$u=0$，即有 z 平面上的单位圆映射成 w 平面的虚轴；
当 $|z|=x^2+y^2<1$ 时，$u<0$，即有 z 平面上的单位圆内区域映射成 w 平面左半平面；
当 $|z|=x^2+y^2>1$ 时，$u>0$，即有 z 平面上的单位圆外区域映射成 w 平面右半平面。
经过双线性变换后，就可以用劳斯稳定判据来分析线性离散系统的稳定性。

例 7-25　图 7-20 所示为线性离散系统，$T=0.2$ s，试判断其稳定性。

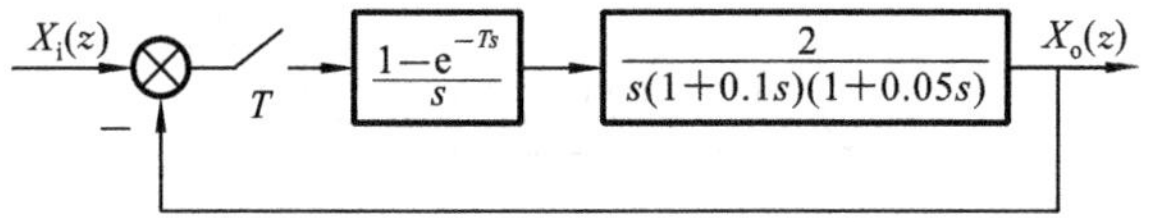

图 7-20　例 7-25 的线性离散系统

解　由图 7-20 可知，系统的闭环脉冲传递函数为

$$G_b(z)=\frac{G(z)}{1+G(z)}$$

其中，

$$G(z)=Z|G(s)|=Z\left|\frac{2(1-e^{-0.2s})}{s^2(1+0.1s)(1+0.05s)}\right|$$
$$=\frac{0.4}{z-1}+\frac{0.4(z-1)}{z-0.135}-\frac{0.1(z-1)}{z-0.0185}-0.3$$

系统的闭环特征方程式为

$$1+G(z)=z^3-1.001z^2+0.3356z+0.00535=0$$

将上式进行 $Z\to W$ 变换后，得

$$2.33w^3+3.68w^2+1.65w+0.34=0$$

列劳斯表

w^3	2.33	1.65
w^2	3.68	0.34
w^1	1.63	0
w^0	0.34	

根据劳斯稳定判据，系统是稳定的。当遇到劳斯表中某行第一个元素为零和某行元素全为零的特殊情况，处理的方法同连续系统。

7.5　线性离散系统的稳态误差分析

线性连续系统分析和计算稳态误差的方法可推广到线性离散系统中。由于离散系统的典型结构图较多，所以给不出误差脉冲传递函数一般的计算公式。离散系统的稳态误差需要针对不同形式的离散系统来求取。

设单位反馈线性离散系统如图 7-21 所示，其中 $G(s)$ 为连续部分的传递函数，$e(t)$ 和 $e^*(t)$ 分别为系统的连续误差信号和离散误差信号。由图 7-21 求得系统的脉冲传递函数 $G_b(z)$ 和误差的脉冲传递函数 $G_e(z)$ 分别为

$$G_b(z)=\frac{X_o(z)}{X_i(z)}=\frac{G_k(z)}{1+G_k(z)},\quad G_e(z)=\frac{E(z)}{X_i(z)}=\frac{1}{1+G_k(z)}$$

误差信号的 Z 变换为

$$E(z)=X_i(z)-X_o(z)=[1-G_b(z)]X_i(z)=G_e(z)X_i(z)$$

对于闭环稳定的线性离散系统，由终值定理可求得系统采样瞬时的稳态误差为

$$e_{ss}(\infty)=\lim_{t\to\infty}e^*(t)=\lim_{z\to 1}(z-1)E(z)=\lim_{z\to 1}(z-1)\frac{X_i(z)}{1+G_k(z)} \tag{7-45}$$

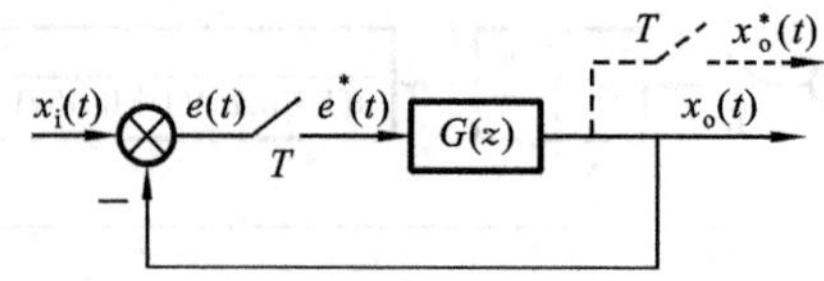

图 7-21　单位反馈线性离散控制系统框图

式(7-45)表明，线性离散系统的稳态误差既与系统的结构参数有关，也与输入序列的形式有关。此外，由于 $G_k(z)$ 及大多数的典型输入 $X_i(z)$ 还与采样周期 T 有关，因此，系统的稳态值也与采样周期 T 的选取有关。

设线性闭环离散系统的开环脉冲传递函数的一般表达式为

$$G_k(s)=\frac{K_r\prod_{i=1}^{m}(z-z_i)}{(z-1)^v\prod_{j=1}^{n-v}(z-p_j)} \tag{7-46}$$

式中：v 为系统积分环节的个数，也称为系统的型别；K_r 为开环放大系数。

下面分析图 7-21 所示的不同型别的离散系统在三种典型输入信号作用下的稳态误差。

7.5.1　单位阶跃信号输入时的稳态误差

设系统输入 $x_i(t)=1(t)$，其 Z 变换为 $X_i(z)=\frac{z}{z-1}$，代入式(7-45)，得

$$\begin{aligned}e_{ss}(\infty)&=\lim_{z\to 1}(z-1)\frac{1}{1+G_k(z)}\cdot\frac{z}{z-1}\\&=\frac{1}{\lim\limits_{z\to 1}[1+G_k(z)]}=\frac{1}{1+\lim\limits_{z\to 1}G_k(z)}\\&=\frac{1}{1+K_p}\end{aligned} \tag{7-47}$$

式中，K_p 称为系统的静态位置误差系数，有

$$K_p=\lim_{z\to 1}G_k(z) \tag{7-48}$$

根据式(7-46)、式(7-47)及式(7-48)有：

当 $v=0$，即系统没有 $z=1$ 的极点时，$K_p=$有限值，$e_{ss}(\infty)=\frac{1}{1+K_p}\neq 0$；

当 $v=1$，即系统有一个 $z=1$ 的极点时，$K_p=\infty$，$e_{ss}(\infty)=\frac{1}{1+K_p}=0$；

当 $v=2$，即系统有两个 $z=1$ 的极点时，$K_p=\infty$，$e_{ss}(\infty)=\frac{1}{1+K_p}=0$。

7.5.2　单位斜坡信号输入时的稳态误差

设系统输入 $x_i(t)=t$，其 Z 变换为 $X_i(z)=\frac{Tz}{(z-1)^2}$，代入式(7-45)，得

$$\begin{aligned}e_{ss}(\infty)&=\lim_{z\to1}(z-1)\frac{1}{1+G_k(z)}\cdot\frac{Tz}{(z-1)^2}\\&=\lim_{z\to1}\frac{T}{(z-1)G_k(z)}=\frac{1}{\frac{1}{T}\lim\limits_{z\to1}[(z-1)G_k(z)]}=\frac{1}{K_v}\end{aligned}\tag{7-49}$$

式中，K_v 称为系统的静态速度误差系数，且有

$$K_v=\frac{1}{T}\lim_{z\to1}[(z-1)G_k(z)]\tag{7-50}$$

根据式(7-46)、式(7-49)及式(7-50)有：

当 $v=0$，即系统没有 $z=1$ 的极点时，$K_v=0$，$e_{ss}(\infty)=\frac{1}{K_v}=\infty$；

当 $v=1$，即系统有一个 $z=1$ 的极点时，$K_v=$有限值，$e_{ss}(\infty)=\frac{1}{K_v}$；

当 $v=2$，即系统有两个 $z=1$ 的极点时，$K_v=\infty$，$e_{ss}(\infty)=\frac{1}{K_v}=0$。

7.5.3　单位加速度信号输入时的稳态误差

设系统输入 $x_i(t)=\frac{1}{2}t^2$，其 Z 变换为 $X_i(z)=\frac{T^2z(z+1)}{2(z-1)^3}$，代入式(7-45)，得

$$\begin{aligned}e_{ss}(\infty)&=\lim_{z\to1}(z-1)\frac{1}{1+G_k(z)}\cdot\frac{T^2z(z+1)}{2(z-1)^3}\\&=\lim_{z\to1}\frac{T^2(z+1)}{2(z-1)^2[1+G_k(z)]}\\&=\frac{1}{\frac{1}{T^2}\lim\limits_{z\to1}(z-1)^2G_k(z)}=\frac{1}{K_a}\end{aligned}\tag{7-51}$$

式中，K_a 称为系统的静态加速度误差系数，有

$$K_a=\frac{1}{T^2}\lim_{z\to1}(z-1)^2G_k(z)\tag{7-52}$$

根据式(7-46)、式(7-51)及式(7-52)有：

当 $v=0$，即系统没有 $z=1$ 的极点时，$K_a=0$，$e_{ss}(\infty)=\frac{1}{K_a}=\infty$；

当 $v=1$，即系统有一个 $z=1$ 的极点时，$K_a=0$，$e_{ss}(\infty)=\frac{1}{K_a}=\infty$；

当 $v=2$，即系统有两个 $z=1$ 的极点时，$K_a=$有限值，$e_{ss}(\infty)=\frac{1}{K_a}$。

表 7-3 给出了图 7-21 所示的不同型别、三种不同典型输入的单位反馈线性离散系统在采样时刻的稳态误差。

表 7-3 离散系统在采样时刻的稳态误差

系统型别	位置误差 $x_i(t)=1(t)$	速度误差 $x_i(t)=t$	加速度误差 $x_i(t)=\frac{1}{2}t^2$
0 型	$\frac{1}{1+K_p}$	∞	∞
Ⅰ型	0	$\frac{1}{K_v}$	∞
Ⅱ型	0	0	$\frac{1}{K_a}$

例 7-26 设离散系统如图 7-22 所示，其中，$G_1(s)=\frac{1-e^{-0.1s}}{s}$，$G_2(s)=\frac{1}{s(s+1)}$。求系统分别在单位阶跃信号、单位斜坡信号和单位加速度信号作用下的稳态误差。

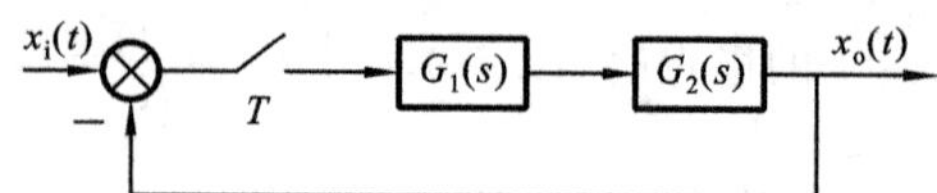

图 7-22 例 7-26 的离散系统结构图

解 系统的闭环脉冲传递函数为

$$G_b(z)=\frac{G_k(z)}{1+G_k(z)}$$

其中，$G_k(z)$为开环脉冲传递函数。

$$G_k(z)=Z\left[\frac{1-e^{-0.1s}}{s}\cdot\frac{1}{s(s+1)}\right]=(1-z^{-1})Z\left[\frac{1}{s^2(s+1)}\right]$$

$$=(1-z^{-1})\left[\frac{0.1z}{(z-1)^2}-\frac{(1-e^{-0.1})z}{(z-1)(z-e^{-0.1})}\right]=\frac{0.005(z+0.9)}{(z-1)(z-0.905)}$$

在 $x_i(t)=1(t)$作用下，静态位置误差系数

$$K_p=\lim_{z\to 1}[1+G_k(z)]=\left[1+\frac{0.005(z+0.9)}{(z-1)(z-0.905)}\right]=\infty$$

系统的稳态位置误差

$$e_{ss}(\infty)=\frac{1}{1+K_p}=0$$

在 $x_i(t)=t$ 作用下，静态速度误差系数

$$K_v=\frac{1}{0.1}\lim_{z\to 1}[(z-1)G_k(z)]=\frac{1}{0.1}\lim_{z\to 1}\left[(z-1)\frac{0.005(z+0.9)}{(z-1)(z-0.905)}\right]=1$$

系统的稳态速度误差：

$$e_{ss}(\infty)=\frac{1}{K_v}=1$$

在 $x_i(t)=\frac{1}{2}t^2$ 作用下，静态加速度误差系数

$$K_a=\frac{1}{0.01}\lim_{z\to 1}[(z-1)^2G_k(z)]=\frac{1}{0.01}\lim_{z\to 1}\left[(z-1)^2\frac{0.005(z+0.9)}{(z-1)(z-0.905)}\right]=0$$

系统的稳态加速度误差

$$e_{ss}(\infty)=\frac{1}{K_a}=\infty$$

7.6　线性离散系统的动态性能分析

7.6.1　线性离散系统的瞬态时间响应

例 7-27　线性离散系统如图 7-23 所示，求系统在单位阶跃信号作用下的响应 $x_o(t)$。

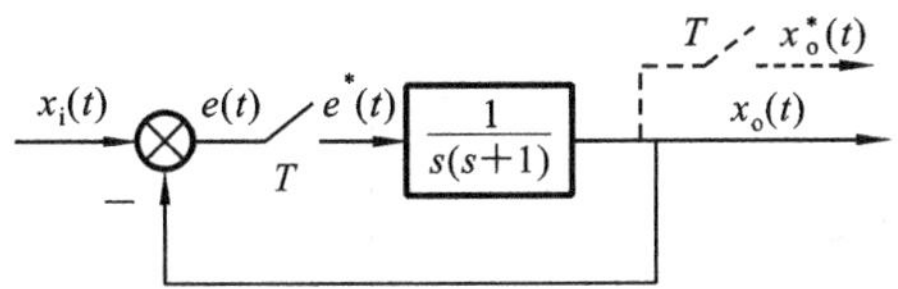

图 7-23　例 7-27 线性离散系统框图

解　由图得系统的开环脉冲传递函数为

$$G_k(z)=Z\left[\frac{1}{s}-\frac{1}{s+1}\right]=\frac{z}{z-1}-\frac{z}{z-e^{-T}}=\frac{z(1-e^{-T})}{(z-1)(z-e^{-T})}$$

系统的闭环脉冲传递函数(取 $T=1$ s)为

$$G_b(z)=\frac{X_o(z)}{X_i(z)}=\frac{G(z)}{1+G(z)}=\frac{z(1-e^{-T})}{(z-1)(z-e^{-T})+z(1-e^{-T})}=\frac{0.632z}{z^2-0.736z+0.368}$$

由已知条件，$X_i(z)=\frac{z}{z-1}$，所以系统的输出信号的 Z 变换为

$$X_o(z)=\frac{0.632z}{z^2-0.736z+0.368}\cdot\frac{z}{z-1}=\frac{0.632z^2}{(z^2-0.736z+0.368)(z-1)}$$

用长除法求得

$$X_o(z)=0.632z^{-1}+1.097z^{-2}+1.207z^{-3}+1.12z^{-4}+\cdots$$

故输出的离散信号为

$$x_o^*(z)=0.632\delta(t-T)+1.097(t-2T)+1.207(t-3T)+1.12(t-4T)+\cdots$$

系统的输出波形如图 7-24(a)所示。

若在图 7-23 所示系统的前向通道中串联零阶保持器 $\frac{1-e^{-Ts}}{s}$，则系统的开环脉冲传递函数为

$$G_k(z)=Z\left[\frac{1-e^{-Ts}}{s}\frac{1}{s(s+1)}\right]=(1-z^{-1})Z\left[\frac{1}{s^2(s+1)}\right]=(1-z^{-1})Z\left[\frac{1}{s^2}-\frac{1}{s}+\frac{1}{s+1}\right]$$

$$=(1-z^{-1})\left[\frac{Tz}{(z-1)^2}-\frac{z}{z-1}+\frac{z}{z-e^{-T}}\right]=\frac{(T-1+e^{-T})z+(1-e^{-T}T-e^{-T})}{z^2-(1+e^{-T})z+e^{-T}}$$

将 $T=1$ s 代入上式，则有

$$G_k(z)=\frac{0.368z+0.264}{z^2-1.368z+0.368}$$

系统的闭环脉冲传递函数为

$$G_b(z)=\frac{X_o(z)}{X_i(z)}=\frac{G(z)}{1+G(z)}=\frac{0.368z+0.264}{z^2-z+0.632}$$

由已知条件，$X_i(z)=\frac{z}{z-1}$，所以系统的输出信号的 Z 变换为

$$X_o(z)=\frac{0.368z+0.264}{z^2-z+0.632}\cdot\frac{z}{z-1}=\frac{0.368z^2+0.264z}{z^3-2z^2+1.632z-0.632}$$

$$=0.368z^{-1}+z^{-2}+1.4z^{-3}+1.4z^{-4}+1.147z^{-5}+\cdots$$

$$x_o^*(t)=0.368\delta(t-T)+\delta(t-2T)+1.4\delta(t-3T)+1.4\delta(t-4T)+1.147\delta(t-5T)+\cdots$$

系统的响应曲线如图 7-24(b)所示。比较图 7-24(a)与(b)知，加入零阶保持器后，由于相位的滞后作用，系统的动态特性变差了。

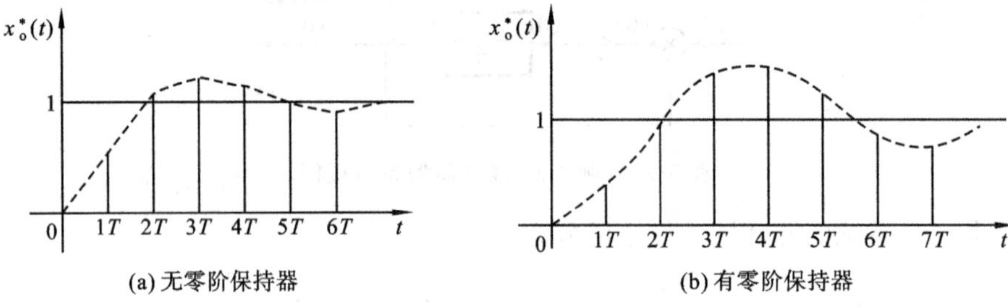

图 7-24 例 7-27 离散系统的瞬态响应曲线

7.6.2 闭环极点与动态响应的关系

离散系统闭环脉冲传递函数的极点在 z 平面上单位圆内的分布对系统的动态响应有相当大的影响。下面就讨论在单位阶跃信号作用下，离散系统闭环脉冲传递函数的极点与系统动态响应的关系。

设系统闭环脉冲传递函数为

$$G_b(z)=\frac{X_o(z)}{X_i(z)}=\frac{b_0z^m+b_1z^{m-1}+\cdots+b_m}{a_0z^n+a_1z^{n-1}+\cdots+a_n}=\frac{b_0}{a_0}\frac{\prod_{i=1}^{m}(z-z_i)}{\prod_{j=1}^{n}(z-p_j)}\quad(m<n)\tag{7-53}$$

为分析简便，假设系统无重极点，$p_1,p_2,\cdots,p_n$ 为 n 个不相重的闭环极点。当输入单位阶跃信号时，输出的 Z 变换为

$$X_o(z)=\frac{b_0}{a_0}\frac{\prod_{i=1}^{m}(z-z_i)}{\prod_{j=1}^{n}(z-p_j)}\cdot\frac{z}{z-1}$$

展开成部分分式，有

$$X_o(z)=A_0\frac{z}{z-1}+\sum_{i=1}^{n}A_i\frac{z}{z-p_i}\quad(A_i\text{ 为待定系数})\tag{7-54}$$

对上式取 Z 反变换，求得输出信号的脉冲序列为

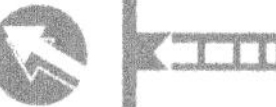

$$x_{o}(kT)=A_{0}1(kT)+\sum_{i=1}^{n}A_{i}\,(p_{i})^{k} \tag{7-55}$$

式中：第一项为系统输出的稳态分量；第二项为系统输出的瞬态分量，即为系统的动态响应。显然，随着极点 p_i 在 z 平面上位置的变化，系统输出的瞬态响应也不同。下面分两种情况来讨论。

1. 闭环极点为实数极点

若闭环极点为实数极点，则与 p_i 对应的系统瞬态分量 $x_{0i}(kT)$ 为

$$x_{0i}(kT)=A_{i}\,(p_{i})^{k}$$

从而有下述结论：

若 $p_i>1$，极点位于单位圆外的正实轴上，对应的瞬态响应序列单向单调地发散；

若 $p_i=1$，极点位于 z 右半平面上单位圆与正实轴的交点，对应的瞬态响应序列为单向等幅脉冲序列；

若 $0<p_i<1$，极点位于单位圆内的正实轴上，对应的瞬态响应序列单向单调地衰减；

若 $-1<p_i<0$，极点位于单位圆内的负实轴上，对应的瞬态响应序列为正、负交替变号的衰减振荡序列；

若 $p_i=-1$，极点位于 z 左半平面上单位圆与负实轴的交点，对应的瞬态响应序列为正、负交替变号的等幅脉冲序列；

若 $p_i<-1$，极点位于单位圆外的负实轴上，对应的瞬态响应序列为正、负交替变号的发散序列。

实数极点所对应的瞬态响应序列如图 7-25 所示。

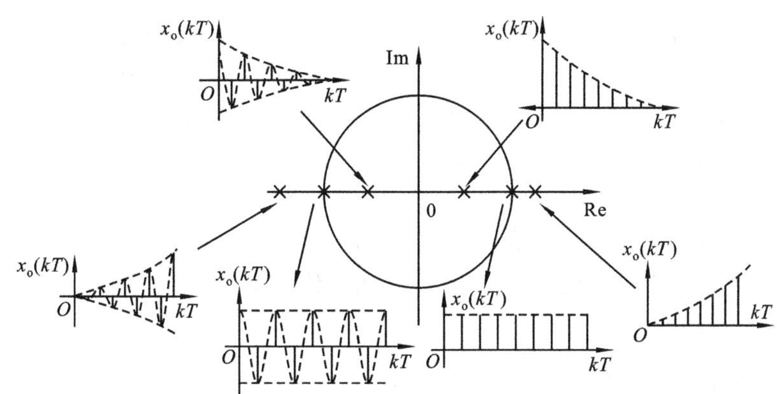

图 7-25　闭环实数极点分布与相应的动态响应式

2. 闭环极点为共轭复数极点

如果闭环脉冲传递函数有共轭复数极点 $p_k, \bar{p}_k=|p_k|e^{\pm j\theta_k}$，其对应的瞬态项为

$$x_{ok}^{*}(t)=Z^{-1}\left[A_{k}\frac{z}{z-p_{k}}+A_{k+1}\frac{z}{z-\bar{p}_{k}}\right]$$

$$x_{ok}(kT)=A_{k}e^{akT}\cos(k\omega T+\varphi_{k})$$

式中：$a=\dfrac{1}{T}\ln|p_k|$；$\omega=\dfrac{\theta_k}{T}$，$0<\theta_k<\pi$，为共轭复数极点的相角；$A_k$，$\varphi_k$ 是部分分式展开式的

系数所对应的常数。

若$|p_k|>1$,闭环复数极点位于z平面上单位圆之外,其对应的瞬态响应是振荡发散的脉冲序列;

若$|p_k|=1$,闭环复数极点位于z平面上单位圆上,其对应的瞬态响应是等幅振荡的脉冲序列;

若$|p_k|<1$,闭环复数极点位于z平面上单位圆之内,其对应的瞬态响应是振荡衰减的脉冲序列。

复数极点的瞬态响应如图 7-26 所示。

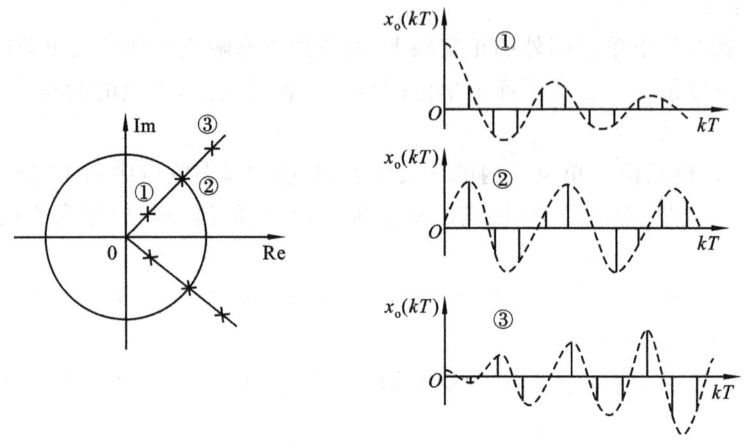

图 7-26　共轭复数极点分布与其相应的瞬态响应

通过上述对闭环脉冲传递函数的实数极点和复数极点与系统瞬态响应关系的分析可知,离散系统的动态特性与系统闭环脉冲传递函数的极点分布密切相关。由前面离散系统稳定性的分析可知:当闭环脉冲传递函数的极点分布在z平面上单位圆内时,系统是稳定的;当闭环脉冲传递函数的实数极点分布在z平面上左半单位圆内负实轴上时,系统的瞬态响应交替变号,故动态响应过程性能不好;当闭环脉冲传递函数的共轭复数极点分布在z平面上左半单位圆内时,系统的瞬态响应为衰减高频振荡脉冲,故动态响应过程性能也差。因此,为了使离散系统具有良好的瞬态响应,系统闭环传递函数的极点应分布在z平面上右半单位圆内靠近原点的位置。

例 7-28　线性离散系统如图 7-22 所示,$G_1(s)=\dfrac{1-e^{-Ts}}{s}$,$G_2=\dfrac{1}{s(s+1)}$,输入信号$x_i(t)=1(t)$,采样周期$T=1$ s,试分析系统的动态性能。

解　闭环系统的脉冲传递函数为

$$G_b(z)=\frac{G_k(z)}{1+G_k(z)}$$

其中,开环脉冲传递函数为

$$G_k(z)=Z\left[\frac{1-e^{-s}}{s}\cdot\frac{1}{s(s+1)}\right]=(1-z^{-1})Z\left[\frac{1}{s^2(s+1)}\right]=\frac{0.368z+0.264}{z^2-1.368z+0.368}$$

所以

$$G_b(z)=\frac{G_k(z)}{1+G_k(z)}=\frac{0.368z+0.264}{z^2-z+0.632}$$

系统在单位阶跃信号作用下，输出的 Z 变换为

$$\begin{aligned} X_o(z) &= \frac{0.368z+0.264}{z^2-z+0.632}\cdot\frac{z}{z-1} = \frac{0.368z^{-1}+0.264z^{-2}}{1-2z^{-1}+1.632z^{-2}-0.632z^{-3}} \\ &= 0.368z^{-1}+z^{-2}+1.4z^{-3}+1.4z^{-4}+1.147z^{-5}+0.895z^{-6} \\ &\quad +0.802z^{-7}+0.868z^{-8}+0.993z^{-9}+1.077z^{-10}+1.081z^{-11}+\cdots \\ &\quad +0.997z^{-16}+1.015z^{-17}+\cdots \end{aligned}$$

基于 Z 变换的定义，由上式求得系统在单位阶跃信号作用下的输出序列 $x_0(kT)$ 为

$x_0(0)=0$，　$x_0(T)=0.368$，　$x_0(2T)=1$，　$x_0(3T)=1.4$

$x_0(4T)=1.4$，　$x_0(5T)=1.147$，　$x_0(6T)=0.895$，　$x_0(7T)=0.802$

$x_0(8T)=0.868$，　$x_0(9T)=0.993$，　$x_0(10T)=1.077$，　$x_0(11T)=1.081$

$x_0(12T)=1.032$，　$x_0(13T)=0.981$，　$x_0(14T)=0.961$，　$x_0(15T)=0.973$

…

根据上面各离散点值绘出系统单位阶跃响应曲线如图 7-27 所示。离散系统性能指标只能按照采样时刻的采样值来计算，所以是近似的。因此，由图 7-27 求得系统近似性能指标：

$$\sigma\% \approx 40\%,\quad t_r \approx 2\ \mathrm{s},\quad t_p \approx 3\ \mathrm{s},\quad t_s \approx 12\ \mathrm{s}\quad (\Delta=\pm 5\%)$$

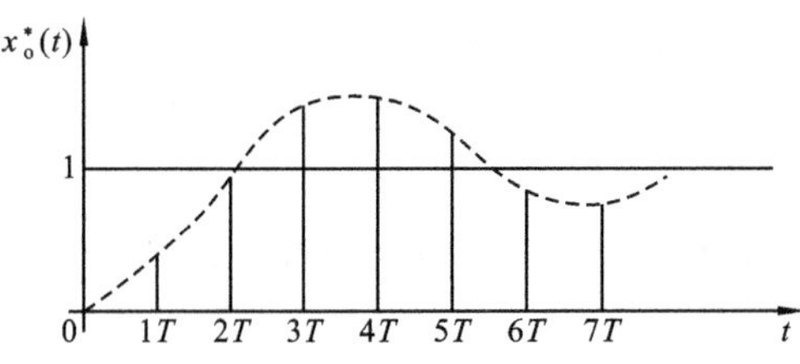

图 7-27　系统单位阶跃响应曲线

7.7　线性离散系统的数字校正

为了使离散系统性能满足性能指标要求，常常要对系统进行数字校正。所谓离散系统的数字校正，就是将控制系统按离散化(数字化)进行分析，求出系统的脉冲传递函数，然后通过设计数字控制器 D 对系统进行校正。

7.7.1　数字控制器 D 的脉冲传递函数

设离散控制系统如图 7-28 所示，$G(s)$为保持器和被控对象的传递函数，$H(s)$为反馈装置的传递函数，$D(z)$为数字控制器(数字校正装置)的脉冲传递函数。$D(z)$前后的两个开关是同步的。

设 $H(s)=1$，$G(s)$的 Z 变换为 $G(z)$，由图 7-28 分别得系统的闭环脉冲传递函数和误差的脉冲传递函数 $\phi_e(z)$为

$$G_b(z)=\frac{X_o(z)}{X_i(z)}=\frac{D(z)G(z)}{1+D(z)G(z)} \tag{7-56}$$

$$G_e(z)=\frac{E(z)}{X_i(z)}=\frac{1}{1+D(z)G(z)} \tag{7-57}$$

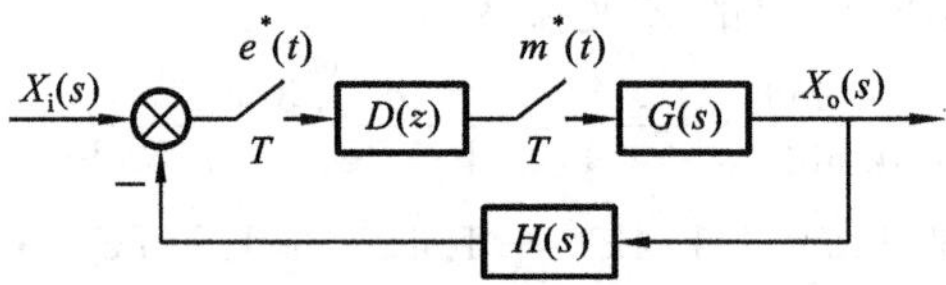

图 7-28 具有数字控制器 D 的离散控制系统

$G_b(z)$和 $G_e(z)$的关系为

$$G_b(z) = 1 - G_e(z) \tag{7-58}$$

则由 $G_b(z)$和 $G_e(z)$得数字控制器的脉冲传递函数 $D(z)$为

$$D(z) = \frac{G_b(z)}{G(z)[1 - G_b(z)]} = \frac{1 - G_e(z)}{G(z)G_e(z)} \tag{7-59}$$

由上述分析可知，离散系统校正的方法是：首先根据离散系统性能指标的要求，确定 $G_b(z)$或 $G_e(z)$，然后利用式(7-59)确定 $D(z)$。

7.7.2 最少拍系统的设计

在离散系统中，一个采样周期称为一拍。所谓最少拍系统，是指在典型输入信号作用下能以最少的采样周期结束动态响应过程且使稳态误差为零的离散系统。最少拍系统也称为小调节时间系统或最快响应系统。

最少拍系统是基于输入典型控制信号的作用进行设计的。常用的控制信号的 Z 变换的通式为

$$X_i(z) = \frac{A(z)}{(1 - z^{-1})^r} \tag{7-60}$$

对于单位阶跃信号 $x_i(t)=1(t)$：$A(z)=1, r=1, X_i(z)=\dfrac{1}{1-z^{-1}}$。

对于单位斜坡信号 $x_i(t)=t$：$A(z)=Tz^{-1}, r=2, X_i(z)=\dfrac{Tz^{-1}}{(1-z^{-1})^2}$。

对于单位加速度信号 $x_i(t)=\dfrac{1}{2}t^2$：$A(z)=\dfrac{1}{2}T^2z^{-1}(1+z^{-1}), r=3, X_i(z)=\dfrac{T^2z^{-1}(1+z^{-1})}{2(1-z^{-1})^3}$。

$A(z)$为不含因式 $1-z^{-1}$ 的 z^{-1} 的多项式。由于 $G_e(z)=\dfrac{E(z)}{X_i(z)}$，因此有 $E(z)=G_e(z)X_i(z)$，则

$$E(z) = G_e(z)X_i(z) = G_e(z)\frac{A(z)}{(1 - z^{-1})^r} \tag{7-61}$$

运用终值定理，若使离散系统的稳态误差为零，则有

$$\begin{aligned} e_{ss}(\infty) &= \lim_{z\to 1}(1 - z^{-1})E(z) = \lim_{z\to 1}(1 - z^{-1})G_e(z)X_i(z) \\ &= \lim_{z\to 1}(1 - z^{-1})G_e(z)\frac{A(z)}{(1 - z^{-1})^r} \\ &= \lim_{z\to 1}(z - 1)G_e(z)\frac{A(z)}{(1 - z^{-1})^r} \end{aligned}$$

$$= \lim_{z \to 1}(z-1)[1-G_b(z)]\frac{A(z)}{(1-z^{-1})^r}$$

$$= 0 \tag{7-62}$$

由式(7-62)可知，只有 $G_e(z)$ 中含有 $(1-z^{-1})^r$ 的因子与典型输入信号 Z 变换表达式分母中的因子相消，才可能使系统稳态误差等于零。因此，要求闭环误差脉冲传递函数的形式为

$$G_e(z) = (1-z^{-1})^r F(z) \tag{7-63}$$

式中，$F(z)$ 为不含因式 $(1-z^{-1})$ 的 z^{-1} 的多项式。可见，当 $F(z)=1$ 时，$F(z)$ 中包含的 z^{-1} 的项数最少，离散系统的瞬态响应可在最少的采样周期内结束。

以下讨论在单位阶跃信号、单位斜坡信号和单位加速度信号的作用下，最少拍离散系统的数字控制器脉冲传递函数 $D(z)$ 的求取方法。

1. 单位阶跃信号输入

由于 $x_i(t)=1(t)$，则 $r=1$，$A(z)=1$，故由式(7-63)和式(7-58)就有

$$G_e(z) = 1 - z^{-1} \tag{7-64}$$

$$G_b(z) = z^{-1} \tag{7-65}$$

由式(7-59)有

$$D(z) = \frac{1-G_e(z)}{G(z)G_e(z)} = \frac{G_b(z)}{G(z)G_e(z)} = \frac{z^{-1}}{G(z)(1-z^{-1})} \tag{7-66}$$

由式(7-61)得系统误差 $E(z)$ 为

$$E(z) = G_e(z)\frac{A(z)}{(1-z^{-1})^r} = 1$$

系统的输出为

$$X_o(z) = G_b(z)X_i(z) = z^{-1}\frac{1}{1-z^{-1}} = z^{-1}+z^{-2}+z^{-3}+\cdots+z^{-n}+\cdots$$

这表明：

$$e(0)=1, e(T)=e(2T)=\cdots=0$$

$$x_o(0)=0, x_o(T)=x_o(2T)=\cdots=1$$

可见，最少拍离散系统经过一拍便可完全跟踪单位阶跃输入，其调整时间为 $t_s=T$，故称这样的离散系统为一拍系统。其单位阶跃响应序列如图 7-29 所示。

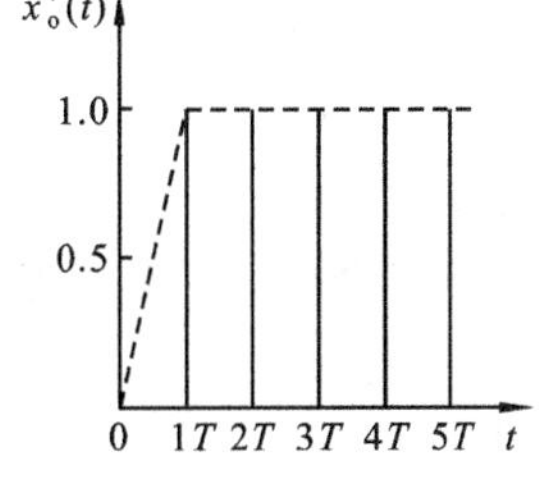

图 7-29 最少拍系统的单位阶跃响应序列

2. 单位斜坡信号输入

由于 $x_i(t)=t$，则 $r=2$，$A(z)=Tz^{-1}$，故由式(7-63)和式(7-58)就有

$$G_e(z) = (1-z^{-1})^2 \tag{7-67}$$

$$G_b(z) = 2z^{-1} - z^{-2} \tag{7-68}$$

由式(7-59)有

$$D(z) = \frac{1-G_e(z)}{G(z)G_e(z)} = \frac{G_b(z)}{G(z)G_e(z)} = \frac{z^{-1}(2-z^{-1})}{G(z)(1-z^{-1})^2} \tag{7-69}$$

由式(7-61)得系统误差为

$$E(z) = G_e(z)\frac{A(z)}{(1-z^{-1})^r} = Tz^{-1}$$

系统的输出为

$$X_o(z)=G_b(z)X_i(z)=(2z^{-1}-z^{-2})\frac{Tz^{-1}}{(1-z^{-1})^2}=2Tz^{-2}+3Tz^{-3}+\cdots+nTz^{-n}+\cdots$$

这表明：$e(0)=0, e(T)=T, e(2T)=e(3T)=\cdots=0$

$x_o(0)=x_o(T)=0, x_o(2T)=2T, x_o(3T)=3T, \cdots, x_o(nT)=nT, \cdots$

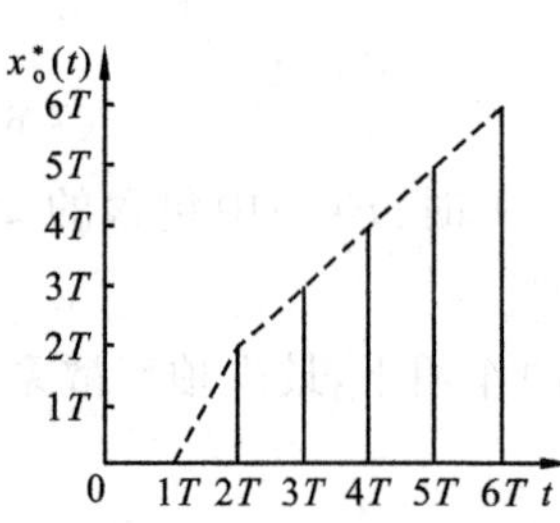

图 7-30　最少拍系统的单位斜坡响应序列

可见，最少拍离散系统经过两拍便可完全跟踪单位斜坡输入，其调整时间为 $t_s=2T$。这样的离散系统称为二拍系统。其单位斜坡响应序列如图 7-30 所示。

3. 单位加速度信号输入

由于 $x_i(t)=\frac{1}{2}t^2$，则 $r=3, A(z)=\frac{1}{2}T^2z^{-1}(1+z^{-1})$，故由式(7-63)和式(7-58)就有

$$G_e(z)=(1-z^{-1})^3 \tag{7-70}$$

$$G_b(z)=3z^{-1}-3z^{-2}+z^{-3} \tag{7-71}$$

于是由式(7-59)有

$$D(z)=\frac{1-G_e(z)}{G(z)G_e(z)}=\frac{G_b(z)}{G(z)G_e(z)}=\frac{z^{-1}(3-3z^{-1}+z^{-2})}{G(z)\,(1-z^{-1})^3} \tag{7-72}$$

由式(7-61)得系统误差为

$$E(z)=G_e(z)\frac{A(z)}{(1-z^{-1})^r}=A(z)=\frac{1}{2}T^2z^{-1}+\frac{1}{2}T^2z^{-2}$$

系统的输出为

$$X_o(z)=G_b(z)X_i(z)=\frac{3}{2}T^2z^{-2}+\frac{9}{2}T^2z^{-3}+\cdots+\frac{n^2}{2}T^2z^{-n}+\cdots$$

这表明：$e(0)=0, e(T)=\frac{1}{2}T^2, e(2T)=\frac{1}{2}T^2, e(3T)=e(4T)=\cdots=0$

$x_o(0)=x_o(T)=0, x_o(2T)=1.5T^2, x_o(3T)=4.5T^2, \cdots$

可见，最少拍离散系统经过 3 拍便可完全跟踪单位加速度(抛物线)输入，其调整时间为 $t_s=3T$。这样的离散系统称为三拍系统。其单位加速度响应序列如图 7-31 所示。

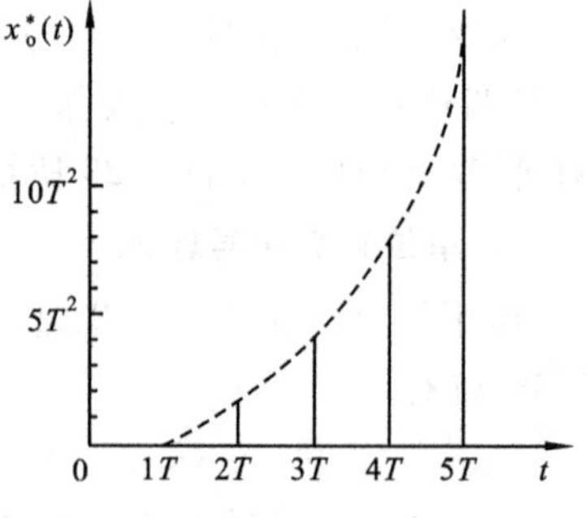

图 7-31　最少拍系统的单位加速度响应序列

例 7-29　离散系统如图 7-32 所示，其中 $G_1(s)=\frac{1-e^{-Ts}}{s}$，$G_2(s)=\frac{10}{s(s+1)}$，$T=1$ s。若要在单位斜坡信号作用时实现最少拍控制，试求数字控制器的脉冲传递函数 $D(z)$。

解　系统连续部分的传递函数为

$$G(s)=\frac{10(1-e^{-Ts})}{s^2(s+1)}$$

查 Z 变换表得

$$Z\left[\frac{1}{s^2(s+1)}\right]=\frac{Tz}{(z-1)^2}-\frac{(1-e^{-T})z}{(z-1)(z-e^{-T})}$$

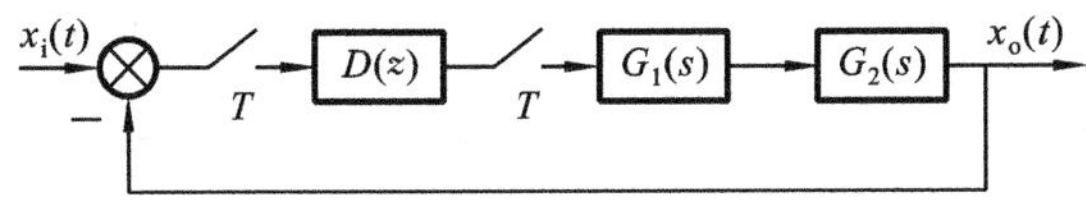

图 7-32　例 7-29 的离散系统

所以根据 Z 变换的滞后定理得

$$G(z)=Z\left[\frac{10(1-\mathrm{e}^{-Ts})}{s^2(s+1)}\right]=10(1-z^{-1})\left[\frac{Tz}{(z-1)^2}-\frac{(1-\mathrm{e}^{-T})z}{(z-1)(z-\mathrm{e}^{-T})}\right]$$

$$=\frac{3.68(1+0.717z^{-1})}{(z-1)(1-0.368z^{-1})}$$

由于输入 $x_i(t)=t$，依最少拍系统设计方法，则系统闭环脉冲传递函数和误差脉冲传递函数分别为

$$G_b(z)=2z^{-1}(1-0.5z^{-1}),\quad G_e(z)=(1-z^{-1})^2$$

数字控制器的脉冲传递函数为

$$D(z)=\frac{G_b(z)}{G(z)G_e(z)}=\frac{2z^{-1}(1-0.5z^{-1})}{\dfrac{3.68(1+0.717z^{-1})}{(z-1)(1-0.368z^{-1})}\cdot(1-z^{-1})^2}$$

$$=\frac{0.543(1-0.368z^{-1})(1-0.5z^{-1})}{(1-z^{-1})(1+0.717z^{-1})}$$

小结

1. 如果一个控制系统中的变量有离散时间信号，这样的系统称为离散控制系统。计算机控制系统就是一种离散系统。

2. 离散控制系统中，通过采样开关，将连续信号 $e(t)$ 转换为离散信号 $e^*(t)$ 的过程称为采样。为了使离散信号 $e^*(t)$ 保留原信号 $e(t)$ 的特征，必须考虑采样频率 f_s 与 $e(t)$ 中含有的最高次谐波频率 f_h 之间的关系。f_s 和 f_h 应满足采样定理：$f_s \geqslant f_h$。

3. 离散控制系统中的保持器是将离散信号复现为连续信号，以控制被控对象。D/A 转换器就是一种将数字信号转换成模拟信号的装置，其转换的过程可分成解码和保持。解码是根据 D/A 转换器所采用的编码规则，将数字信号换算成相对应的采样时刻的电压或电流值 $e(kT)$；保持是解决各相邻采样时刻之间的插值问题、将离散信号转换为连续时间信号。实现保持功能的器件称为保持器。工程上常用零阶保持器。

4. Z 变换研究系统在离散时间上的状态。在零初始条件下，系统输出的离散值的 Z 变换与输入的离散值的 Z 变换之比称为脉冲传递函数。在某些采样开关的配置下，可能求不出系统的脉冲传递函数；但在输入信号已知的情况下，可以得出输出信号的 Z 变换表达式。

5. 线性离散控制系统的分析与综合是利用系统的脉冲传递函数研究系统的稳定性，在给定输入作用下的稳态误差和动态性能，以及在给定指标下系统的动态性能。所应用的概念和基本方法与线性连续系统所应用的方法基本上是相同的。

习题

1. 求下列函数的 Z 变换：

(1) $x(t)=a^n$；　　(2) $x(t)=a^{mt}$；

(3) $x(t)=1+\mathrm{e}^{-2t}$；　　(4) $x(t)=\mathrm{e}^{-at}\cos\omega t$；

(5) $x(t)=\dfrac{k}{s(s+a)}$；　　(6) $x(t)=\dfrac{1-\mathrm{e}^{-t}}{s^2(s+1)}$。

2. 分别用部分分式法和长除法求下列函数的 Z 反变换：

(1) $X(z)=\dfrac{10z}{(z-1)(z-2)}$；　　(2) $X(z)=\dfrac{-3+z^{-1}}{1-2z^{-1}+z^{-2}}$；

(3) $X(z)=\dfrac{z}{z-0.5}$；　　(4) $X(z)=\dfrac{z}{(z-\mathrm{e}^{-aT})(z-\mathrm{e}^{-bT})}$。

3. 确定下列函数的初值和终值：

(1) $X(z)=\dfrac{z}{z-0.3}$；　　(2) $X(z)=\dfrac{z^2}{(z-0.5)(z-1)}$；

(3) $X(z)=\dfrac{Tz^{-1}}{(1-z^{-1})^2}$；　　(4) $X(z)=\dfrac{z^2(z^2+z+1)}{(z^2-0.8z+1)(z^2+z+0.8)}$。

4. 求解差分方程：

(1) $x(t)=1+\mathrm{e}^{-2t}$；

(2) $x(t+2)+3x(t+1)+2x(t)=0$，其中 $x(1)=1, x(0)=0$；

(3) $x(t+2)-3x(t+1)+2x(t)=u(t)$，其中 $u(t)=\begin{cases}1, t=0,\\ 0, t\neq 0,\end{cases}$　$x(0)=0, x(1)=1$；

(4) $x(t+2)-3x(t+1)+2x(t)=r(t)$，其中 $r(t)=3^t(t=0,1,2,\cdots)$，$x(0)=0, x(1)=1$。

5. 求一个在零时刻出现的幅度为1、宽度不超过一个采样周期的矩形脉冲信号的 Z 变换。

6. 已知连续信号 $x(t)=\mathrm{e}^{-t}$，试按采样定理选取采样角频率 ω_s。

7. 试求出图 7-33 所示各采样系统输出信号的 Z 变换。

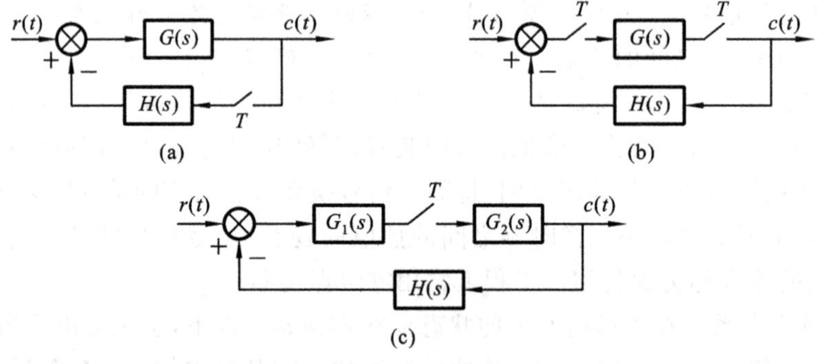

图 7-33　题 7

8. 求图 7-34 所示系统输出的 Z 变换 $C(z)$。

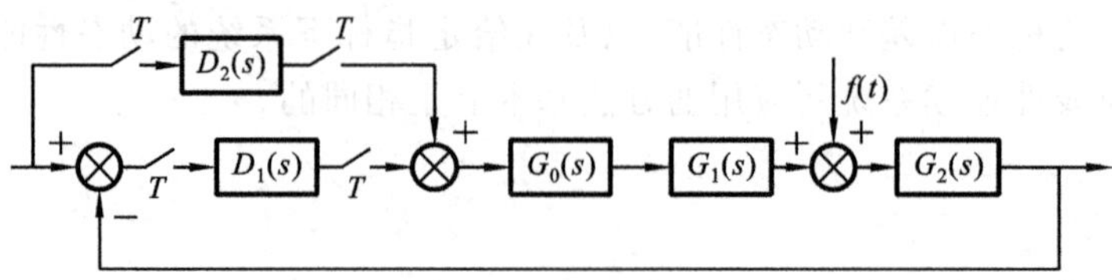

图 7-34　题 8

9. 离散系统如图 7-35 所示，采样周期 $T_s=0.07$ s，求系统的闭环脉冲传递函数 $C(z)/R(z)$，判断系统的稳定性，计算系统单位阶跃响应的前 5 个采样值。

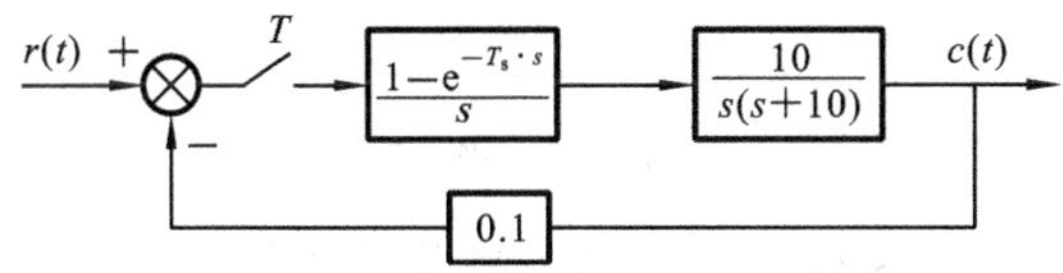

图 7-35　离散系统

10. 已知离散系统的特征方程如下，试判断各系统的稳定性：

(1) $z^2-0.632z+0.896=0$；　　(2) $40z^3-100z^2+100z-39=0$；

(3) $z^3-1.001z^2+0.336z+0.005\,35=0$；(4) $z^4+0.2z^3+z^2+0.36z+0.8=0$。

11. 已知单位负反馈离散系统的开环脉冲传递函数如下，试判断系统的稳定性：

(1) $G(z)=\dfrac{6.32z}{(z-1)(z-0.368)}$；

(2) $G(z)=\dfrac{(6.109z-5.527)}{(z-0.455)}\cdot\dfrac{(0.0241z+0.0233)}{(z-1)(z-0.9)}$。

12. 在图 7-36 所示系统中，求使该系统稳定的 K 的取值范围。

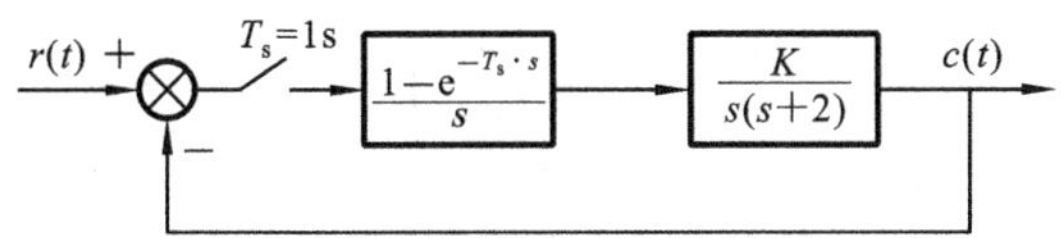

图 7-36　题 12

13. 求图 7-37 所示系统在输入信号 $r(t)=1+t$ 作用下的稳态误差，图中，采样周期为 $T_s=4$ s。

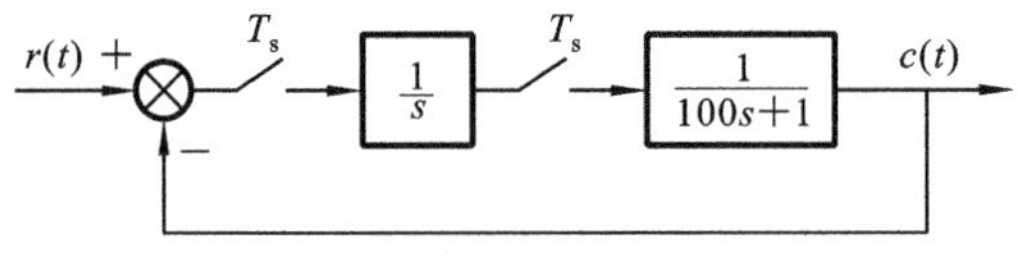

图 7-37　题 13

14. 求图 7-38 所示系统在单位阶跃、单位斜坡、单位加速度输入信号分别作用下的稳态误差。

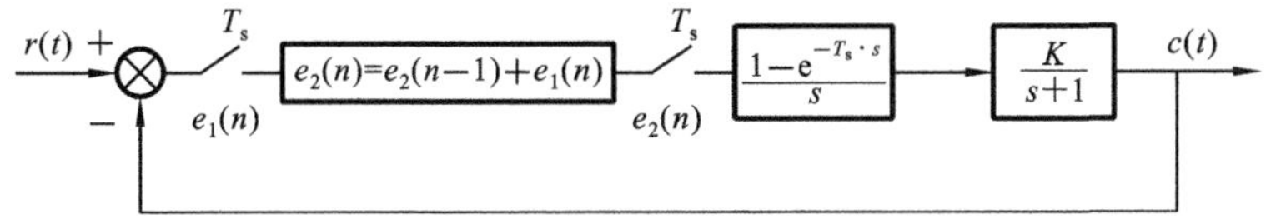

图 7-38　题 14

15. 采样系统如图 7-39 所示，采样开关的采样周期为 T_s。

(1) 若欲使系统在 $r(t)=t$ 作用下的稳态误差为 0.1，试确定采样周期 T_s 的取值。

(2) 求系统单位阶跃响应的前三项。

16. 已知采样系统如图 7-40 所示。

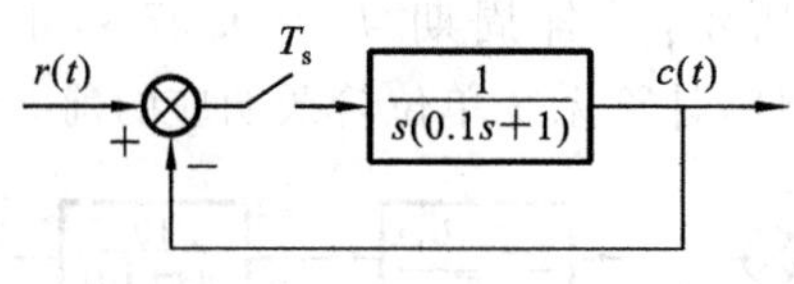

图 7-39　题 15

(1) 当采样周期 $T_s=0.4$ s 和 $T_s=3$ s 时，求使系统稳定的 K 值范围。

(2) 将系统的零阶保持器去掉后，再分别求出相应的 K 值范围。

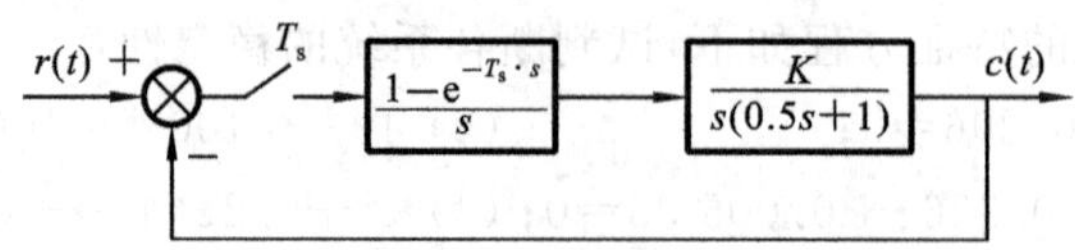

图 7-40　采样系统

17. 具有局部速度负反馈的离散系统如图 7-41 所示，求系统在输入信号 $r(t)=1(t)+t+t^2$ 作用下的稳态误差。

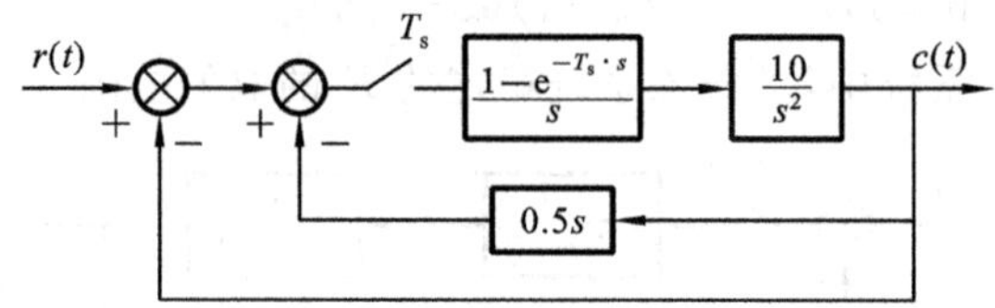

图 7-41　具有局部速度负反馈的离散系统框图

附录A　拉普拉斯变换

拉普拉斯变换简称拉氏变换，是常用的积分变换之一。拉氏变换可用于求解常系数线性微分方程，是分析研究线性系统的有力数学工具。通过拉氏变换，将时域的微分方程变换为复数域的代数方程，使系统的分析大大简化。这里首先复习复数、复变函数的概念，然后介绍拉氏变换及反拉氏变换的定义、性质与求取方法。

A.1　复数与复变函数

A.1.1　复数的定义

设 σ 和 ω 是两个任意实数，则 $\sigma+\mathrm{j}\omega$ 称为复数，记为

$$s=\sigma+\mathrm{j}\omega \tag{A-1}$$

其中，σ 和 ω 分别称为复数 s 的实部和虚部，记为 $\sigma=\mathrm{Re}(s)$，$\omega=\mathrm{Im}(s)$。$\mathrm{j}=\sqrt{-1}$，为虚数单位。对于一个复数，只有当实部和虚部均为零时，该复数才为零；对于两个复数而言，只有当实部和虚部分别相等时，两复数才相等。$\sigma+\mathrm{j}\omega$ 和 $\sigma-\mathrm{j}\omega$ 称为共轭复数。

注意，实数间有大小的区别，而复数间却不能比较大小，这是复数域和实数域的一个重要不同。

A.1.2　复数的表示方法

1. 平面向量表示法

复数 $s=\sigma+\mathrm{j}\omega$ 可以用从原点指向点(σ,ω)的向量来表示，如图 A-1 所示，向量的长度称为复数 $s=\sigma+\mathrm{j}\omega$ 的模，即

$$|s|=r=\sqrt{\sigma^2+\omega^2} \tag{A-2}$$

向量与 σ 轴的夹角 θ 称为复数 s 的幅角，即

$$\theta=\arctan\frac{\omega}{\sigma} \tag{A-3}$$

2. 三角表示法

由图 A-1 可知，

$$\sigma=r\cos\theta,\quad \omega=r\sin\theta$$

因此，复数的三角表示法为

$$s=r(\cos\theta+\mathrm{j}\sin\theta) \tag{A-4}$$

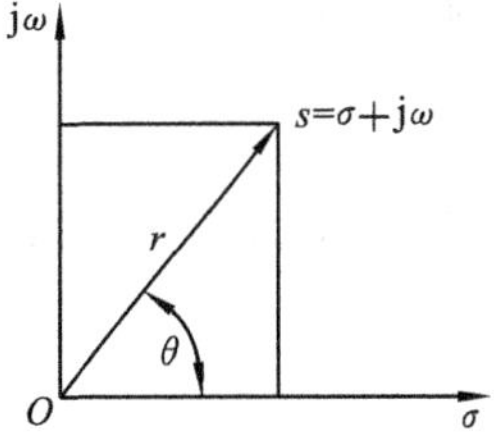

图 A-1　复数的向量表示

3. 指数表示法

由欧拉公式

$$e^{j\theta}=\cos\theta+j\sin\theta$$

式(A-1)可以写成

$$s=re^{j\theta} \tag{A-5}$$

式(A-4)和式(A-5)分别称为复数的三角形式和指数形式，则式(A-1)称为复数的代数形式，这三种形式可相互转换。

A.1.3 复变函数

以复数 $s=\sigma+j\omega$ 为自变量，并按某种确定规则构成的函数 $G(s)$ 称为复变函数。复变函数 $G(s)$ 可写成

$$G(s)=u+jv \quad (s\in E) \tag{A-6}$$

其中 u,v 分别称为复变函数的实部和虚部，点集 E 称为函数的定义域，相应地，$G(s)$ 取值的全体称为函数的值域。若 E 内的每一个点 s 对应唯一的函数值 $G(s)$，则称函数 $G(s)$ 为单值函数，在线性控制系统中，通常遇到的复变函数 $G(s)$ 是 s 的单值函数。

例 A-1 设复变函数 $G(s)=s^2+1$，当 $s=\sigma+j\omega$ 时，求其实部 u 和虚部 v。

解

$$G(s)=s^2+1=(\sigma+j\omega)^2+1$$
$$=\sigma^2-\omega^2+1+j2\sigma\omega$$

所以

$$u=\sigma^2-\omega^2+1,\quad v=2\sigma\omega$$

若复变函数具有式(A-7)的形式

$$G(s)=\frac{K(s-z_1)(s-z_2)\cdots(s-z_m)}{s(s-p_1)(s-p_2)\cdots(s-p_n)} \tag{A-7}$$

当 $s=z_1,z_2,\cdots,z_m$ 时，$G(s)=0$，则称 $z_1,z_2,\cdots,z_m$ 为 $G(s)$ 的零点；当 $s=p_1,p_2,\cdots,p_n$ 时，$G(s)=\infty$，则称 $p_1,p_2,\cdots,p_n$ 为 $G(s)$ 的极点。

A.2 拉氏变换

A.2.1 拉氏变换的定义

设函数 $x(t)$ 为当 $t\geqslant 0$ 时有定义的实变量 t 的函数，若积分

$$\int_0^{+\infty} x(t)e^{-st}dt \quad (s=\sigma+j\omega)$$

在 s 的某一区域收敛，则由此积分所确定的 s 的函数

$$X(s)=\int_0^{+\infty} x(t)e^{-st}dt$$

称为函数 $x(t)$ 的拉普拉斯变换，简称拉氏变换，记为

$$X(s)=L[x(t)]$$

即

$$L[x(t)]=X(s)=\int_0^{+\infty} x(t)e^{-st}dt \tag{A-8}$$

$X(s)$称为象函数，$x(t)$称为原函数。

在满足下列条件时，$x(t)$的拉氏变换 $X(s)$一定存在：

(1) 当 $t<0$ 时，$x(t)=0$；

(2) $x(t)$在 $t\geqslant 0$ 的任一有限区间上分段连续，只有有限个第一类间断点；

(3) $x(t)$是指数级函数，即有$|x(t)|\leqslant Me^{\alpha t}$成立。式中，$M,\alpha$ 为实常数，$M>0,\alpha\geqslant 0$。

工程技术中所遇到的函数一般存在拉氏变换。

A.2.2　拉氏逆变换的定义

拉氏变换讨论的是由已知原函数 $x(t)$求其象函数 $X(s)$的问题，但在实际应用中，常会碰到与此相反的问题，即已知象函数 $X(s)$如何求原函数 $x(t)$。

若已知 $X(s)$是 $f(t)$的拉氏变换，则 $f(t)$是 $X(s)$的拉普拉斯逆变换(简称拉氏逆变换)，记为 $L^{-1}[x(t)]=X(s)$，并定义如下积分：

$$x(t)=L^{-1}[X(s)]=\frac{1}{2\pi j}\int_{\sigma-j\omega}^{\sigma+j\omega}X(s)e^{st}\,ds \tag{A-9}$$

通常对于简单的象函数，可以直接查拉氏变换表求得原函数，拉氏变换表见附录 B；对于复杂的象函数，可用部分分式法求得。

A.2.3　典型时间函数的拉氏变换

1. 单位阶跃函数

单位阶跃函数定义为

$$1(t)=\begin{cases}0 & t<0\\ 1 & t\geqslant 0\end{cases},\quad L[1(t)]=\int_0^{+\infty}1(t)e^{-st}\,dt=-\frac{e^{-st}}{s}\bigg|_0^{\infty}=\frac{1}{s}$$

2. 单位脉冲函数

单位脉冲函数 $\delta(t)$定义为

$$\delta(t)=\begin{cases}\infty & t=0\\ 0 & t\neq 0\end{cases},\quad L[\delta(t)]=\int_0^{\infty}\delta(t)e^{-st}\,dt=e^{-st}\bigg|_{t=0}=1$$

3. 单位速度函数(单位斜坡函数)

$$x(t)=\begin{cases}0 & t<0\\ t & t\geqslant 0\end{cases},$$

$$L[t]=\int_0^{\infty}te^{-st}\,dt=-t\frac{e^{-st}}{s}\bigg|_0^{\infty}-\int_0^{\infty}\left(-\frac{e^{-st}}{s}\right)dt$$

$$=\int_0^{\infty}\frac{e^{-st}}{s}\,dt=-\frac{e^{-st}}{s^2}\bigg|_0^{\infty}=\frac{1}{s^2}$$

4. 单位加速度函数(单位抛物线函数)

$$x(t)=\begin{cases}0 t<0\\ \frac{1}{2}t^2 t\geqslant 0\end{cases},\quad L\left[\frac{1}{2}t^2\right]=\frac{1}{s^3}\quad (\mathrm{Re}[s]>0)$$

5. 指数函数 $x(t)=\mathrm{e}^{-at}$，其中 a 是常数

$$L[\mathrm{e}^{-at}]=\int_0^{\infty}\mathrm{e}^{-at}\mathrm{e}^{-st}\mathrm{d}t=\int_0^{\infty}\mathrm{e}^{-(s+a)t}\mathrm{d}t$$

令 $s_1=s+a$，可求得

$$L[\mathrm{e}^{-at}]=\frac{1}{s_1}=\frac{1}{s+a}$$

6. 正弦函数 $x_1(t)=\sin\omega t$ 与余弦函数 $x_2(t)=\cos\omega t$

由欧拉公式，有

$$\sin\omega t=\frac{\mathrm{e}^{\mathrm{j}\omega t}-\mathrm{e}^{-\mathrm{j}\omega t}}{2\mathrm{j}}$$

$$\begin{aligned}L[\sin\omega t]&=\int_0^{\infty}\sin\omega t\,\mathrm{e}^{-st}\mathrm{d}t\\&=\frac{1}{2\mathrm{j}}\left[\int_0^{\infty}\mathrm{e}^{\mathrm{j}\omega t}\mathrm{e}^{-st}\mathrm{d}t-\int_0^{\infty}\mathrm{e}^{-\mathrm{j}\omega t}\mathrm{e}^{-st}\mathrm{d}t\right]\\&=\frac{1}{2\mathrm{j}}\left[\int_0^{\infty}\mathrm{e}^{-(s-\mathrm{j}\omega)t}\mathrm{d}t-\int_0^{\infty}\mathrm{e}^{-(s+\mathrm{j}\omega)t}\mathrm{d}t\right]\\&=\frac{1}{2\mathrm{j}}\left[-\frac{1}{s-\mathrm{j}\omega}\mathrm{e}^{-(s-\mathrm{j}\omega)t}\Big|_0^{\infty}+\frac{1}{s+\mathrm{j}\omega}\mathrm{e}^{-(s+\mathrm{j}\omega)t}\Big|_0^{\infty}\right]\\&=\frac{1}{2\mathrm{j}}\left(\frac{1}{s-\mathrm{j}\omega}-\frac{1}{s+\mathrm{j}\omega}\right)=\frac{\omega}{s^2+\omega^2}\end{aligned}$$

同理

$$X_2(s)=L[\sin\omega t]=\int_0^{\infty}\cos\omega t\,\mathrm{e}^{-st}\mathrm{d}t=\frac{s}{s^2+\omega^2}$$

7. 幂函数 $x(t)=t^n$ （n 为正整数）

$$L[t^n]=\int_0^{\infty}t^n\mathrm{e}^{-st}\mathrm{d}t=\int_0^{\infty}\frac{u^n}{s^n}\mathrm{e}^{-u}\frac{1}{s}\mathrm{d}u=\frac{1}{s^{n+1}}\int_0^{\infty}u^n\mathrm{e}^{-u}\mathrm{d}u\quad\left(令\ u=st,\mathrm{d}t=\frac{1}{s}\mathrm{d}u\right)$$

式中，

$$\int_0^{\infty}u^n\mathrm{e}^{-u}\mathrm{d}u=n!$$

$$L[t^n]=\int_0^{\infty}t^n\mathrm{e}^{-st}\mathrm{d}t=\frac{n!}{s^{n+1}}$$

A. 2. 4 拉氏变换的基本性质

拉氏变换的几个主要性质，掌握这些性质，就可方便地求得一些函数的拉氏变换。下面举例说明拉氏变换性质的应用。

例 A-2 求 $x(t)=t^2$ 的拉氏变换。

解 已知 $L\left[\frac{1}{2}t^2\right]=\frac{1}{s^3}$，基本性质 1，则有 $L[t^2]=L\left(2\cdot\frac{1}{2}t^2\right)=\frac{2}{s^3}$。

例 A-3 求 $x(t)=\cos3t+6\mathrm{e}^{-3t}$ 的拉氏变换。

解 因 $L[\cos3t]+=\frac{s}{s^2+3^2}$， $L[\mathrm{e}^{-3t}]=\frac{1}{s+3}$

根据拉氏变换的基本性质 1 可知

$$L[x(t)]=L[\cos3t]+L[6\mathrm{e}^{-3t}]=\frac{s}{s^2+3^2}+\frac{6}{s+3}$$

例 A-4　求 $X(s)=\frac{1}{(s-a)(s-b)}(a>0,b>0,a\neq b)$的拉氏反变换。

解　首先将 $X(s)$用部分分式法展开，即

$$X(s)=\frac{1}{(s-a)(s-b)}=\frac{1}{a-b}\frac{1}{s-a}+\frac{1}{b-a}\frac{1}{s-b}$$

再运用拉氏变换的性质，查表求得拉氏逆变换为

$$L^{-1}[X(s)]=\frac{1}{a-b}L^{-1}\left[\frac{1}{s-a}\right]+\frac{1}{b-a}L^{-1}\left[\frac{1}{s-b}\right]$$

$$=\frac{1}{a-b}e^{at}+\frac{1}{b-a}e^{bt}=\frac{1}{a-b}e^{(a-b)t}$$

例 A-5　求 $x(t)=t\cos 3t$ 的拉氏变换。

解　因为 $L[\cos 3t]=\frac{s}{s^2+3^2}$，再根据拉氏变换的基本性质 4 可知

$$L[t\cos 3t]=-\frac{d}{ds}\left[\frac{s}{s^2+3^2}\right]=\frac{s^2-3^2}{(s^2+3^2)^2}$$

例 A-6　求 $x(t-\tau)=\begin{cases}0,t<\tau,\\1,t>\tau\end{cases}$的拉氏变换。

解　因为 $L[x(t)]=\frac{1}{s}$，再根据延迟定理，有 $L[x(t-\tau)]=\frac{1}{s}e^{-s\tau}$

例 A-7　利用积分性质求 $x(t)=t$ 的拉氏变换。

解

$$x(t)=t=\int_0^t 1(\xi)d\xi$$

所以

$$L[x(t)]=\frac{1}{s}\cdot\frac{1}{s}=\frac{1}{s^2}$$

例 A-8　求矩形波的拉氏变换。

解　图 A-2(a)所示的矩形波可分解为一个单位阶跃信号和一个延迟时间为 τ 的负单位阶跃信号，即

$$x(t)=1(t)-1(t-\tau)$$

$$L[1(t)]=\frac{1}{s}$$

由延迟定理，有

$$L[1(t-\tau)]=\frac{1}{s}e^{-s\tau}$$

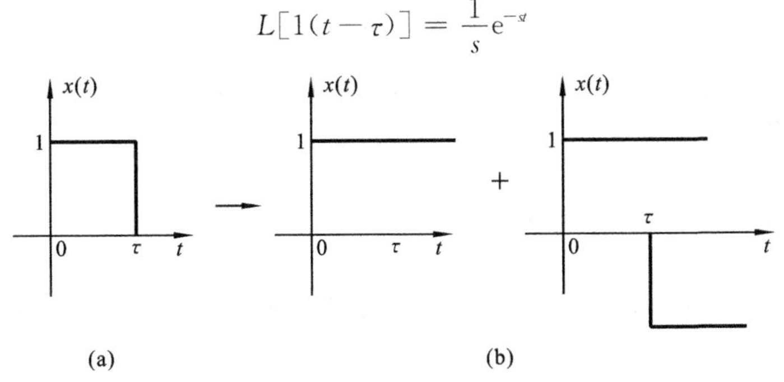

图 A-2　矩形波

又由线性性质

$$L[x(t)] = \frac{1}{s} - \frac{1}{s}e^{-st} = \frac{1}{s}(1 - e^{-st})$$

例 A-9 求图 A-3(a)所示的三角波的拉氏变换。

解法一 三角波可分解成图 A-3 所示的图形，并可表示为如下解析式：

$$x(t) = \frac{4}{T^2}t - \frac{4}{T^2}\left(t - \frac{T}{2}\right) + \frac{4}{T^2}(t - T) - \frac{4}{T^2}\left(t - \frac{T}{2}\right)$$

对上式进行拉氏变换，可得

$$X(s) = \frac{4}{T^2 s^2} - \frac{4}{T^2 s^2}e^{-s\frac{T}{2}} + \frac{4}{T^2 s^2}e^{-sT} - \frac{4}{T^2 s^2}e^{-s\frac{T}{2}}$$

整理后，得

$$X(s) = \frac{4}{T^2 s^2}(1 - 2e^{-s\frac{T}{2}} + e^{-sT})$$

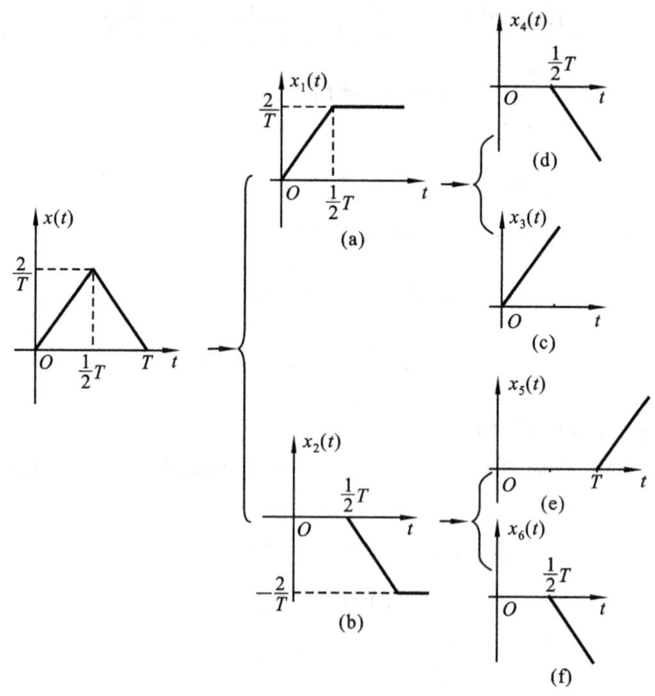

图 A-3 三角波

解法二 先求出图 A-3(a)所示的三角波的解析式，再运用拉氏变换定义对解析式积分，就可求得三角波的拉氏变换。

A.2.5 求拉氏逆变换的方法

已知象函数 $X(s)$ 求原函数 $x(t)$ 的常用方法有两种：其一为查表法，即直接利用拉氏变换表查出相应函数的原函数；其二为部分分式法，首先通过代数运算，将一个复杂的象函数转化为几个简单的部分分式之和，再分别求出各个分式的原函数，最后将它们求和即得总的原函数。

例 A-10　已知 $X(s)=\frac{1}{s^2(s+1)}$，求 $x(t)=L^{-1}[X(s)]$。

解　因为 $\frac{1}{s^2(s+1)}=\frac{1}{s^2}-\frac{1}{s}+\frac{1}{s+1}$，所以

$$
\begin{aligned}
x(t) &= L^{-1}[X(s)] = L^{-1}\left[\frac{1}{s^2(s+1)}\right] = L^{-1}\left[\frac{1}{s^2}-\frac{1}{s}+\frac{1}{s+1}\right] \\
&= t-1+\mathrm{e}^{-t}
\end{aligned}
$$

附录 B　常用函数的拉普拉斯变换表

序号	$x(t)$	$X(s)$
1	$\delta(t)$	1
2	$1(t)$	$\frac{1}{s}$
3	t	$\frac{1}{s^2}$
4	t^2	$\frac{2}{s^3}$
5	e^{-at}	$\frac{1}{s+a}$
6	te^{-at}	$\frac{1}{(s+a)^2}$
7	$\sin\omega t$	$\frac{\omega}{s^2+\omega^2}$
8	$\cos\omega t$	$\frac{s}{s^2+\omega^2}$
9	$e^{-at}\sin\omega t$	$\frac{\omega}{(s+a)^2+\omega^2}$
10	$e^{-at}\cos\omega t$	$\frac{s+a}{(s+a)^2+\omega^2}$
11	$t^n(n=1,2,3,\cdots)$	$\frac{n!}{s^{n+1}}$
12	$t^n e^{-at}(n=1,2,3,\cdots)$	$\frac{n!}{(s+a)^{n+1}}$
13	$\frac{1}{b-a}(e^{-at}-e^{-bt})$	$\frac{1}{(s+a)(s+b)}$
14	$\frac{1}{b-a}(e^{-bt}-e^{-at})$	$\frac{s}{(s+a)(s+b)}$
15	$\frac{1}{ab}[1+\frac{1}{a-b}(be^{-at}-ae^{-bt})]$	$\frac{1}{s(s+a)(s+b)}$
16	$\frac{1}{a^2}(at-1+e^{-at})$	$\frac{1}{s^2(s+a)}$
17	$\frac{\omega_n}{\sqrt{1-\zeta^2}}e^{-\zeta\omega_n t}\sin(\omega_n\sqrt{1-\zeta^2}t)$	$\frac{\omega_n^2}{s^2+2\zeta\omega_n s+\omega_n^2}$
18	$\frac{-1}{\sqrt{1-\zeta^2}}e^{-\zeta\omega_n t}t\sin(\omega_n\sqrt{1-\zeta^2}t-\varphi)$，$\varphi=\tan^{-1}\frac{\sqrt{1-\zeta^2}}{\zeta}$	$\frac{\omega_n^2}{s(s^2+2\zeta\omega_n s+\omega_n^2)}$

附录C　拉普拉斯变换的基本性质

1	$L[ax(t)]=aL[x(t)]$ $L[ax_1(t)+bx_2(t)]=aL[x_1(t)]+bL[x_2(t)]$ (a,b 为常数)	线性性质
2	$L\left[\frac{d}{dt}x(t)\right]=sX(s)-f(0)$ $L\left[\frac{d^2}{dt^2}x(t)\right]=s^2X(s)-sx(0)-x^{(1)}(0)$ $L\left[\frac{d^n}{dt^n}x(t)\right]=s^nX(s)-\sum_{k=1}^{n}s^{n-k}x^{(k-1)}(0)$	微分性质 零初始条件下 $L\left[\frac{d}{dt}x(t)\right]=sX(s)$ 零初始条件下 $L\left[\frac{d^2}{dt^2}x(t)\right]=s^2X(s)$ 零初始条件下 $L\left[\frac{d^n}{dt^n}x(t)\right]=s^nX(s)$
3	$L[\int_0^t x(t)dt]=\frac{X(s)}{s}+\frac{1}{s}x^{(-1)}(0)$ $L[\int_0^t\int_0^t x(t)dtdt]=\frac{X(s)}{s^2}+\frac{1}{s^2}x^{(-1)}(0)+\frac{1}{s}x^{(-2)}(0)$ $L[\int_0^t\int_0^t\cdots\int_0^t x(t)(dt)^n]=\frac{X(s)}{s^n}+\frac{1}{s^n}x^{(-1)}(0)+\frac{1}{s^{n-1}}x^{(-2)}(0)+\cdots+\frac{1}{s}x^{(-n)}(0)$	积分性质 零初始条件下 $L[\int_0^t x(t)dt]=\frac{X(s)}{s}$ 零初始条件下 $L[\int_0^t\int_0^t x(t)dtdt]=\frac{X(s)}{s^2}$ 零初始条件下 $L[\int_0^t\int_0^t\cdots\int_0^t x(t)(dt)^n]=\frac{X(s)}{s^n}$
4	$L[tx(t)]=-\frac{dX(s)}{ds}$ $L\left[\frac{x(t)}{t}\right]=\int_0^{+\infty}X(s)ds$	函数乘以 t 函数除以 t
5	$L[f(t-\tau)]=e^{-\tau s}F(s)$ $L[e^{-at}f(t)]=F(s+a)$	实数域位移定理(延迟定理) 复数域位移定理
6	$L\left[x\left(\frac{t}{a}\right)\right]=aX(as)$, $L[x(at)]=\frac{1}{a}X\left(\frac{s}{a}\right)$　(a 为常数)	相似定理
7	$x(0_+)=\lim_{t\to 0_+}x(t)=\lim_{s\to\infty}sX(s)$ $x(+\infty)=\lim_{t\to+\infty}x(t)=\lim_{s\to 0}sX(s)$	初值定理 终值定理
8	$x_1(t)*x_2(t)=\int_0^t x_1(t-\tau)x_2(\tau)d\tau$ $X_1(s)X_2(s)=L[\int_0^t x_1(t-\tau)x_2(\tau)d\tau]$	卷积 卷积定理

附录 D　常用函数的 Z 变换表

序号	$X(s)$	$x(t)$或 $x(k)$	$X(z)$
1	1	$\delta(t)$	1
2	e^{-kTs}	$\delta(t-kT)$	z^{-k}
3	$\frac{1}{s}$	$1(t)$	$\frac{z}{z-1}$
4	$\frac{1}{s^2}$	t	$\frac{Tz}{(z-1)^2}$
5	$\frac{1}{s^3}$	$\frac{1}{2!}t^2$	$\frac{T^2z(z+1)}{2!\ (z-1)^3}$
6	$\frac{1}{s+a}$	e^{-at}	$\frac{z}{z-e^{-aT}}$
7	$\frac{1}{(s+a)^2}$	te^{-at}	$\frac{Tze^{-aT}}{(z-e^{-aT})^2}$
8	$\frac{a}{s(s+a)}$	$1-e^{-at}$	$\frac{z(1-e^{-aT})}{(z-1)(z-e^{-aT})}$
9	$\frac{1}{(s+a)(s+b)}$	$\frac{1}{b-a}(e^{-at}-e^{-bt})$	$\frac{1}{b-a}\left(\frac{z}{z-e^{-aT}}-\frac{z}{z-e^{-bT}}\right)$
10	$\frac{\omega}{s^2+\omega^2}$	$\sin\omega t$	$\frac{z\sin\omega T}{z^2-2z\cos\omega T+1}$
11	$\frac{s}{s^2+\omega^2}$	$\cos\omega t$	$\frac{z^2-z\cos\omega T}{z^2-2z\cos\omega T+1}$
12	$\frac{\omega}{(s+a)^2+\omega^2}$	$e^{-at}\sin\omega t$	$\frac{ze^{-aT}\sin\omega T}{z^2-2ze^{-aT}\cos\omega T+e^{-2aT}}$
13	$\frac{s+a}{(s+a)^2+\omega^2}$	$e^{-at}\cos\omega t$	$\frac{z^2-ze^{-aT}\cos\omega T}{z^2-2ze^{-aT}\cos\omega T+e^{-2aT}}$
14		a^k	$\frac{z}{z-a}$
15		$a^k\cos k\pi$	$\frac{z}{z+a}$
16	$\frac{1}{1-e^{-sT}}$	$\delta_T(t)=\sum_{n=0}^{\infty}\delta(t-nT)$	$\frac{z}{z-1}$

附录E　MATLAB在控制工程中的应用

MATLAB软件是信号和图像处理、通信,控制系统设计、测试和测量,财务建模和分析以及计算生物学等众多领域中的常用工具。它将数值分析、矩阵计算、科学数据可视化以及非线性动态系统的建模和仿真等诸多强大功能集成在一个易于使用的视窗环境中。本附录主要介绍用MATLAB进行自动控制分析与设计的基本方法。

E.1　MATLAB运行环境

MATLAB提供了两种运行程序的方式:一种是在Command Window中输入命令行方式,另一种是M文件方式。

1. 命令行方式

使用命令行方式时,可以直接在Command Window中输入命令来执行计算或作图功能。

2. M文件方式

如果采用M文件方式执行程序,则需在MATLAB窗口单击File菜单,然后依次选择New→M→File命令,打开M文件输入运行窗口。可以在该窗口中编辑程序文件,进行调试和运行。M文件方式的优点是便于调试,可重复执行。

E.2　用MATLAB处理系统数学模型

1. 拉氏变换与拉氏反变换

例E-1　求 $f(t)=t^2+5t+1$ 的拉氏变换。

解　键入

```
syms s t;
ft=t^2+5*t+1;
st=laplace(ft,t,s)
```

运行结果为:

```
st=
    (2+5*s+s^2)/s^3
```

例E-2　求 $F(s)=\dfrac{s+1}{(s^2+2s+1)(s+2)}$ 的拉氏反变换。

解　键入

```
syms s t;
Fs=(s+6)/(s^2+4*s+3)/(s+2);
```

```
ft=laplace(Fs,s,t)
```

运行结果为：

```
ft=
1/3*exp(-2*t)*(1-cosh(t*3^(1/2))+sinh(t*3^(1/2))*3^(1/2))
```

2. 建立系统传递函数

例 E-3 在 MATLAB 中表示 $G(s)=\dfrac{s+1}{s^2+2s+1}$。

解 键入

```
num=[1 1];
den=[1 2 1];
g=tf(num,den)
```

运行结果为：

```
Transfer function:
        s+1
    -------------
    s^2+2 s+1
```

例 E-4 已知 $G(s)=\dfrac{2(s+1)}{s^2+3s+2}$，建立零、极点形式的传递函数。

解 键入

```
z=[-1];
p=[-1-2];
k=2;
g=zpk(z,p,k)
```

运行结果为：

```
Zero/pole/gain:
        2(s+1)
     -------------
     (s+1)(s+2)
```

例 E-5 求图 E-1 所示系统的传递函数。

解 键入

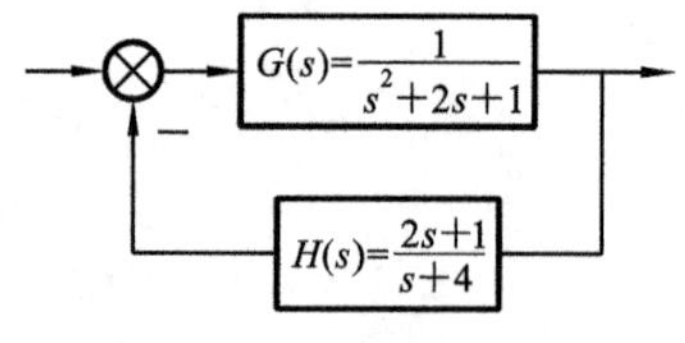

图 E-1 例 E-5 图

```
num1=[1];
den1=[1  2  1];
num2=[2  1];
den2=[1  4];
[num,den]=feedback(num1,den1,num2,den2,-1);
printsys(num,den)
```

运行结果为：

```
            s+4
  --------------------------
  s^3+6 s^2+11 s+5
```

E.3　MATLAB 用于时域分析

1. 单位阶跃响应

例 E-6　设一单位反馈系统：

$$G(s)=\frac{25}{s^2+4s+25}$$

作出单位阶跃响应曲线。

解　键入

```
num=[0 0 25];
den=[1 4 25];
step(num,den);
grid on;
title('Unit-Step Response of G(s)=25/(s^2+4s+25)');
```

运行结果如图 E-2 所示。

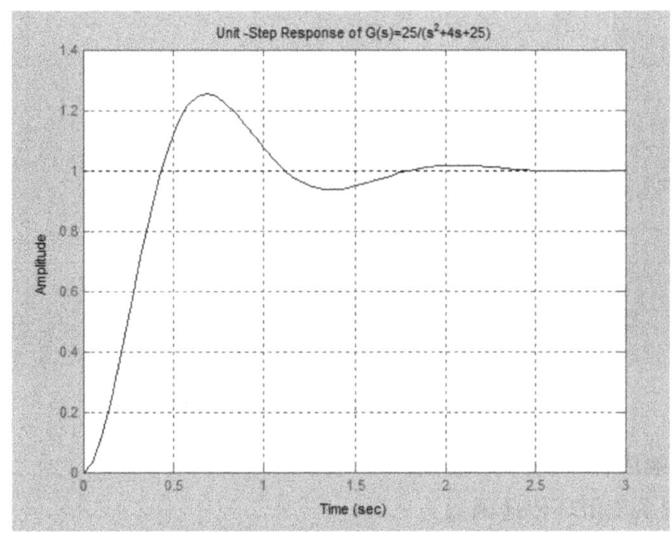

图 E-2　例 E-6 单位阶跃响应曲线

例 E-7　二阶系统闭环传递函数为

$$\frac{C(s)}{R(s)}=G(s)=\frac{1}{s^2+2\xi s+1}$$

用 MATLAB 分析在不同的 ξ 值时，系统的单位阶跃响应。

解　键入

```
t=0:0.2:10;
zeta=[0 0.2 0.4 0.6 0.8 1];
for n=1:6;
    num=[0 0 1];
    den=[1 2*zeta(n) 1];
```

```
    [y(1:51,n),x,t]=step(num,den,t);
end
plot(t,y);
grid on;
title('Plot of Unit-Step Response Curves with \omega_n=1 and \zeta=0,0.2,
0.4,0.6,0.8,1');
xlabel('t(sec)');
ylabel('Response');
text(4.1,1.86,'\zeta=0');
text(3.5,1.5,'0.2');
text(3.5,1.24,'0.4');
text(3.5,1.08,'0.6');
text(3.5,0.95,'0.8');
text(3.5,0.86,'1.0');
```

运行结果如图 E-3 所示。

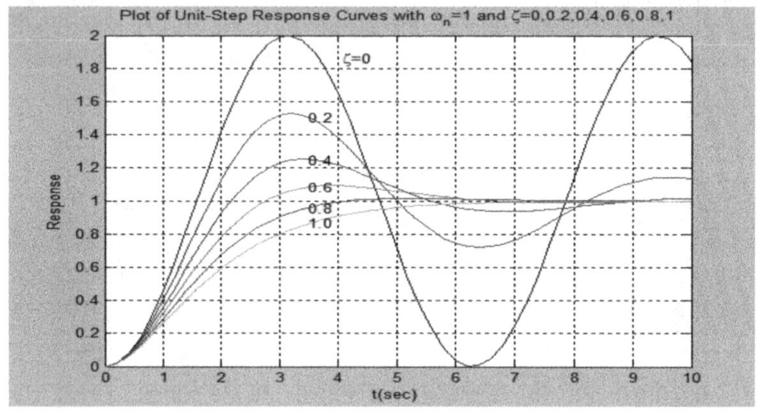

图 E-3　例 E-7 二阶系统的单位阶跃响应曲线

2. 单位脉冲响应

例 E-8　二阶系统闭环传递函数为

$$\frac{C(s)}{R(s)}=G(s)=\frac{1}{s^2+0.2s+1}$$

作出单位脉冲响应曲线。

解　键入

```
num=[0 0 1];
den=[1 0.2 1];
impulse(num,den);
grid on;
title('Unit-Step Response of G(s)=1/(s^2+0.2s+1)');
```

运行结果如图 E-4 所示。

3. 求系统动态性能指标

例 E-9　二阶系统闭环传递函数为

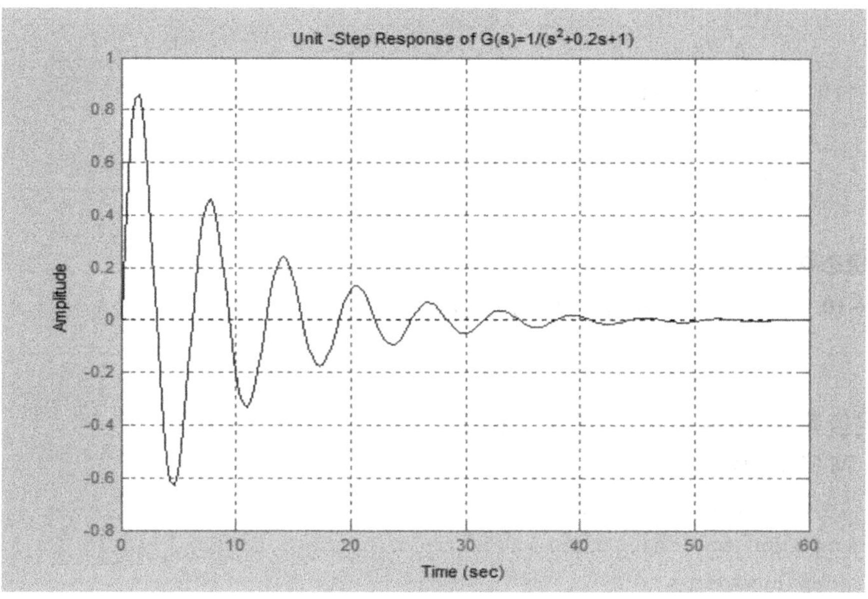

图 E-4　例 E-8 单位脉冲响应曲线

$$\frac{C(s)}{R(s)} = G(s) = \frac{25}{s^2 + 6s + 25}$$

计算系统性能参数。

解　MATLAB 程序如下：

```
num=[0 0 25];
        den=[1 6 25];
        t=0:0.005:5;
        [y,x,t]=step(num,den,t);
        r=1;
        while y(r)< 1.00001;
          r=r+1;
        end
        rise_time=(r-1)*0.005;
        [ymax,tp]=max(y);
        peak_time=(tp-1)*0.005;
        max_overshoot=ymax-1;
        s=1001;
        while y(s)> 0.98 & y(s)< 1.02;
          s=s-1;
        end
        setting_time=(s-1)*0.005;
```

运行结果如下：

```
rise_time=
  0.5550
```

peak_time=
  0.7850
max_overshoot=
  0.0948
setting_time=
  1.1850

4. 稳态误差分析

例 E-10 已知Ⅱ型系统的开环传递函数为

$$G(s)=\frac{2s+1}{s^2(s+2)}$$

给定信号为单位阶跃信号，求系统稳态误差。

解 MATLAB 程序如下：

```
t=0:0.1:20;
[num,den]=cloop([2 1],[1 2 0 0]);
step(num,den,t);
y=step(num,den,t);
er=y(length(t))-1
```

运行结果如图 E-5 所示。

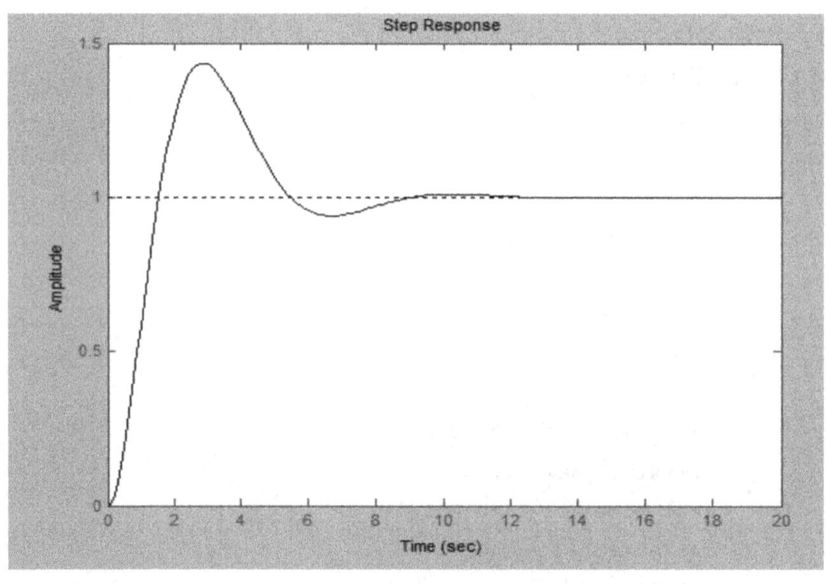

图 E-5 例 E-10 单位阶跃响应曲线

同时在命令窗口可得

er=
−3.7876e−006

5. 稳定性分析

例 E-11 系统闭环特征方程为 $s^3+2s^2+2s+24=0$，用 MATLAB 判断系统的稳定性。

解 键入

```
den=[1 2 2 24];
roots(den)
```

运行结果为

```
ans=
  -3.4433
  0.7217+2.5395i
  0.7217-2.5395i
```

由结果可知，系统有 2 个位于 s 右半平面的共轭复根，故系统不稳定。

E.4　MATLAB 用于根轨迹法

1. 绘制根轨迹

例 E-12　设一单位反馈系统的开环传递函数为

$$G(s)=\frac{K(s+3)s(s+1)}{s^2+4s+16}$$

绘制该系统的根轨迹。

解　MATLAB 程序如下：

```
num=[0 0 0 1 3];
den=[1 5 20 16 0];
rlocus(num,den);
v=[-6 6-6 6];
axis(v);
axis('square');
grid on;
title('Root-Locus Plot of
G(s)=K(s+3)/[s(s+1)(s^2+4s+16)]')
```

运行结果如图 E-6 所示。

2. 根轨迹分析

例 E-13　设一单位反馈系统的开环传递函数为

$$G(s)=\frac{K}{s(s^2+4s+5)}$$

分析系统的根轨迹。

解　MATLAB 程序如下：

```
num=[0 0 0 1];
den=[1 4 5 0];
rlocus(num,den);
v=[-3 1-2 2];
axis(v);
axis('square');
sgrid(0.5,[]);
```

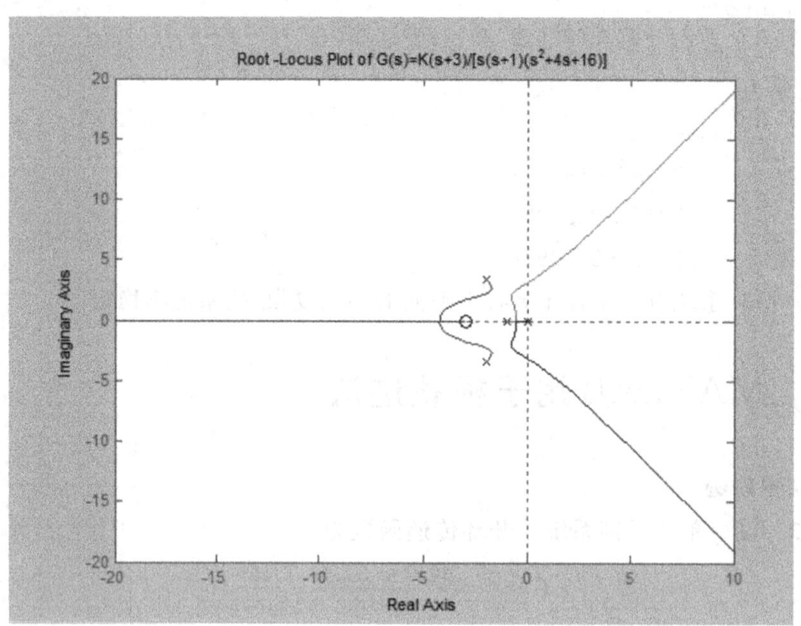

图 E-6　例 E-12 系统根轨迹

```
[K,r]=rlocfind(num,den)
```

运行结果如图 E-7 所示。

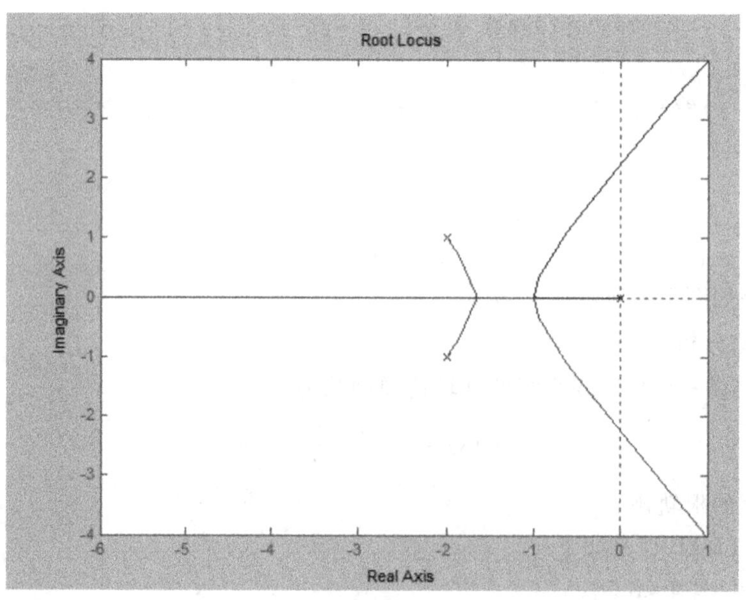

图 E-7　例 E-13 根轨迹分析

运行该程序后，将在根轨迹图形屏幕上生成一个十字光标，同时在 MATLAB 的命令窗口会提示用户选择某一点。使用鼠标，移动十字光标到所希望的值，单击左键，在 MATLAB 的命令窗口将会出现该点的数值、增益值 K 以及对应于该增益值的闭环极点。

E.5　MATLAB 用于频域分析法

1. 绘制系统的奈奎斯特图和伯德图

例 E-14　已知开环传递函数为

$$G(s)=\frac{1}{s^2+0.8s+1}$$

绘制系统的奈奎斯特图和伯德图。

解　MATLAB 程序如下：

```
num=[0 0 1];
den=[1 0.8 1];
nyquist(num,den);
title('Nyquist Plot of G(s)=1/s^2+0.8s+1)');
figure;
bode(num,den);
title('Bode Plot of G(s)=1/s^2+0.8s+1)');
```

运行结果如图 E-8 和图 E-9 所示。

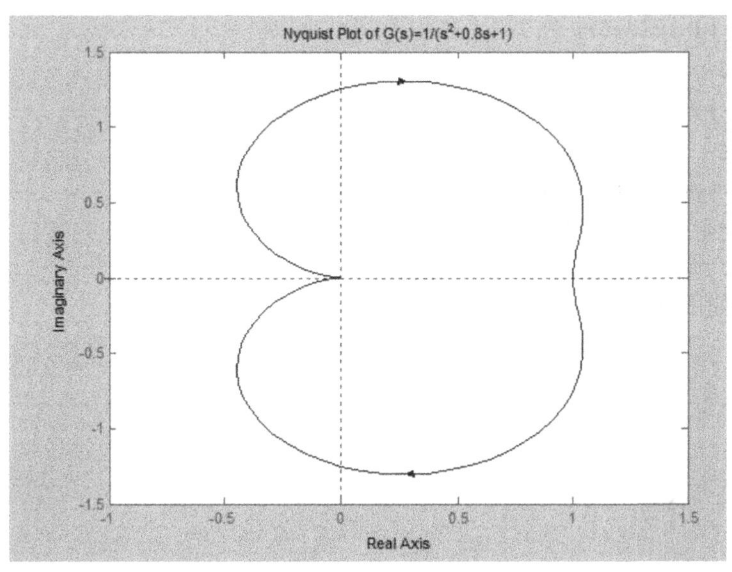

图 E-8　例 E-14 系统奈奎斯特图

2. 求相角裕量和幅值裕量

例 E-15　已知开环传递函数为

$$G(s)=\frac{20(s+1)}{s(s+5)(s^2+2s+10)}$$

作出开环奈奎斯特图和伯德图，并求系统的稳定裕量。

解　MATLAB 程序如下：

```
num=[0 0 0 20 20];
```

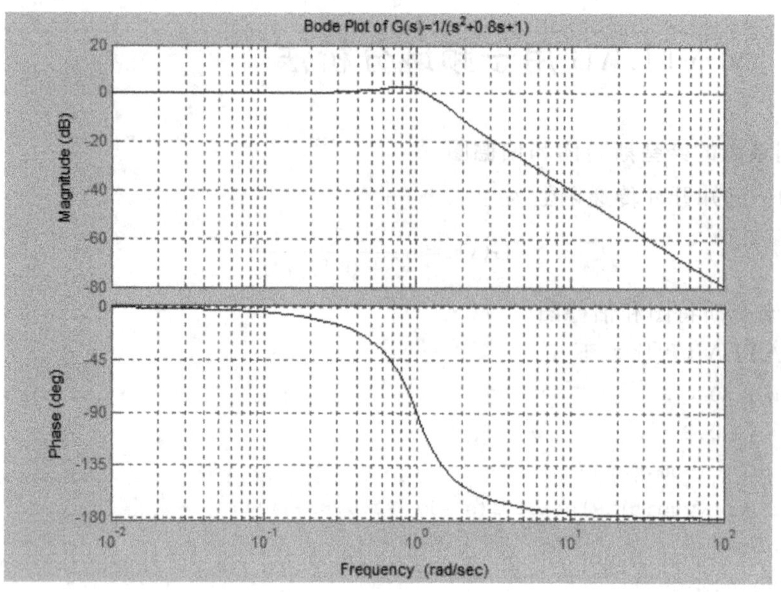

图 E-9　例 E-14 系统伯德图

```
den=conv([1 5 0],[1 2 10]);
sys=tf(num,den);
w=logspace(-1,2,100);
bode(sys,w);
grid;
[gm,pm,wcp,wcg]=margin(sys);
gmdb=20*log10(gm);
[gmdb pm wcp wcg]
```

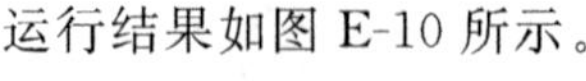
运行结果如图 E-10 所示。

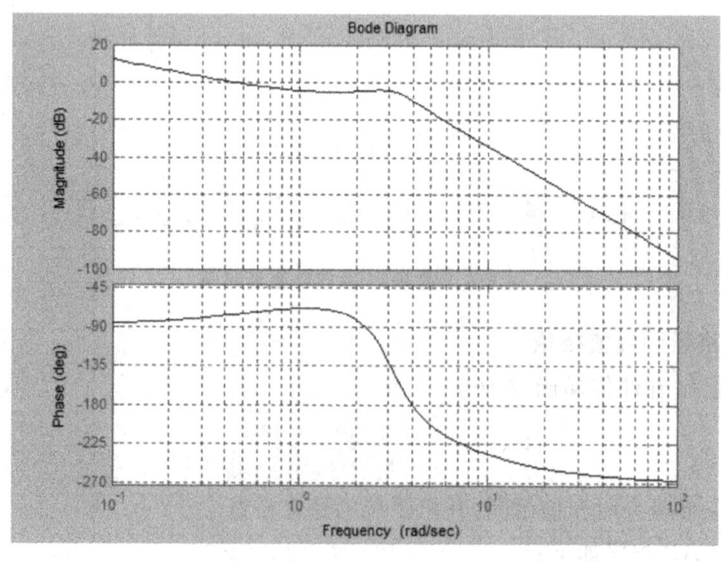

图 E-10　例 E-15 系统伯德图

同时在命令窗口显示：

```
ans=
    9.9301   103.6573   4.0132   0.4426
```

E.6 MATLAB 用于系统校正设计

1. 超前校正装置的设计

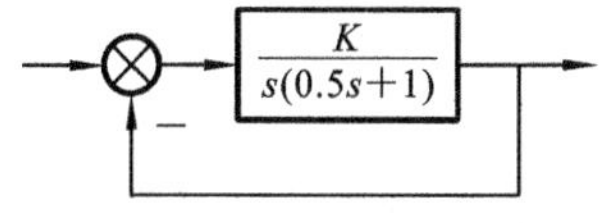

图 E-11　例 E-16 系统结构图

例 E-16　系统结构如图 E-16 所示，$K_v \geqslant 20, \gamma' \geqslant 50°$。试设计系统的超前校正装置。

解　MATLAB 程序如下：

```
num=20;
den=[0.5 1 0];
[gm,pm,wcg,wcp]=margin(num,den);
dpm=50-pm+5;
phi=dpm*pi/180;
a=(1+sin(phi))/(1-sin(phi));
mm=-10*log10(a);
[mu,pu,w]=bode(num,den);
mu_db=20*log10(mu);
wc=spline(mu_db,w,mm);
T=1/(wc*sqrt(a));
p=a*T;
nk=[p,1];
dk=[T,1];
gc=tf(nk,dk);
printsys(nk,dk,'s');
```

由命令窗口可得到校正装置的传递函数为

```
num/den=

    0.22682 s+1
    ----------------
    0.056296 s+1
```

输入：

```
>>h=tf(num,den);
>>h1=tf(nk,dk);
>>g=h*h1;
>>[gm1,pm1,wcg1,wcp1]=margin(g)
```

运行结果：

```
pm1=
    49.7706
```

即校正后系统的相位裕量 pm1=49.776，满足设计要求。

2. PID 调节器的设计

例 E-17 调速系统动态结构图如图 E-12 所示，要求采用 PI 校正，使系统阶跃信号输入下无静差，并有足够的稳态裕量。$T_1=0.049$，$T_2=0.026$，$T_3=0.00167$，$K_0=55.58$。

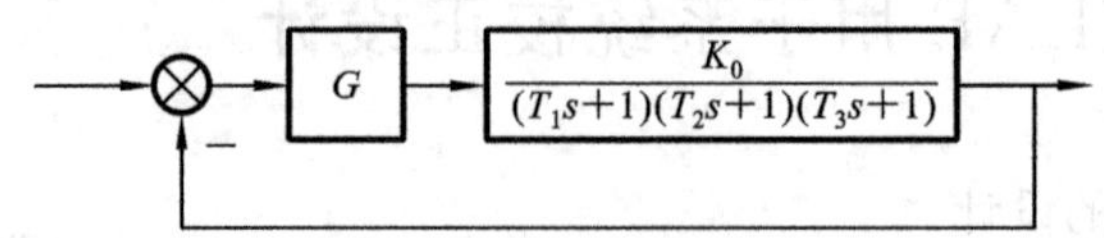

图 E-12 例 E-17 系统结构图

解 MATLAB 程序如下：

```
k0=55.58;
d1=[0.049 1];
d2=[0.026 1];
d3=[0.00167 1];
d4=conv(d1,d2);
den0=conv(d3,d4);
g0=tf(k0,den0);
[gm,pm,wcg,wcp]=margin(k0,den0);
[mu,pu,w]=bode(k0,den0);
mu_db=20*log10(mu);
wc=30;
gr=spline(w,mu_db,wc);
kp=10^(-gr/20);
t1=0.049;
nc=[t1 1];
dc=[t1 0];
gc=tf(kp*nc,dc);
printsys(kp*nc,dc,'s');
```

由命令窗口可得到校正装置的传递函数为

```
0.0019903 s+0.040617
--------------------------
0.049 s
```

输入：

```
>>g=series(g0,gc);
>>[gm1,pm1,wcg1,wcp1]=margin(g)
```

运行结果：

```
pm1=
    44.9768
```

可知校正后的相角裕量为 pm1=44.9768，满足系统要求。

E.7　MATLAB 用于离散控制系统

例 E-18　离散控制系统如图 E-13 所示。

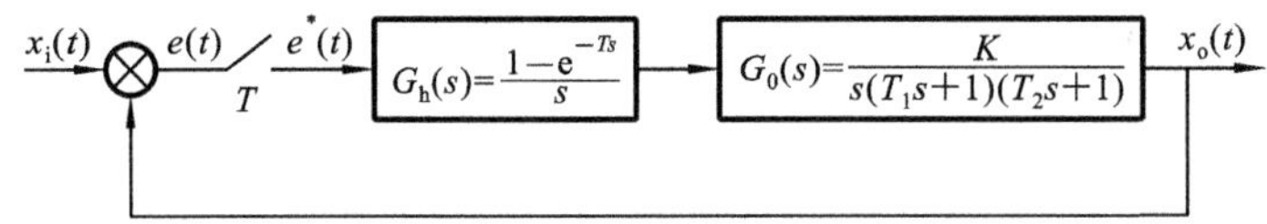

图 E-13　例 E-18 离散控制系统框图

求：(1) 当 $T=0.025$ s，$K=13.6$ 时离散系统的时间响应；

(2) 当 $T=0.01$ s，$K=13.6$ 时离散系统的时间响应。

解　(1) 当 $T=0.025$ s，$K=13.6$ 时离散系统的时间响应。

MATLAB 程序如下：

```
T=0.025;T1=0.1;T2=0.005;K=13.6;
G=zpk([],[0-1/T1-1/T2],13.6/(T1*T2));
Gz=c2d(G,T,'zoh');
sys=feedback(Gz,1);
t=0:T:2;
step(sys,t);
grid;
```

运行结果如图 E-14 所示。

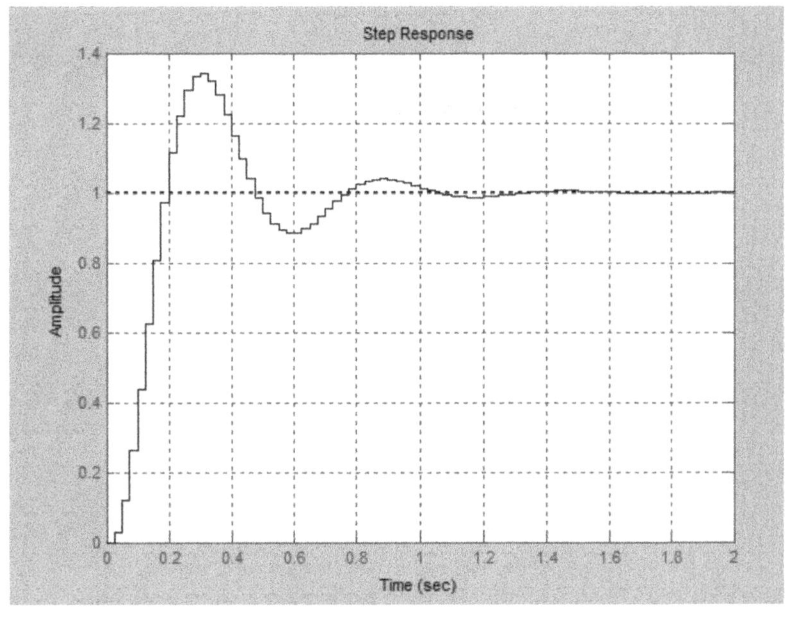

图 E-14　单位阶跃响应($T=0.025$ s，$K=13.6$)

(2) 当 $T=0.01$ s，$K=13.6$ 时离散系统的时间响应。

MATLAB 程序如下：

```
T=0.01;T1=0.1;T2=0.005;K=13.6;
G=zpk([],[0-1/T1-1/T2],13.6/(T1*T2));
Gz=c2d(G,T,'zoh');
sys=feedback(Gz,1);
t=0:T:2;
step(sys,t);
grid;
```

运行结果如图 E-15 所示。

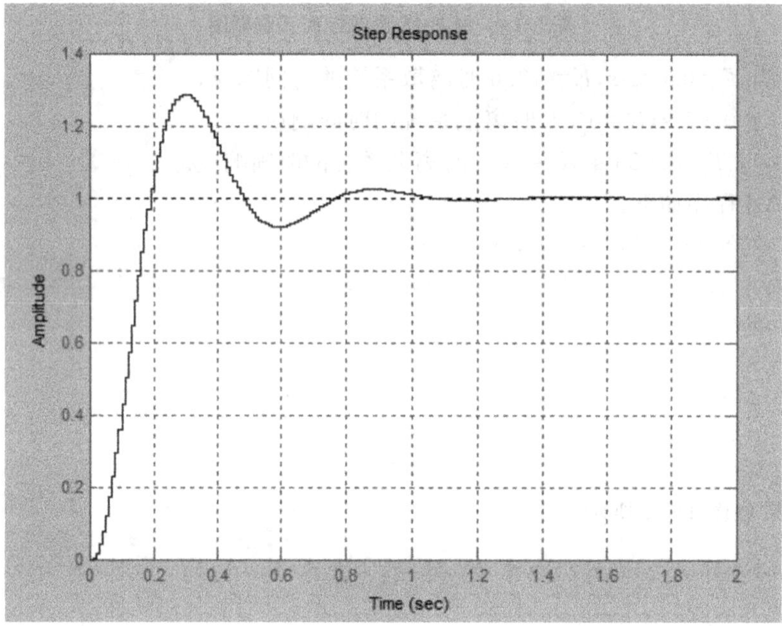

图 E-15 单位阶跃响应($T=0.01$ s,$K=13.6$)

参考文献

[1] Ogata Katsuhiko. Modern Control Engineering. Fourth Edition. New Jersey Prentice-Hell,inc. ,2002.

[2] 杨叔子,杨克冲,吴波. 机械工程控制基础[M]. 5 版. 武汉:华中科技大学出版社,2005.

[3] 黄坚. 自动控制原理及其应用[M]. 2 版. 北京:高等教育出版社,2009.

[4] 胡寿松. 自动控制原理[M]. 5 版. 北京:科学出版社,2007.

[5] 胡寿松. 自动控制原理简明教程[M]. 2 版. 北京:科学出版社,2008.

[6] 李友善. 自动控制原理(上册)[M]. 北京:国防工业出版社,1980.

[7] 李友善. 自动控制原理[M]. 修订版. 北京:国防工业出版社,1989.

[8] 梅晓榕. 自动控制原理[M]. 北京:科学出版社,2002.

[9] 陈康宁. 机械工程控制基础[M]. 西安:西安交通大学出版社,2009.

[10] 张正方,李玉清,康远林. 新编自动控制原理题解[M]. 武汉:华中科技大学出版社,2007.

[11] 胡寿松. 自动控制原理习题集[M]. 北京:科学出版社,2003.

[12] 熊良才,杨克冲,吴波. 机械工程控制基础学习辅导与题解[M]. 4 版. 武汉:华中科技大学出版社,2002

[13] 谢克明. 自动控制原理[M]. 北京:电子工业出版社,2004.

[14] 孟华. 自动控制原理[M]. 北京:机械工业出版社,2007.

[15] 王春行. 液压控制系统[M]. 北京:机械工业出版社,2007.

[16] 邓星钟. 机电传动控制[M]. 3 版. 武汉:华中科技大学出版社,2001.

[17] 贺才兴. 工程数学[M]. 沈阳:辽宁大学出版社,2000.